湖北稻茬小麦栽培技术研究进展

邹 娟 高春保 付鹏浩 主编

中国农业科学技术出版社

图书在版编目(CIP)数据

湖北稻茬小麦栽培技术研究进展 / 邹娟，高春保，付鹏浩主编. --北京：中国农业科学技术出版社，2021.12

ISBN 978-7-5116-5617-9

Ⅰ.①湖… Ⅱ.①邹…②高…③付… Ⅲ.①小麦-栽培技术-研究进展-湖北 Ⅳ.①S512.1

中国版本图书馆 CIP 数据核字(2021)第 261755 号

责任编辑 崔改泵 周丽丽
责任校对 贾海霞
责任印制 姜义伟 王思文

出 版 者 中国农业科学技术出版社
北京市中关村南大街 12 号 邮编：100081
电　　话 (010) 82109194 (编辑室) (010) 82109702 (发行部)
(010) 82109709 (读者服务部)
传　　真 (010) 82109194
网　　址 http://www.castp.cn
经 销 者 各地新华书店
印 刷 者 北京建宏印刷有限公司
开　　本 185 mm×260 mm 1/16
印　　张 15.25
字　　数 360 千字
版　　次 2021 年 12 月第 1 版 2021 年 12 月第 1 次印刷
定　　价 68.00 元

《湖北稻茬小麦栽培技术研究进展》
编 委 会

主　　编： 邹　娟　高春保　付鹏浩

编写人员：（按姓氏拼音排序）

陈　泠　付鹏浩　高春保　郭光理

胡国平　刘易科　汤颢军　佟汉文

王　鹏　王小燕　严双义　杨　利

张宇庆　朱展望　邹　娟

前　言

小麦是湖北省第二大粮食作物，发展小麦生产对于保障湖北省粮食安全、促进湖北省社会经济稳定和可持续发展具有重要意义。湖北省麦作区域光热资源丰富，小麦生产受水资源限制小，是我国小麦生产优势区域，也是我国小麦增产潜力最大的区域之一，发展该区域小麦的生产具有重要的现实意义。湖北省位于长江中游，稻麦轮作是该区域最为重要的粮食作物耕作制度，在水稻收获后的稻田中种植的小麦即为稻茬小麦。稻茬小麦种植面积占湖北省小麦播种面积的一半以上，在湖北省小麦生产中占有重要地位。

近年来湖北省稻茬小麦单产呈逐年上升的趋势，但是与小麦生产先进省份及同生态区省份相比仍然存在较大差距。其中生产条件差和栽培技术落后是单产较低的主要原因。在实际生产中，湖北省稻茬小麦的生产面临着诸多挑战：一是土壤质地黏重，宜耕性差，导致整地困难，出苗不全、不匀，严重影响了基本苗和有效穗数，不利于高产；二是小麦生育后期多雨寡照的气候条件不利于高产和优质的形成，过多的雨水造成了较为严重的湿害，同时也加剧了病、虫、草害，光照不足除影响小花和小穗的发育，还降低了花后光合产物的积累量，从而导致籽粒充实不良；三是不合理的施肥策略降低了肥料利用率，增加了环境风险；四是成熟轻简化的栽培技术推广应用率低，机械化种植方式普及率低。

随着农村劳动力向城市的转移，劳动力短缺和劳动力价格上涨的问题越来越严重，对劳动力依赖较强的传统的精耕细作的种植方式已经难以实施，而粗放的田间种植和管理变得越来越普遍，主要体现在整地质量变差，人工撒播种植、撒施肥料的比例增加。这对小麦生产的发展极为不利。在农业产业趋向轻简化、机械化和规模化发展的时代背景下，与之相适应的小麦栽培技术，比如少（免）耕栽培技术，整地、播种和施肥一体化的机械化种植技术等也迫切需要快速发展并在生产上得到广泛应用。对于生态环境和种植条件比较特殊的稻茬小麦，其对栽培技术有着更高的要求。

本书总结了近年来湖北省稻茬小麦栽培技术的研究进展，涉及湖北省稻茬小麦的生产现状和发展对策、科学合理的种植技术、极端气候条件下稻茬小麦灾后补救措施以及适应时代发展需求的轻简化和机械化栽培技术。本书可供农业研究院所、农业管理部门的技术人员和管理人员阅读参考，对其他区域、省份的稻茬麦的生产和发展同样具有重要的参考意义。由于编者水平有限，书中难免出现错误和不足，恳请读者不吝指正。

编　者

2021 年 7 月 6 日

目　录

稳定发展湖北省粮食生产的几点建议*

高春保

湖北省是全国重要的粮食主产区，也是全国重要的商品粮生产基地和粮食调出大省。粮食总产量约占全国的5%。正常年景下，湖北商品粮在90亿kg左右，商品率35%左右。除满足湖北省内消费外，一般有50亿kg左右粮食外销。为稳定发展湖北省粮食生产，特提出如下几点建议。

1 成立省级粮食专家顾问组，完善粮食产业科技的协调机制

一是在湖北省主要农产品生产或主要农业产业中，成立分作物的省级专家顾问组或顾问团，对主要农产品生产或主要产业的发展提供决策咨询和技术服务；二是建立和完善部门会商机制，通过会商方式对重大粮食科技和产业发展问题进行决策，统筹粮食产前、产中、产后和前沿高新技术的协调发展。

2 加大投入，依靠科技攻关，着力解决粮食作物的总产和单产稳定提高的技术瓶颈问题

新品种繁育技术、轻简化机械化节本高效栽培技术、主要粮食作物的安全生产技术仍然是目前制约湖北省粮食生产的技术瓶颈问题。要切实加大科技投入，形成稳定扶持的长效机制。农业及粮食科研公益性特点决定了农业科研所获得的科技成果都属于纯公共产品或准公共产品范畴，直接收益的都是农业、农村和农民，带来的效果是农业发展和全社会消费者普遍受益；农业及粮食科技特殊性决定了其周期长、见效慢，需要持续稳定的投入支持。湖北省对农业科研的投入总量不足，与农业及粮食生产大省的地位还不对称。科技投入要不断提高用于农业科研的比重，针对粮食产业系统性强、多元化等特点，确保财政对粮食科技投入的稳定增长，同时鼓励和引导企业和私人资本介入，逐步融合建立国家、部门、地方和社会多元化的粮食产业链技术创新的稳定投入机制，为粮食生产的稳定发展和粮食安全提供科技支撑。

---

* 本文原载《世纪行》，2012（8）：8。

3 加强对发展农机装备业的重视和支持，加强农机与农艺技术的结合，提高粮食生产比较效益

要针对粮食作物重点农时、重点环节和重点区域的需要，以成套的农业生产工程技术和装备为核心，将粮食生产关键环节（耕作、播种、栽插、收获等）的工程技术和实用高效成套技术装备进行组装和优化，提升生产的集约化程度和全程机械化生产服务能力。同时加强农机与农艺技术的结合，实现粮食生产的节本增效，提高粮食生产比较效益，提高农民种粮的积极性。

4 优化种植业结构和耕作制度，充分发挥小麦等夏收粮食作物在粮食增产中的作用

依靠科技提高复种指数，研究解决现代耕作制度与已有粮食生产技术不配套的矛盾，研发多熟种植模式，发展双季稻、再生稻等，增加复种指数，提高复种面积，是稳定湖北省粮食面积的有效途径，也是粮食发展对科技的重大需求。在不同粮食作物中，要充分发挥小麦等夏收粮食作物在粮食增产中的作用。“十五”和“十一五”期间，夏收作物为湖北省的粮食总产增加作出了重要贡献，但无论面积和单产，仍然有很大的增加和提高的潜力。

5 建立健全科技服务体系，完善服务功能

要加强体制机制创新，加速把农业科技成果转化为现实生产力，加快改造传统农业。建立健全农业与粮食生产科技服务体系，完善服务功能，切实为粮食生产提供科技保障。一是继续完善已有的农业科技特派员、专家大院、富民强县等农业与粮食生产服务制度，提高粮食新品种、新技术的示范和带动作用。二是完善农业与粮食科技推广和服务体系，尤其是完善良种繁育、推广体系建设，加快现有科技成果推广应用，支持已有科研成果的中试和示范推广。

6 加强农业科技人才队伍建设

湖北农业科技资源拥有量高于全国平均水平，在中南地区处于领先地位。湖北省应充分利用雄厚的农业科技资源，加强农业科技人才的培养，既要重视高层次人才特别是领军人才的培养，又要重视创新团队的建设；既要重视创新人才的培养，又要重视农技推广服务人员的培养；既要重视农业科技人才队伍建设，又要注重全面提高广大农民科学文化素质，形成浩浩荡荡的农村科技人才大军。要依托重大农业科研项目、重点学科、科研基地，建立核心创新团队，确保研究队伍和研究方向的稳定。培养一批德才兼备的学科带头人、中青年高级专家和科技管理专家，积极推进创新型团队建设，稳定和壮大农业科技人才队伍。

湖北省小麦生产现状及发展对策*

高春保，吴鸿翔

摘　要：分析了湖北省近10年来的小麦生产情况，并与邻近小麦主产省份的小麦生产水平进行了比较，指出了湖北省目前小麦生产存在的主要问题，提出了发展小麦生产的技术措施。

关键词：湖北省；小麦；生产现状；技术对策

小麦是湖北省第二大粮食作物，在湖北省粮食生产中占有举足轻重的地位。根据我国粮食生产发展目标，到2000年，我国小麦生产应在“八五”基础上增产130亿kg。在湖北省粮食“九五”增产计划中，小麦增产的数量要占整个粮食增产任务的1/3。因此，发展小麦生产对于湖北省农业和农村的经济发展，保证湖北省国民经济计划的顺利实现，具有极为重要的意义。

1　近10年来湖北小麦产量变化

1.1　小麦播种面积调减

随着农村和农业产业结构的调整，以及农村经济的发展，粮食播种面积和小麦播种面积都有逐步减少的趋势。“八五”期间湖北省全省年均粮食播种面积为495.6万hm^2，比“七五”期间的年均514.2万hm^2减少了3.62%，特别是“八五”的后3年减幅更大。小麦播种面积也由“七五”的年均133.6万hm^2减至“八五”的127.5万hm^2，减少了4.57%；小麦播种面积占全省粮食作物面积的比例也由“七五”期间的25.97%下降到“八五”期间的25.73%（表1）。

表1　1986—1995年湖北省粮食和小麦生产情况统计[1]

年份	粮食播种面积/万hm^2	粮食单产/(kg/hm^2)	粮食总产/万t	小麦播种面积/万hm^2	小麦单产/(kg/hm^2)	小麦总产/万t
1986	509.2	4 530	2 304.51	130.5	2 925	381.49

* 本文原载《湖北农业科学》，1999（5）：12-14。

（续表）

年份	粮食播种面积/万 hm^2	粮食单产/(kg/hm^2)	粮食总产/万 t	小麦播种面积/万 hm^2	小麦单产/(kg/hm^2)	小麦总产/万 t
1987	514.3	4 515	2 320.66	134.9	3 120	421.08
1988	508.8	4 425	2 252.65	133.1	3 060	408.07
1989	518.9	4 575	2 370.40	134.1	2 805	375.49
1990	520.0	4 755	2 475.03	135.2	2 895	391.14
1991	519.5	4 470	2 323.80	134.7	3 045	418.10
1992	520.0	4 905	2 426.60	135.2	2 895	372.30
1993	481.2	4 830	2 325.70	127.1	3 045	386.70
1994	479.8	5 010	2 422.10	122.5	3 135	383.30
1995	477.7	5 160	2 463.84	118.0	3 075	363.60

1.2 小麦总产略呈下降趋势

湖北省粮食作物的总产10年来仍保持着不断增长的趋势。“八五”期间年均粮食总产为2 392.41 万t，比“七五”期间的年均总产234.65 万 t 增长了2.04%。但从小麦来看，10年来总产的变化幅度尽管不大，但是呈一个不断递减的趋势，“八五”期间，全省年均小麦总产为384.80 万 t，与“七五”期间的年均总产395.45 万 t 相比，减少了2.69%；小麦总产占整个粮食总产的比例由“七五”时期的17.0%下降到“八五”期间的16.0%，下降了1.0个百分点。

1.3 小麦单产徘徊不前

“八五”期间，全省粮食单产平均为4 875 kg/hm^2，比“七五”期间的平均单产4 560 kg/hm^2 增加了6.91%。单产的提高，保证了粮食总产在种植面积不断减少的情况下仍然有所增长。但从小麦的情况来看，“八五”期间，全省平均小麦单产为3 051 kg/hm^2，与“七五”期间的2 961 kg/hm^2 相比，仅增加了3.04%，处于一种徘徊不前的状态。

2 湖北小麦生产与周边省市比较

长江中下游麦区中，江苏、安徽和湖北是全国粮食生产大省，三省的小麦生产在本省的粮食生产中占有较为重要的地位，小麦播种面积占整个粮食作物播种面积的比例均在25%以上，小麦总产占整个粮食总产的20%以上。但仔细分析这3个省份“八五”期间的小麦生产情况（表2），可以看出，湖北省小麦生产与江苏、安徽两个省相比有以下几点值得注意。

表 2　长江中下游麦区“八五”期间各省小麦生产情况统计[2]

省份	粮食面积 /万 hm^2	粮食单产 /(kg/hm^2)	粮食总产 /万 t	小麦面积 /万 hm^2	小麦单产 /(kg/hm^2)	小麦总产 /万 t
江苏	598. 2	5 310	3 171. 52	225. 6	4 035	908. 60
湖南	517. 0	5 136	2 655. 46	19. 0	1 578	29. 66
湖北	495. 6	4 875	2 392. 41	127. 5	3 051	384. 80
浙江	296. 6	5 061	1 222. 76	25. 9	2 565	66. 02
安徽	590. 3	3 918	2 311. 04	202. 5	2 994	604. 60
江西	394. 0	4 302	1 608. 64	7. 0	1 200	8. 42

一是“八五”期间，湖北省小麦生产面积逐年减少，“八五”期末与期初相比，减少面积 16，7 万 hm^2，而同期粮食生产面积减少 41. 8 万 hm^2，小麦减少面积占整个小麦面积的 13. 14%。江苏、安徽两省“八五”期末与期初相比，小麦种植面积分别减少 21. 5 万 hm^2、71 万 hm^2，占整个小麦面积的 9. 15%和 3. 48%。由此可以看出，在长江中下游小麦主产省份中，“八五”期间湖北省小麦生产面积下降的幅度最大。

二是从小麦单产的变化趋势来看，“七五”期末，湖北、安徽、江苏三省小麦的平均单产分别为 2 595 kg/hm^2、2 550 kg/hm^2 和 3 870 kg/hm^2，除江苏省小麦生产水平较高外，湖北、安徽相差不大。“八五”期间，湖北、安徽、江苏三省小麦平均单产分别增加到 3 052 kg/hm^2、3 398 kg/hm^2、4 170 kg/hm^2。这 3 个主产省份中，安徽省的小麦单产增长最快，每公顷增加 518 kg，增长幅度最大，为 17. 99%；江苏省居中，每公顷增加 300 kg，增幅为 7. 75%；湖北最低，每公顷仅增 156 kg，增幅为 5. 39%。

3　湖北小麦生产中存在的主要问题

3. 1　地区间和区域内生产不平衡

分析“七五”和“八五”期间湖北省各市县小麦生产情况不难看出，不同地区和同一区域内小麦生产水平高低不一的问题是制约湖北省小麦生产水平整体提高的重要因素。“八五”期间，湖北省小麦平均单产，北部地区部分县市小麦产量超过 6 000 kg/hm^2，南部地区部分县市小麦产量超过 4 500 kg/hm^2，但是就全省的平均单产来看，仅达到 3 051 kg/hm^2，不少县市的小麦平均单产仍在 1 500 kg/hm^2以下。即使在同一地区内，县市之间、乡镇之间单产的差距往往也达到 1 500~300 kg/hm^2。地区之间或同一区域内生产的不平衡，除了自然条件和经济条件不一致等因素，领导的重视程度、生产的组织管理力度、科学技术的普及程度和对小麦生产投入的强度不同也是其重要原因。

3. 2　中低产田的改造中重水轻肥

从全省小麦生产情况看，中低产田产量难以提高。近几年，各地结合农业综合开发工程，加强了对中低产田的改造。在中低产田的改造过程中，各地一般比较重视渠网建设，旱改水的面积逐年扩大。中低产田进行治水改造后，限制小麦产量进一步提高的因素主要是土壤的基础地力。

3.3 新品种和配套栽培技术推广力度不够

“八五”期间，湖北省各级科研部门先后选育了鄂麦 11、华麦 8 号、鄂麦 12、华麦 9 号、鄂恩系列等不同类型的小麦新品种，这些品种基本上适宜于湖北省不同生态类型的地区种植，但由于新品种推广力度不够，这些新品种每年的覆盖面积不到小麦种植面积的 50%，增产作用难以发挥。同时由于科研经费、人力和领导认识等方面的原因对这些品种的高产配套栽培技术缺乏系统的研究，限制了高产品种潜力的进一步发挥。

4 发展湖北小麦生产的技术对策

在目前的社会主义市场经济条件下，发展我国粮食生产的基本方针仍然是一靠政策、二靠科技、三靠投入。因此，在今后相当长时期内，发展湖北省小麦生产除了加强领导和组织，依靠国家和地方的宏观经济政策稳定小麦生产者的积极性，稳定小麦生产面积，稳定小麦生产的投入外，在小麦生产技术方面，还应着重抓好以下几项工作。

第一，加大新品种的推广力度。只要各级农业技术推广和行政管理部门认真做好新品种的试验和示范，科学地进行品种定向和布局，加大新品种的推广力度，使新品种的年覆盖面达到 50% 以上，而且农民能够做到增产增收，种麦的积极性得到提高，这对于发展湖北省小麦生产有着极为重要的意义。

第二，配合国家“沃土计划”，加大中低产麦田的培肥力度。广泛持久地发动领导和群众，采取增施有机肥、秸秆还田、改革耕作制度等各种途径培肥地力，是提高小麦产量经济而有效的技术措施。中上等肥力的麦田土壤有机质含量应达到 15 g/kg 以上，土壤溶液中 N、P_2O_5 和 K_2O 的含量分别达到 60~100 mg/kg、0.3~0.6 mg/kg、10~20 mg/kg。

第三，加大小麦配套高产栽培技术的普及力度。在推广新品种的同时，还要重视良种良法的配套，使新品种的增产潜力得以发挥。从全省目前大面积小麦生产来看，在栽培技术上要强调以下几点：一是选择适宜播期、播量，培育冬前壮苗，建立高质量的麦田群体结构；二是改进施肥方式、方法，提高肥效；三是科学合理用药，及时防治病虫草害。

参考文献

[1] 湖北省统计局．湖北统计年鉴（1991—1996 年）[M]．北京：中国统计出版社．

[2] 国家统计局．中国统计年鉴（1991—1996 年）[M]．北京：中国统计出版社．

湖北省发展弱筋专用小麦的思路和对策*

高春保，高广金，余贵先

摘　要：分析了湖北省发展弱筋小麦的资源、规模和区位等方面的优势和存在问题，提出加强弱筋小麦品种选育和配套保优栽培技术的研究是发展湖北省弱筋小麦的前提，科学合理布局和实现规模化生产是发展湖北省弱筋小麦的保证，对龙头加工企业和粮食流通中介组织给予政策扶持和其他方面的必要支持，发挥其转化和流通的优势是发展湖北省弱筋小麦的核心和关键。

关键词：湖北省；弱筋小麦；发展思路；对策

湖北省是全国小麦的生产省份之一，常年小麦种植面积为 100 万~120 万 hm^2，约占全省粮食种植面积的 25%；小麦总产量 400 万 t 左右，占全省粮食总产的 20%左右。近几年随着农业种植结构的调整，小麦种植面积和总产量均有所下降，但小麦仍是仅次于水稻的第二大粮食作物，种植面积稳定在 67 万 hm^2 以上。小麦作为主要粮食作物之一，对充分利用自然资源，增加农民收入，发展农村经济，保障粮食安全具有举足轻重的地位。

当前，我国农业发展进入了一个新的历史阶段，农产品供求关系发生了重大变化，湖北省小麦生产也面临着国际和国内市场竞争的巨大压力，如何在新形势下根据市场需求和国家产业政策，调整湖北省小麦生产布局，是稳定和发展湖北省小麦生产的当务之急。

1　湖北省优质小麦科研和生产状况

20 世纪 80 年代起，湖北省小麦育种科研单位就根据全国及湖北省农业经济发展的趋势，调整了育种目标，加大了优质专用小麦品种的选育力度。一大批适合湖北省生态条件的优质专用小麦品种相继育成。目前生产上推广应用的鄂麦 14、鄂麦 15、鄂麦 16、鄂麦 17、鄂麦 18 等均符合国家中筋专用小麦品种品质标准。2001 年夏收全省优质中筋专用小麦面积达 28 万 hm^2，其中“公司+基地+农户”订单生产面积 16 万 hm^2；2002 年夏收全省优质中筋专用小麦面积达 40 万 hm^2，占全省小麦种植面积的 50%。在加大中筋专用小麦品种选育和推广力度的同时，湖北省也十分重视弱筋小麦品种的选育

* 本文原载《实施科技兴农战略促进农村经济发展学术交流论文集》，2004：中国武汉。

和引进，先后选育和引进了华麦12、豫麦50、扬麦9号、浙丰2号等一批弱筋小麦品种。2002年，湖北省农业科学院作物育种栽培研究所还承担了农业部重大项目“弱筋小麦新品种的选育及配套栽培技术”，并与有关面粉加工企业联合，共建弱筋小麦加工原料基地，促进了弱筋专用小麦新品种在湖北省的试验示范和推广应用。

2 湖北省发展弱筋小麦的优势和问题

2003年2月，农业部公布了国家2003—2007年优势农产品区域布局规划。国家优势农产品区域布局规划对推进农业结构战略调整向纵深发展，形成科学合理的农业生产力布局，尽快提高农产品国际竞争力，加快主产区农业发展，增加农民收入，农业生产和管理水平，加快农业现代化进程具有十分重要的战略意义。在国家优势农产品区域布局规划中，湖北省被列为长江中下游优质弱筋小麦带的4个主要省份之一。该规划的发布，既给湖北省小麦生产的发展带来了机遇，提供了政策支持，同时也给我们提出了新的任务和挑战，即如何利用国家的产业政策，利用湖北省的优势条件，解决目前优质专用小麦生产中存在的问题，进一步促进湖北省弱筋小麦生产的发展。

2.1 发展弱筋小麦生产的优势

2.1.1 生态条件适宜

湖北省地处长江中下游，年降水量800~1 400 mm，小麦生育期雨水较多，达500~700 mm，土壤多为水稻土和黄棕壤，小麦主产区土壤以壤土为主，土壤有机质质量分数在1%左右，适宜发展弱筋小麦。

2.1.2 小麦生产历史悠久

1949年前后，湖北省一直是全国小麦的主产省份之一，小麦生产历史悠久，特别是中北部主产麦区，居民以面食为主，具有种植小麦的传统。

2.1.3 生产规模大，商品率高

湖北省中北部的小麦主产区能够实现小麦集中连片生产，其中随州、枣阳、襄阳等几个小麦生产大市（区），小麦种植面积分别在6万~8万 hm^2，具有发展优势弱筋小麦规模化生产的潜力。湖北省也是全国重要的商品粮基地，常年调出的小麦达25万~60万t，小麦商品率高。

2.1.4 具有较好的市场区位优势

湖北省地处全国中部，交通发达，离我国弱筋小麦主要消费区广东、福建等省较近，运销便捷，费用较低，提高了优质专用小麦的价格竞争优势。

2.1.5 具有较好的产业化基础

在科研方面，形成了以湖北省农业科学院和华中农业大学为龙头的一批小麦育种和栽培研究队伍，近两年先后选育的10多个小麦品种通过了国家和省级审定。在推广方面，2001年由省农技推广总站牵头，集中农业科研、教学、种子管理、种子经营、农技推广和面粉加工企业等方面的力量，成立了“湖北省优质专用小麦产业化开发联合

体”，各方面紧密协作，实行按订单生产、收购和加工优质专用小麦，推进了优质专用小麦的产业化开发。

2.1.6 专用小麦生产的环境质量较优

湖北省鄂中丘陵和鄂北岗地主产麦区的水体和土壤环境污染轻，具有生产优质专用小麦和保障生产持续性发展的良好生态环境。

2.2 发展优质弱筋小麦存在的问题

2.2.1 优质弱筋小麦品种不多

目前湖北省选育的达到国标《优质小麦　强筋小麦》（GB/T 17892—1999）优质弱筋小麦的品种不多，部分品种仅达到了国际《专用小麦品种品质》（GB/T 17320—1998）专用弱筋小麦品种品质标准。目前生产上试验示范的弱筋小麦品种大多数从外省引进，如豫麦 50、扬麦 9 号、浙丰 2 号等，因此，有必要进一步加强湖北省优质弱筋小麦品种的选育力度。

2.2.2 优质弱筋小麦品种的保优配套栽培技术研究不够

专用小麦特别是弱筋专用小麦品种的品质受栽培技术和环境条件变化的影响较大，常导致不同年份、不同地区的同一品种品质指标差异很大。商品小麦质量不稳定，影响面粉加工企业采购本地产专用小麦的积极性，因此，有必要加大优质专用小麦配套的保优栽培技术研究，制定优质专用小麦的标准化生产技术规程。

2.2.3 优质弱筋小麦的生产规模小，比较效益低

湖北省已有的优质弱筋专用小麦的生产，目前仅限于襄北等少数农场企业和农户分散的自由种植，生产规模小，不能满足市场需求。同时由于规模小，生产成本难以降低，比较效益较低，影响了进一步发展的积极性。

2.2.4 产业化开发的力度有待进一步加大

湖北省小麦加工能力在 50 亿 kg 以上，其中年加工能力 2 亿 kg 以上的大型企业 12 家，中小加工企业 50 多家。近年来，像枣阳市的湖北金华麦面集团、随州市银丰集团等一批龙头企业都开始调整产品结构，生产加工市场急需的弱筋面粉，但由于原料、品质等因素的影响，生产规模不大，弱筋小麦的产业化开发力度有待于进一步加大。

3 发展弱筋小麦的思路和主要对策

3.1 发展弱筋小麦的思路

根据国家“优势农产品区域规划布局”，加大优质弱筋小麦品种选育引进和配套保优栽培技术标准化的研究力度；实行区域布局，规模化生产；以市场需求为导向，积极争取国家产业政策支持，扶持面粉加工龙头企业，加快弱筋小麦的产业化开发，保证农业增收，企业增效。

3.2 发展弱筋小麦主要对策

3.2.1 加快选育和引进优质弱筋小麦品种，加大配套保优栽培技术标准的研究力度

集中全省小麦育种的科研力量，在现有研究基础上，农业行政和科研主管部门恢复对小麦育种科研的资金和其他各方面的支持，保证新品种选育工作的顺利进行，力争近年内选育出 1~2 个适合湖北省生态条件的弱筋小麦新品种在生产上推广应用，提出配套的标准化保优栽培技术，并在生产上推广应用。这是进一步发展湖北省弱筋小麦生产的前提

3.2.2 实现弱筋小麦生产的区域化布局和规模化生产

弱筋小麦生产的进一步发展必须依靠区域化布局和规模化生产，以保证商品小麦的质量稳定达到弱筋专用小麦的品质标准，数量符合面粉企业的要求，从而实现企业增效、农民增收。只有农民增收，种植弱筋小麦积极性高，弱筋小麦的生产才能够持续稳定地发展，而农民增收是建立在企业增效的基础上，稳定可靠、质量达标、成本较低的加工原料，是企业增效的基本保证。因此，依靠国家和地方产业政策的支持，实现弱筋小麦生产区域化布局和规模化生产是发展湖北省弱筋小麦生产的保证。

3.2.3 依靠龙头加工企业和流通中介组织，加快弱筋小麦产业化开发，是进一步发展湖北省弱筋小麦的关键

根据近年来的市场形势，弱筋小麦面粉的生产供不应求，湖北省大型面粉加工企业如湖北金华麦面集团和随州银丰面粉集团已开始调整产品结构，组织生产弱筋面粉，这为湖北省弱筋小麦的发展创造了较好的机遇。各级生产部门应与龙头企业紧密结合，采取“订单农业”“基地+农户”等多种模式，组织弱筋小麦生产。同时粮食流通中介组织根据国际国内市场需求，组织弱筋小麦的生产和流通也具有同等重要的作用。因此各级政府对农产品加工龙头企业和流通中介组织应给予政策和其他各方面的大力支持，以保证弱筋小麦生产的稳定和健康发展。

江汉平原小麦生产面临的挑战及对策*

王小燕，高春保，熊勤学，苏荣瑞，朱展望，佟汉文，刘易科

摘　要：针对江汉平原小麦生产现状，从生态条件、生产条件等限制因素出发，分析了日照不足、降水量过多、低温、水稻土和播种面积不足、排灌条件差、机械化水平低等因素对小麦产量及品质形成的影响，并提出了提高江汉平原小麦产量的3点建议，以期为该地区小麦低产田实现高产栽培技术创建提供理论依据。

关键词：江汉平原；小麦生产；生态条件；生产条件

湖北省是我国小麦主产省之一，小麦播种面积常年稳定在100万 hm^2，总产达240万t以上，在全国粮食生产中占有重要地位[1]。近5年来，随着各项支农政策的实施，湖北小麦生产较以往有了较大水平的提高，全省小麦面积在恢复性增加，小麦总产实现连续5年增加，占粮食总产的比例逐年增长，为稳定全国粮食总产做出了贡献。

湖北省江汉平原为湖北省小麦主产区之一，属鄂南地区，耕地面积约为25万 hm^2，占全省小麦播种面积的30%左右，小麦总产约为78.6万t，占全省小麦总产的23.31%。但该地区小麦单产水平低，比全省平均水平低21.0%，比全国平均水平低33.2%[1-2]。倘若在最大程度降低该地区渍害影响的基础上，增加麦田投入、提高机械化操作水平、扩大优良品种播种面积，单产水平有望提高10%~25%，可为稳定湖北省乃至全国粮食总产做出更大贡献。

因此，有必要系统分析这一类地区限制小麦产量提高的生态条件和生产条件，探索相应应对策略，以期为低产变高产栽培技术的创建提供理论依据。

1　江汉平原小麦生态条件及其对小麦生产的挑战

江汉平原位于湖北省中南部沿长江由西向东延伸，包括武汉市、荆州市、鄂州市全部及仙桃、天门、潜江、枝江、当阳、孝昌、云梦、应城、汉川、孝感市郊、嘉鱼、黄冈市郊、团风、蕲春、武穴、黄梅、浠水等县市区。位于N29°26′~31°10′，E111°45′~114°16′。面积达3万 km^2 以上。属亚热带季风湿润气候，年均日照时数1 850~2 100 h，年降水量1 100~1 200 mm，无霜期240~270 d[1-2]。

* 本文原载《作物杂志》，2013（3）：17-20。

1.1 日照时数分布及其对小麦生产的挑战

江汉平原年均日照时数为1 850~2 100 h，在小麦孕穗至开花期光照相对不足，4—5月日照时数仅为300~320 h。光照不足不仅限制籽粒灌浆，同时也影响品质的形成。

孕穗至开花期光照不足对小麦产量形成将产生以下不良影响，一是影响穗分化。光照不足会导致小穗数和小花数不足，最终影响穗粒数的增加；同时也可能会导致小花败育，结实率降低。二是影响叶片光合特性。光照不足可显著降低叶片光合速率，减少碳水化合物积累，最终导致产量降低。三是影响淀粉合成。光照不足可抑制淀粉合成相关酶活性，最终影响淀粉的合成及粒度分布。四是影响蛋白质合成。光照是蛋白质合成关键酶——硝酸还原酶的激活因子，光照不足，硝酸还原酶活性低，最终导致蛋白质含量低，品质差。

1.2 降水量分布及对小麦生产的挑战

江汉平原降水充沛，年降水量1 100~1 200 mm，在小麦生育期降水量达800 mm以上，在产量形成的4—5月，降水尤其充沛，易形成涝渍灾害，限制小麦产量形成。以江汉平原荆州气象站点为例（图1），2001—2011年降水年内分布极不均匀，其特点是降水量主要集中在4—8月。这一阶段多年月平均降水量为692.0 mm，占全年降水量的67.2%，极限降水量可达981.1 mm，极限占比可达75.5%。其中4—5月即小麦开花至灌浆期总降水量多年平均为254.6 mm，占小麦全生育期（每年10月至翌年5月）降水量的54.4%，极限降水量达462.8 mm，极限占比达72.0%。

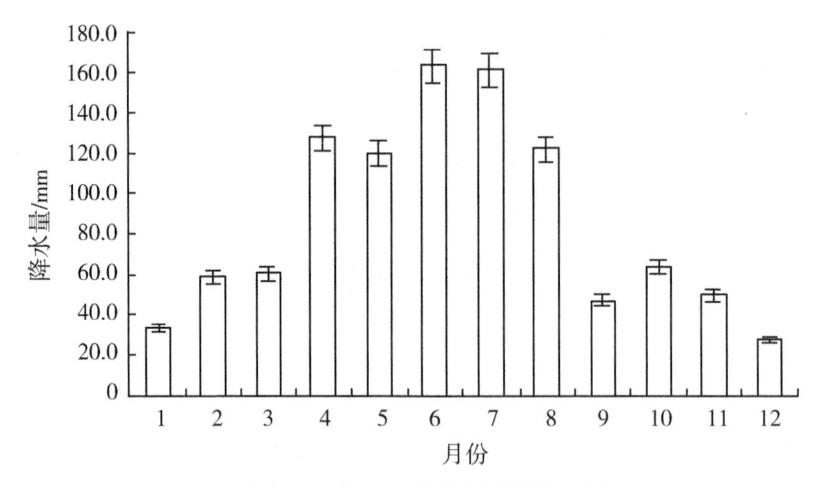

图1 2001—2011年各月平均降水量

充沛的降水量对小麦生产的挑战：一是易形成涝渍灾害，缩短叶片功能期，导致碳水化合物制造不足，灌浆不充分，最终大幅度减产。二是空气湿度增加，导致病虫害加重，开花期至灌浆期赤霉病、白粉病发病率高，限制产量提高。三是土壤湿度持续处于过饱和状态，根系活力降低，根系无氧呼吸加剧，功能期缩短。四是持续降水影响收获时间，易降低品质，穗发芽加剧。

1.3 气温分布及对小麦生产的挑战

江汉平原小麦生育期间温度条件变化明显，从小麦播种期10月中旬至翌年小麦收获期5月中下旬，旬平均气温呈“U”形分布，即从当年的10月中下旬小麦播种后，气温逐旬降低，到深冬时节，温度降至最低，翌年1—2月气温渐渐升高。图2和图3给出了2008—2009年度及2009—2010年度小麦全生育期旬平均气温变化，两年度均呈典型“U”字形变化，其中最低气温分别出现在2009年1月下旬和2010年1月上旬。

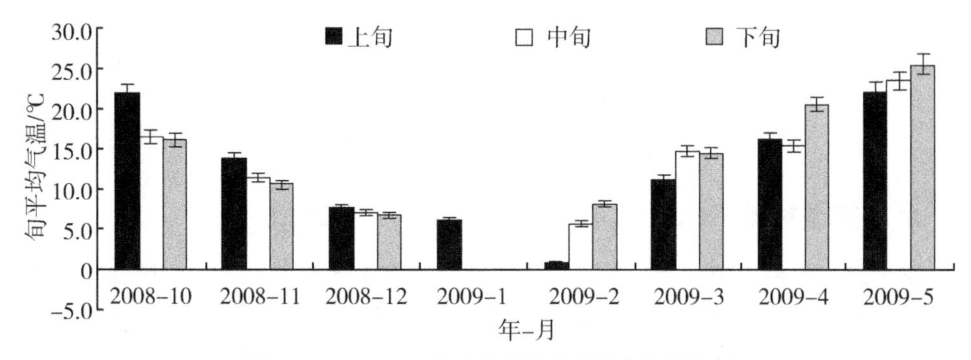

图2 2008—2009年度小麦全生育期旬平均气温

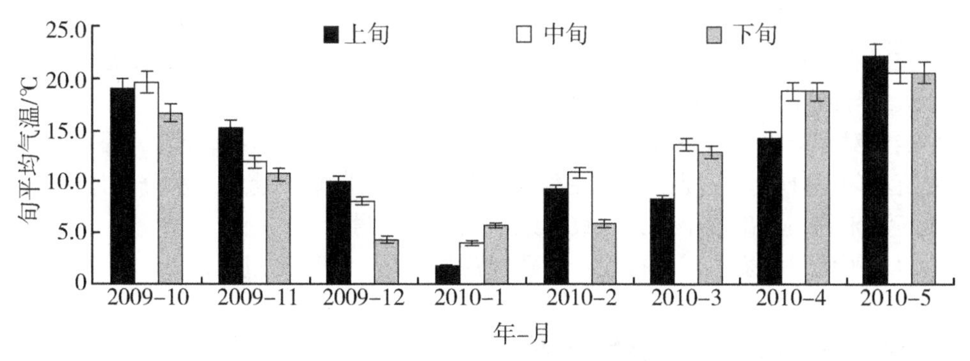

图3 2009—2010年度小麦全生育期旬平均气温

气温分布对小麦产量形成的影响：一是苗期低温提早出现，易形成晚弱苗，导致籽粒产量降低。二是春季寒潮来袭，抑制穗分化，导致结实率、最终籽粒产量降低。三是开花期至灌浆期遇低温易导致灌浆不充分，产量和品质均降低。

受全球极端气候变化影响，江汉平原近年来小麦播种期气温较低现象频发，如2009—2010年度，低温提早出现导致小麦形成晚弱苗，最终显著降低了籽粒产量水平。图4即为2008—2009年度和2009—2010年度11月荆州试验站小麦苗期日平均气温比较。由图4可以看出，2008年11月日平均气温呈缓慢降低趋势，最低气温为8.3℃，出现在11月28日；2009年11月气温变化幅度显著增大，最低温度为0.3℃，出现在

11 月 16 日，比上一年度提前。同时可以看出，2009 年 11 月 11 日温度即降至 3℃，低温持续至 11 月 22 日前后，同期日平均温度比上一年度降低了 7.3℃。产量结果分析表明，2009—2010 年度，小麦产业技术体系武汉试验站荆州试验点小麦产量较上一年度显著降低，仅为 2008—2009 年度的 78%。

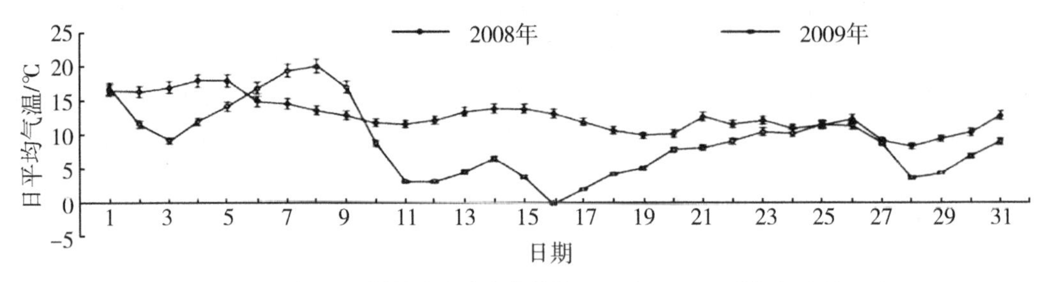

图 4　江汉平原荆州试验站小麦苗期（11 月）日平均气温比较

1.4　土壤类型和地力水平分布及其对小麦生产的挑战

江汉平原小麦田土壤多为水稻土，亦有部分灰潮土和潮土。水稻土相对于河南、山东等小麦主产区的壤土最大异同点是黏性大，不易碎土。又由于江汉平原在小麦播种期易发生持续降水，最终导致土壤含水量大，小麦耕种难，因此生产上常存在小麦“烂种”现象，出苗差，弱苗比例大，产量低。

同时，江汉平原小麦多为稻茬麦，地力水平亦不达标。由于小麦产量水平低，收购价低，农民收益较低，因此农民种小麦积极性低，即农民对小麦产量要求低，不愿增加投入，最终导致小麦产量水平持续较低。

水稻土对小麦生产的挑战：一是土质黏性大，土垡大，不易破碎，导致出苗率降低，麦苗均匀度降低。二是易形成毛管空隙，土壤水分蒸腾量大，水分利用率低，成熟期随高温来临，易出现早衰，导致灌浆不充分，产量低。

地力水平低对小麦生产的挑战：氮磷钾营养不足，籽粒产量降低。

2　江汉平原小麦生产条件分析

2.1　江汉平原小麦播种面积

江汉平原小麦播种面积较 20 世纪 90 年代大幅度降低。从目前情况看，小麦种植面积继续增加的潜力不大，主要原因是随着市场经济的发展和农业种植结构的调整，一方面耕地面积有逐年减少趋势，粮食面积也难以继续增加；另一方面小麦生产的比较效益较油菜、花生等其他作物明显偏低，农民扩大小麦生产的积极性不高。

2.2　江汉平原小麦田排灌条件

江汉平原小麦全生育期基本不需灌水，但孕穗至灌浆期降水量充沛，易形成涝渍灾害，需及时排水。据统计资料表明，松滋市等部分小麦产区田间配套排灌设施较完善，小麦种植面积和产量均维持在较高水平，其他部分稻茬麦田由于排灌设施年久失修，加上麦田内部沟厢质量差，田间排水不畅，小麦生殖生长期易形成渍害，最终导致产量降低。

2.3 其他生产条件限制

江汉平原小麦生产上也存在机械化水平低、抗逆栽培技术薄弱等问题。除此之外，随着农民外出务工人数的增加，农村劳动力明显不足，剩余劳动力文化程度低，农田管理不科学，也限制了小麦生产。

3 提高江汉平原小麦产量的对策

3.1 加强优良品种选育和推广体系管理

近年来，湖北省小麦高产优质高效育种方面已有较大突破，如高产小麦品种鄂麦18、鄂麦23、襄麦55等一系列新品种的育成。今后应在稳定新品种产量的同时，加强抗渍、优质、专用小麦品种的选育。首先，特殊的生态条件是限制江汉平原小麦产量提高的首要因素，应针对其特殊的生态条件进行选种，培育耐土壤水分胁迫、耐低温光胁迫等的新品种。其次，应结合市场要求，积极选育优质中、低筋品种，努力实现专粉专用。最后，在新品种推广过程中，应加强对推广体系的科学管理，推广人员要达到较高的科技水平，推广过程要立足品种特点和区域生态特点，达到品种与地域配套[3-6]。

3.2 创建抗逆栽培技术体系

近年来江汉平原小麦面积和产量均在恢复性增加，应在此基础上，加强抗逆栽培技术的研发，克服该地区生殖生长期渍害严重带来的不利影响，实现低产变高产[7-9]。第一，施肥技术应配套。以往农民多采用“一炮轰”等传统施肥方式。已有研究表明氮肥后移更适合小麦的需肥规律，其中，施纯氮 180 kg/hm^2、底追比例为 3∶7 或 5∶5 条件下，籽粒产量和氮肥利用率均较高，是适宜于江汉平原麦田的施肥方式[10]。第二，排水设施需改善。小麦播种前整理排水沟，做到“三沟配套”，其中厢沟适宜深度为 35 cm，腰沟、围沟要按顺序依次加深。第三，喷施生长调节剂。有研究表明，在渍害发生前喷施 6-BA、乙烯利、芸苔素内酯等生长调节剂可缓减小麦渍害效应，部分恢复产量，其中 6-BA 适宜喷施浓度为 0.01 mmol/L。第四，提高机械化操作水平。目前江汉平原小麦播种机械化水平较低，农民多采用粗放的人工直播方式播种，因播种深度较浅，且虫害、鸟害、鼠害等发生概率大，不但降低了出苗率，幼苗素质亦较低。第五，重视产后加工储藏。因江汉平原空气湿度较大，小麦收获后亦发生霉变、虫害等。因此，小麦收获后应及时晾晒，合理储藏，避免收获后产量质量的二次降低。

3.3 惠农政策与土地流转结合

政府部门应在巩固、完善、强化各项惠农财税政策的同时，大力推行土地流转，促进形成种粮大户，以加快粮食生产机械化、产业化的形成，提高粮食生产的整体效益。小麦生产过程中，还应稳定小麦播种面积，提高政府重视程度等，提高从事农业生产相关活动农民的科学技术水平，健全技术服务网络等。

参考文献

[1] 敖立万．湖北小麦［M］．武汉：湖北科学技术出版社，2002.

[2] 朱展望，黄荣华，佟汉文，等．气候变暖对湖北省小麦生产的影响及应对措施［J］．湖北农业科学，2008（10）：1216-1218.

[3] 郭天财．我国小麦生产发展的对策与建议［J］．中国农业科技导报，2001，3（4）：27-31.

[4] 方保亭，何圣莲，邵运辉，等．当前河南小麦生产存在的问题［J］．作物杂志，2009（4）：97-99.

[5] 王俊英，周吉红，孟范玉．北京市冬小麦生产存在的问题及对策和建议［J］．作物杂志，2012（1）：1-4.

[6] 何中虎，林作楫，王龙俊，等．中国小麦品质区划的研究［J］．中国农业科学，2002，35（4）：359-364.

[7] 赵广才，常旭虹，刘利华，等．河北省小麦品质生态区划［J］．麦类作物学报，2007，27（6）：1042-1046.

[8] 赵明，姜雯，丁在松，等．玉米和小麦在光合诱导期间非光化学猝灭（q_N）差异［J］．作物学报，2005，31（12）：1544-1551.

[9] 王小燕，马国辉，田小海．掺混尿素施用量对杂交水稻产量及氮肥偏生产力的影响［J］．作物杂志，2010（6）：79-82.

[10] 王小燕，沈永龙，高春保．氮肥后移对江汉平原小麦籽粒产量及氮肥偏生产力的影响［J］．麦类作物学报，2010，30（5）：896-899.

气候变暖对湖北省小麦生产的影响及应对措施*

朱展望，黄荣华，佟汉文，刘易科，张宇庆，高春保

摘　要：20 世纪 80 年代初，湖北省增温明显加快，且有继续发展的趋势。气候变暖使小麦冬季旺长，易受冻害，生育期缩短，后期高温影响灌浆，暖冬还会增加春季病虫害大暴发的概率，给湖北省小麦生产带来诸多风险。选育多抗、广适小麦品种，采用高产、稳产栽培措施，合理布局品种，加强病虫害的防治是规避气候变暖不利影响，保证湖北省小麦安全生产的途径。

关键词：气候变暖；暖冬；小麦生产；湖北省

湖北省小麦常年种植面积在 70 万 hm^2 以上，在我国小麦生产中占有重要地位，且产品商品率较高，居湖北省各大粮食作物之首。稳步提高湖北省小麦产量对于实现农民增收，维护国家粮食安全具有重要意义。近年来，气候变暖特别是暖冬现象的频繁发生给湖北省小麦生产带来了诸多不利的影响，本文对该现象进行了分析，并提出应对措施，旨在为解决气候变暖背景下湖北省小麦安全生产这一难题奠定基础。

1　气候变暖现状及发展趋势

1.1　气候变暖的现状

随着全球工业化进程的推进，大气中温室气体浓度持续增加，导致全球气温不断升高，全球气候变暖已成为不争的事实。政府间气候变化专业委员会（IPCC）第 3 次评估报告（TAR）指出，20 世纪，全球气候总的趋势是变暖，全球地面气温上升了（0.6±0.2）℃[1]。这种现象在中国更为明显，在最近的 50 年，中国年平均地表气温增加 1.1℃，增温速率为每 10 年 0.22℃[2]。从湖北武汉（位于江汉平原）和老河口（位于鄂北岗地）两地 1951—2006 年的年平均地表气温来看（图 1），虽然年际之间存在较大波动，但过去的 50 多年内年平均气温总体呈上升趋势，且从 20 世纪 80 年代中期开始，增温明显加快。另外，值得注意的是，增温主要发生在冬季和春季，湖北省与其他位于长江中下游的地区一样，2 月、4 月和 12 月增温较为明显[2-4]，这集中体现在暖冬现象的频繁发生。

---

* 本文原载《湖北农业科学》，2008，47（10）：1216-1218。

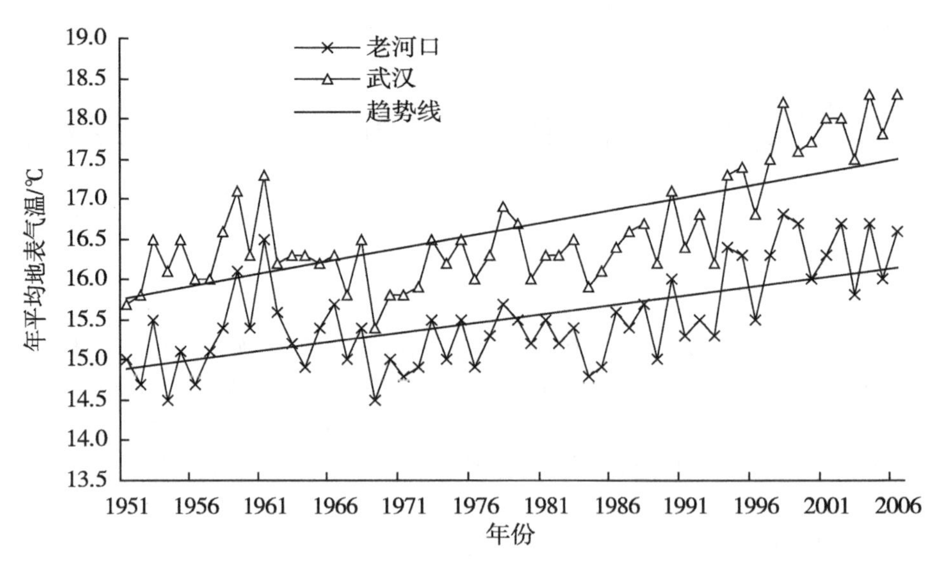

图1 武汉、老河口1951—2006年平均地表气温变化

（数据来源：中国气象局 国家气象信息中心）

1.2 气候变暖发展趋势

据《气候变化国家评估报告》的预测，未来20~100年中国地表气温将明显升高，与1961—1990年的平均气温相比，到2020年，全国年平均气温将增加1.3~2.1℃；到2030年增加1.5~2.8℃；到2050年增加2.3~3.3℃。

武汉区域气象中心于2006年年底发布的气候变化预测报告指出，未来30年，武汉区域（包括河南、湖北、湖南3省）年平均气温均呈上升趋势，在0.10~0.88℃，平均为0.33℃，南部增温快于北部，湖北省小麦主产区年平均气温将上升0.2℃左右。

2 气候变暖对小麦生产的不利影响

虽然CO_2浓度的升高有利于小麦产量的提高，但却远远抵不上温度升高给小麦产量带来的损失，气温升高1℃以上时，小麦产量开始快速下降，升高3℃时，产量将降低20%左右[5,6]。具有关部门预测，如不采取任何措施，到2030年，由于气候变暖的影响，中国种植业生产能力总体上可能下降5%~10%。到21世纪后半期，主要粮食作物小麦、水稻以及玉米的产量，最多可下降37%。在未来20~50年中，气候变化将严重影响中国长期的粮食安全。气候变暖特别是近几年频繁出现的暖冬天气对小麦生产的不利影响主要表现在以下几个方面。

2.1 小麦冬季旺长，起身、拔节期提前，易遭受冻害

冬季气温偏高对小麦生长最直接的影响就是容易造成麦苗冬季旺长，表现为叶片生

长快，次生根生长不足，根冠生长不协调[7]，不利于形成壮苗，如若遭遇“倒春寒”，极易使提前拔节的小麦遭受冻害，造成无法挽救的损失。

另外，早期旺长还会导致无效分蘖过多，麦田群体密度过大，早期出现麦苗封垄现象，个体发育不良，麦苗素质差，且使土壤养分过早消耗；生育中期田间郁闭，影响通风透光，易于滋生病虫害；后期倒伏危险增大，且容易早衰，影响产量和品质。

据《全国小麦苗情分析报告》统计，由于冬季气温偏高，2006 年冬季，湖北省旺长麦田面积达 5 万多公顷，占全省小麦面积的 6.3%。现湖北省主栽品种多属春性、半春性类型，容易在暖冬或早春通过春化阶段而提前拔节，2006—2007 年度湖北省小麦品种区域试验总结报告指出，由于气温偏高，2006—2007 年度小麦拔节期较常年提早 5~10 d。

2.2 成熟期提前，灌浆不充分

气温偏高，小麦生长发育加快，成熟期提前。冬小麦生育期间气温每升高 1℃，其生育期平均缩短 7 d 左右[8]。2006—2007 年度小麦生育期平均温度比常年高出近 0.9℃，导致郑麦 9023 生育期缩短 6 d（图 2）。灌浆成熟期间，日平均气温高于 25℃，日最高气温高于 32℃的天气持续 2 d 以上将会出现高温逼熟现象，导致植株早衰，灌浆不充分，严重影响单产和品质。

2.3 春季病虫害大爆发概率增加

暖冬造成主要农作物病虫越冬基数增加、越冬死亡率降低，极大地增加春季农业病虫害暴发、流行的风险，特别是易于条锈菌越冬，使菌源基数增大，春季气候条件适宜，将会加重小麦条锈病的发生、流行[9]。另外，气候变暖使全国大部分地区病害发生期提前、为害期延长、危害程度加重，又由于积温的相应增加，缩短了各虫态的历期及整个世代的发育历期，加快了害虫的发育和繁殖速度，繁殖代数将增加，导致虫害加重[10]。据植保部门分析，未来麦蚜、吸浆虫等害虫严重发生的可能性较大；小麦白粉病、小麦赤霉病，小麦纹枯病，由于菌源广、小麦主栽品种抗病性弱、冬季温暖，将呈逐渐加重的趋势。

3 应对措施

全球气候变暖已成为近期内不可逆转之事实，气候变暖除给小麦生产带来上述不利影响外，也带来了富余的光热资源，再加上 CO_2 浓度不断上升，这些都利于小麦的光合作用。选育多抗广适小麦品种，采用高产、稳产栽培措施，合理布局品种，加强病虫害的防治，增强小麦抗灾能力，使小麦生产能够在气候变暖这一大背景下趋利避害，是摆在小麦科研工作者面前的一个长期的重大课题。

3.1 科学推迟播期

在冬季变暖的情况下，要适当推迟冬小麦播期，使小麦的各个生长发育阶段都处于

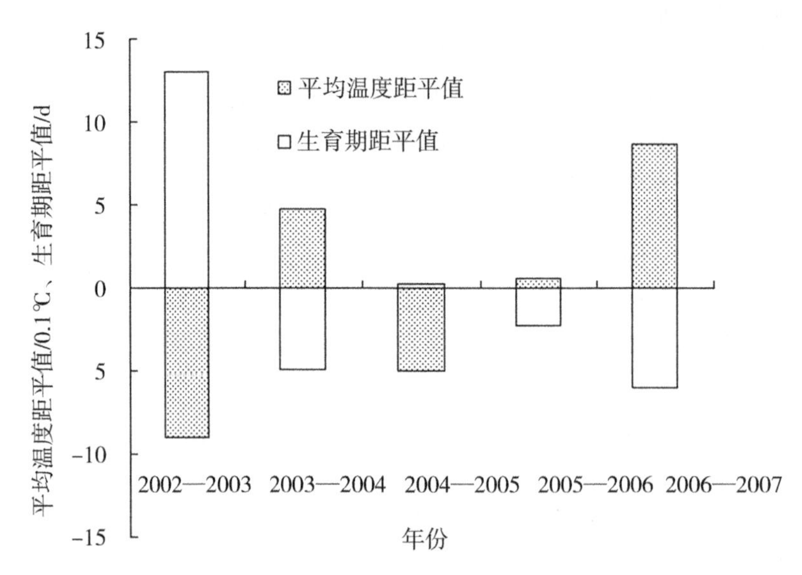

图 2　郑麦 9023 生育期平均温度变化与其生育期长短的关系

注：① 平均温度为湖北省小麦生育期（11 月至翌年 5 月）的平均气温，其距平值是指各年度生育期平均气温与本文统计的 5 个年份平均气温均值之间的差；②小麦品种为郑麦 9023，生育期为其在湖北省小麦品种区域试验中各试点生育期的平均值，生育期距平值为各年度生育期与 5 个年度生育期均值之间的差；③气象资料源于中国气象局，小麦生育期资料源于 2002—2003 年度至 2006—2007 年度湖北省小麦品种区域试验总结报告。

相对适宜的环境条件下，主要防止“冬旺”及提前拔节，避免冻害的发生以及群体过大引起的病害滋生和后期倒伏。具体播种时间要以壮苗（叶龄为 5 叶 1 心至 6 叶 1 心）越冬为目标，结合各地的气候特点进行合理确定。另外，也可根据气温指标确定播期，一般情况下，半冬性品种 16～14℃，春性品种 14～12℃时播种有利于形成壮苗[11]。鉴于播期调整对小麦生长发育各个阶段均将产生深刻的影响，尚需根据各地整个小麦生育期的气候特点最终确定适宜的播期。因此，很有必要对湖北省目前主推小麦品种进行多年多点的播期试验，以便对播期进行科学的调整。

3.2　做好品种布局工作

湖北省地处气候过渡地带，地貌类型复杂多样，形成了众多各具特点的物候区，但总的可以以北纬 31°为界分为南北两大片。南北两片在降水量、日照、小麦主要病害以及种植制度上都存在显著的差异[11]。北部麦区播种期间常遇秋旱，为抢墒播种，播期往往偏早，暖冬年份易于年前拔节，应推广耐寒性较强的半冬性品种；南部麦区灌浆成熟期高温逼熟现象将会更加频繁，因此应推广灌浆速率快、熟期较早的品种。还应逐步改变目前湖北省小麦主栽品种过于单一的局面，利用品种的多样化来抵御气候变暖给小麦生产带来的风险。

3.3 多途径选育多抗广适的小麦新品种

3.3.1 开展小麦远缘杂交育种

主栽品种遗传背景狭窄、品种使用时间的持久以及推广范围的扩大均有利于病虫害的大流行，其中遗传背景狭窄是造成病虫害成灾的主要原因。小麦近缘野生种属含有丰富的抗逆基因，挖掘、利用这些有益基因进而改善栽培品种的抗性和适应性早已成为小麦育种工作的一个重要领域。湖北省目前小麦主推品种郑麦 9023 就含有远缘杂交品种小偃 6 号的血缘，在近几年的大面积推广当中表现出了良好的抗性及广泛的适应性。现阶段湖北省小麦推广品种过于单一，且几个主推品种并未形成鼎足而立的局面，这均给湖北省小麦的高产、稳产埋下了隐患。

3.3.2 利用小麦杂种优势

利用杂种优势是提高作物抗逆性和产量的重要途径。近年来，我国在玉米、水稻、油菜等主要粮油作物的杂种优势利用方面取得了重要的进展，产生了巨大的社会和经济效益。杂交小麦较强的生长势及对不良环境的高耐受性也已被大量育种实践所证实。选育高产、多抗、广适的专用杂交小麦已成为国内一些小麦育种单位近期的主攻目标。通过利用杂种优势来抵御气候变暖给小麦生产带来的不利影响是值得育种工作者尝试的一条途径。

3.4 推广氮肥后移技术

暖冬引起小麦冬季旺长，导致麦田群体过大，早期土壤养分消耗严重，给小麦的正常返青、拔节以及后期生殖生长造成严重的影响，又因夏季温度升高导致小麦叶功能期缩短、形成“早衰”，成熟期提前导致灌浆不充分进而影响产量。氮肥后移技术通过基肥变追肥、追肥时期后移，可以有效控制小麦“冬旺”，稳定群体，增加小麦生长发育的后劲，有效延长叶功能期，增加粒重和产量，利于提高籽粒蛋白质含量，改善蛋白质品质[12]，目前这项技术正在湖北省小麦主产区进行进一步的试验验证和各项技术参数的深入筛选，有望近年进入大面积的生产推广。该项技术目前尚未与暖冬这一气候现象结合起来研究，从氮肥后移技术的原理出发，结合气候变暖特别是暖冬给小麦生产带来的不利影响进行分析，我们认为，该技术将会在气候变暖的背景下协调小麦苗期地下部分与地上部分、营养生长与生殖生长之间的矛盾中发挥更为重要的作用，但具体的实施办法的确立尚需根据各地实际进行深入的试验。

3.5 加大病虫害综合防治力度

鉴于气候变暖，特别是暖冬将会增加春季农业病虫害暴发、流行的概率，又加之湖北省现阶段小麦栽培品种过于单一，潜在风险大，应进一步重视和加强小麦病虫害的综合防治工作，加大小麦药剂拌种技术的推广范围，及时组织小麦栽培、病理专家对湖北省小麦病虫害发生、流行情况进行调研，引导农户科学防治病虫害。

致谢：感谢中国气象局/国家气象信息中心提供本研究相关气象数据！

参考文献

[1] HONGHTON J E T, DING Y H, GRIGGS D J, et al. Climate Change 2001: The Scientific Basis [M]. Cambridge: Cambridge University Press, 2001: 881.

[2] 丁一汇，任国玉，石广玉，等．气候变化国家评估报告（I）：中国气候变化的历史和未来趋势 [J]. 气候变化研究进展，2006，2（1）：3-8.

[3] 姜彤，苏布达，王艳君，等．四十年来长江流域气温、降水与径流变化趋势 [J]. 气候变化研究进展，2005，1（2）：65-68.

[4] ZHANG Q, JIANG T, GEMMER M, et al. Precipitation, temperature and runoff analysis from 1950 to 2002 in Yangtze basin, China [J]. Hydrological Sciences Journal, 2005, 50 (1): 62-68.

[5] EASTERLING W, APPS M. Assessing the consequences of climate change for food and forest resources: a view from the IPCC [J]. Climate Change, 2005, 70 (1-2): 165-189.

[6] MIGLIETTA F, TANASESCU M, MARICA A. The expected effects of climate change on wheat development [J]. Global Change Biology, 1995, 1 (6): 407-415.

[7] ANWAR M R, LEARY G, MCNEIL D, et al. Climate change impact on rainfed wheat in south-eastern Australia [J]. Field Crops Research, 2007, 104 (1-3): 139-147.

[8] SADRAS V O, MONZON J P. Modelled wheat phenology captures rising temperature trends: Shortened time to flowering and maturity in Australia and Argentina [J]. Field Crops Research, 2006, 99 (2-3): 136-146.

[9] 叶彩玲，霍治国．气候变暖对我国主要农作物病虫害发生趋势的影响 [J]. 中国农业信息快讯，2001，（4）：9-10.

[10] 周平．全球气候变化对我国农业生产的可能影响与对策 [J]. 云南农业大学学报，2001，16（1）：1-4.

[11] 敖立万．湖北小麦 [M]. 武汉：湖北科学技术出版社，2001：151-152.

[12] 于振文．小麦产量与品质生理及栽培技术 [M]. 北京：中国农业出版社，2007.

小麦种植技术问答*

高春保

1 怎样选择小麦品种?

每年秋播前，农业部和各级农业主管部门都会公开发布全国和各地小麦主导（主推）品种公告，公布的这些主导品种是选择品种的主要参考依据。此外在选择品种时要注意公告的品种其适宜种植范围是否包括你所在的地区。如湖北省 2010 年小麦主导为鄂麦 18、鄂麦 23、华麦 13、襄麦 25、鄂麦 352、郑麦 9023。

2 购买小麦种子时应注意哪些问题?

购种时应到证照（种子经营许可证或委托代销证和营业执照）齐全的种子经销处购买，索要种子质量合格证、发票、品种技术资料，并与包装袋一起妥善保存；注意看种子包装是否规范，注意观察种子的色泽、饱满度、干潮程度、大小均匀和净度。

3 为什么要重视整地质量?

整地质量好坏是保证小麦正常出苗的关键，也是小麦获得高产的最重要的基本条件。对稻茬麦田，要利用水稻收获后至小麦播种前的空闲期，及时耕翻，在土壤墒情合适时，及时耙地蓄墒。播种前再进行一次浅耕，随耕随耙，趁墒播种。早茬（如大豆、芝麻、玉米等）旱地要在前茬收获后及早整地蓄墒；晚茬（如番薯、棉花）旱地在前茬作物收获时，随收随耕随耙，趁墒播种。近年来各地采取少免耕或机械旋耕播种的麦田面积不断增加，对这些麦田每 3~4 年应采用机械耕翻一次。对采取机械旋耕播种的麦田，由于旋耕后土壤过于疏松，为防止播种过深，影响出苗，最好在旋耕后播种前进行一次耙地或镇压作业，或在播种后进行一次镇压保墒作业。

* 本文原载《农家顾问》，2010（12）：29-30。

4　如何确定小麦适宜播种期?

温度和品种类型是决定小麦播种期的主要因素。在一般情况下，日平均气温稳定通过18~14℃时，为冬小麦适期播种的时间。其中，冬性品种为18~16℃、半冬性品种16~14℃，春性品种低于14℃。华北大部分地区的最适宜播种时间为10月5—15日，南方麦区10月20日至11月5日。湖北省北部麦区，春性品种的适宜播期为10月下旬，春性较强的郑麦9023，播期可推迟到10月底或11月初，以防提前拔节遭受冻害。在抢墒播种、提早干播等雨的情况下播种期也不宜过早，正常年份小麦出苗期不宜早于10月20日。在南部麦区，鄂麦18的适宜播种期在10月底至11月初，郑麦9023的适宜播期可推迟到11月上旬。如果因前茬作物腾茬晚、正常播种期内干旱或连阴雨等造成播期推迟，可采取以下应对措施，一是选择春性较强的品种；二是加大播种量，一般情况下，每推迟播种1 d，应每667 m^2增加播种量0.5 kg，特晚播小麦，播种量最大可用到20~25 kg/667 m^2；三是适当增施基肥，比正常播期的小麦增加30%~50%的基肥用量。

5　怎样确定小麦的播种量?

理论上，计算小麦播种量的方法是：播种量（kg）= 本苗数（万）×千粒重（g）×0.01/发芽率（%）×80%（正常情况下的田间出苗率）。如果遇干旱、连阴雨，整地质量不高，或晚播条件下，田间出苗率可适当调低，增加播种量。在正常情况下，旱地小麦每667 m^2播种量8~10 kg为宜，稻茬麦667 m^2播种量10~12.5 kg为宜，在此范围内，根据整地质量、土壤墒情、播种方式、品种特性和播种时间确定合适的播种量，避免盲目加大播种量。

6　南方麦区小麦肥料的用量和施用方法是什么?

根据农业部专家组提出的长江中下游地区小麦施肥意见，在肥料用量上，产量水平300~500 kg（以667 m^2计量，下同），需氮肥（N）12~14 kg，磷肥（P_2O_5）5~6 kg，钾肥（K_2O）4~6 kg；产量水平300 kg以下时，氮肥（N）10~12 kg，磷肥（P_2O_5）3~5 kg，钾肥（K_2O）3~4 kg；若基肥施用了有机肥，可酌情减少化肥用量。氮肥总量的70%作基肥，10%作平衡肥，20%作拔节肥。各地可参照此意见确定肥料用量。在肥料运筹技术上，小麦基肥和追肥的比例在7∶3（岗地）或6∶4（水田）较为合适。在350~400 kg的中高产地区，一般播种前667 m^2施40 kg左右的复合肥（N、P、K总有效含量为45%）或同等氮量的其他复合肥作底肥，同时施用5 kg尿素作种肥；2月底到3月初看苗追施5~7.5 kg尿素作拔节肥，抽穗期前后看苗追施3~5 kg尿素作穗肥，后期结合防治病虫害进行1~2次叶面喷肥。

7 如何进行种子处理?

为控制锈病、白粉病和纹枯病的发生，可用种衣剂进行种子包衣，未包衣的种子，也可播种前用种子量的0.03%的三唑酮（粉锈宁）有效成分拌种，即每千克种子用2 g 15%的粉锈宁药剂，注意要干拌，随拌随用。

8 可选用那些播种方式?

旱地当中适于机械作业的实行机械条播，播后镇压，土壤过湿时推迟镇压时间。稻茬麦如有条件可采用机械少免耕条播技术和机械撒播技术，其他人工撒播麦田要提高整地质量，均匀播种，播后浅耙镇压。稻茬麦也可采用稻草覆盖免耕技术。

9 小麦苗期管理应注意的问题有哪些?

9.1 看苗施肥

弱苗或群体严重不足的小麦，年前可看苗适当提早用速效氮肥追肥，根据苗情，用量以2.5~5 kg为宜，壮苗、旺苗不施。拔节肥一般在拔节期趁雨雪天、浇水抗旱时或结合松土除草，667 m^2 适时追施尿素5~7.5 kg，弱苗适当增施氮肥，旺苗不施氮肥。

9.2 控旺促壮

对播种出苗较早，11月下旬主茎已发生5~6片叶，越冬期有可能拔节的旺苗麦田，于冬前镇压2~3次。土壤过湿，有露水、冰冻时不压。起身期拔节前，尤其是对在12月上中旬单株已达到6叶1心，群体过大，叶色浓绿，叶大下披的田块，667 m^2 用15%多效唑粉剂50~60 g配成0.1%~0.2%溶液喷雾进行化学调控。

9.3 冻害补救

小麦冬前或春季常发生冻害，对于发生冻害且较重的麦苗，及时追施速效氮肥，中耕培土，促使其发根和分蘖，争取高位分蘖成穗。如遇干冻，追肥时要结合浇水抗旱，一般667 m^2 追施尿素5~7 kg。

10 小麦中后期管理应注意哪些问题?

10.1 看苗巧施肥

未施拔节肥的，孕穗期有缺肥症状时，一般在剑叶露尖时，667 m^2 追施尿素2~

3 kg 作孕穗肥。小麦抽穗到灌浆初期叶色转淡的麦田，667 m^2 用 0.2%磷酸二氢钾和 1%尿素混合液 40~50 kg 喷施 1~2 次，间隔期 7~10 d。喷施期距成熟期应大于 20 d。

10.2 清沟排渍

要做到沟直底平，沟沟相通，做到雨住田干，雨天排明水，晴天排暗水，降低地下水，改善土壤通气条件，为多雨环境下的小麦生长创造良好的土壤环境。

11 如何进行“一喷三防”?

“一喷三防”是后期田间管理十分重要的技术措施。“一喷三防”的最佳时期为小麦抽穗期至籽粒灌浆中期，在防治小麦赤霉病、白粉病和蚜虫时，将尿素、磷酸二氢钾或植物生长调节剂加入防病治虫的药剂中，一次喷施，能起到防病虫、防倒伏、防治干热风和后期早衰，增加千粒重的作用。667 m^2 可选用 15%粉锈灵 70~100 g+菊酯类农药 40~50 mL+磷酸二氢钾 100 g 配方或用多菌灵与菊酯类农药及尿素、磷酸二氢钾、微肥等组成的配方进行“一喷三防”。

12 怎样防治病害?

12.1 赤霉病

该病害防治的最佳时期为抽穗扬花期，如果天气预报扬花期多雨高湿，就应抓紧喷药，可用 50%多菌灵或 70%甲基托布津可湿性粉剂 800~1 200 倍液喷雾，667 m^2 喷药液 50 kg。如扬花期遇到阴雨天气，5~7 d 后可再喷一次。

12.2 条锈病

常用的药剂种类有三唑酮、烯唑醇、戊唑醇，可参照施用说明进行喷施。

12.3 白粉病

当田间出现病叶时，667 m^2 可选用 15%粉锈宁可湿性粉剂 75 g 或 20%粉锈宁乳油 50 mL 兑水 40~50 kg 喷雾防治，连治 1~2 次。

12.4 纹枯病

在 2 月底至 3 月初间隔 7~10 d 两次喷药防治，667 m^2 每次用药量为 5%井冈霉素水剂 200 mL+20%粉锈宁乳油 50 mL。

13 怎样防治虫害?

13.1 蚜虫

苗期当蚜株率达40%~50%，平均每株有蚜4~5头时进行防治，穗期当有蚜穗率达15%~20%，每株平均有蚜10头以上时进行防治。667 m^2 可用25%蚜青宁50 mL或25%氰戊·辛硫磷50 mL，也可用40%氧化乐果50 mL结合防治麦粘虫兑水50 kg喷雾或兑水20 kg弥雾。

13.2 麦蜘蛛

当小麦百株虫量达500头时，667 m^2 可选用40%氧化乐果乳油50 mL或48%乐斯本乳油80 mL等有机磷制剂兑水40~50 kg喷雾防治。

14 怎样进行化学除草?

在杂草出齐后至3叶期前时防治。以禾本科杂草为主的田块667 m^2 用6.9%骠马50 mL，以阔叶类杂草为主的田块可667 m^2 用75%苯黄隆1 g，两类杂草混生的田块，则可兼用上述两种除草剂。化学除草应严格按照药剂施用说明进行，由于在温度过低或土壤干旱缺墒时使用除草剂效果不佳，所以应尽量避免使用。

15 小麦收获时应注意什么问题?

要注意适时收获。小麦在蜡熟末期收获最佳。此时籽粒一般呈深浅不同的橘黄色，用小刀切横切面蜡质状稍硬，仅腹沟处稍软，籽粒背部仍能挤压出轻微指甲印。南方地区小麦收获期常遇连阴雨天气，要抓紧在晴朗天气进行机械收割、晾晒、储存，以防穗发芽。机械收获时，要根据当地收获机械情况和经验，选择合适机型，规范操作，尽量减少机械收获损失。

湖北省小麦适宜播期的叶龄积温法确定*

韦宁波，刘易科，佟汉文，陈泠，张宇庆，朱展望，高春保

摘　要：为探明气候变暖背景下湖北省各地小麦适宜播期，为鄂北地区小麦亩产500 kg提供理论支撑，本研究对2008—2012年湖北省郧西等10个县（市）的气象数据进行了分析，依据作者在前期研究基础上提出的湖北省小麦主导品种郑麦9023的叶热间距，运用叶龄积温法推算得出郧西等10个县（市）的小麦适宜播期。生产上各地可根据本文研究结果，结合当地气象预报、土壤墒情以及小麦品种特性等适当调整小麦合适播期，确保小麦壮苗越冬、高产稳产。

关键词：小麦；适宜播期；叶龄；积温；叶热间距

小麦是湖北省主要粮食作物之一，其播种面积和总产量在全省的粮食作物中仅次于水稻。“十一五”期间，湖北省小麦年收获面积为79.49万～109.63万 hm^2，年均面积97.70万 hm^2；小麦年总产243.20万～353.20万t，年均总产320.08万t；小麦平均公顷产量年际间变化为3 060.00～3 430.50 kg，五年平均公顷产量3 268.20 kg[1]，目前，湖北省小麦种植面积稳定在106.7万 hm^2 左右。2013年夏收，湖北省小麦面积达109.48万 hm^2，单产3 732.0 kg/hm^2，超过了1997年历史最高水平3 499.5 kg/hm^2，总产达到408.65万t。

适时播种对小麦的生育期有重要影响，进而影响到小麦的产量和品质。小麦适期播种不仅可以保证生产安全，还可通过其生长发育习性与当地气候条件优化配合以实现高产、优质和高效。研究表明，在相同的栽培措施下，推迟或提前播种期，对小麦的产量构成、籽粒品质都有不同程度的不利影响[2,3]。湖北省处于南北气候的过渡地带，地形复杂，各麦区气候条件差异较大，小麦适宜播种期也有明显差异。在品种利用方面，经过几次品种更新换代，以郑麦9023为代表的弱春性品种成了当前湖北省当家品种，这些品种的生长发育特性与历史品种存在一定差别。受全球气候变暖的影响[4,5]，小麦生长发育期间有效积温也发生了明显的变化。上述因素使得依据各地气候条件进行小麦适宜播期的调整尤为迫切和重要。

目前，确定小麦适宜播期的常用方法有以下几种，温度法，根据小麦分蘖时的适宜温度以及当地气候资料确定小麦分蘖的适宜时间，进而推算出小麦的适宜播期；日期法，根据小麦从播种至成壮苗所需要的天数确定适宜播期；利用活动积温确定播期，根

* 本文原载《湖北农业科学》，2014，53（19）：4529-4532。

据作物从种子吸水萌动至成熟日连续累加的温度以及当地气候资料，推算出作物的适宜播期；叶龄积温法[6]，即参照具体品种冬前壮苗标准所要求的叶片数，用小麦每出一片叶所需有效积温与冬前壮苗叶片数的乘积加上出苗所需积温，即可得到从播种到形成冬前壮苗时所需的有效积温，进而根据当地气象资料反推出小麦的适宜播期[7,8]。相比其他方法，叶龄积温法具有高效、准确、资源耗费少的特点，解决了多变气候条件下小麦适宜播期难以确定的问题，近年来应用较为广泛[9]。

本研究对位于湖北省主要麦区的郧西等10个县（市）2008—2012年小麦播种至越冬时的气象数据进行分析，依据前期研究获得的小麦叶片发育的积温需求结果和湖北省小麦壮苗越冬叶龄指标，采用叶龄积温法对当前湖北省小麦适宜播期进行研究，以期为科学应对气候变暖，确保湖北省小麦安全生产及实现高产优质提供依据。

1 材料与方法

1.1 试点

湖北省地处长江中游，位于东经108°30′~116°10′，北纬29°05′~33°20′，南北纬度差4°15′，东西经度差7°40′。现湖北省共划分有六大麦区[10]，以北纬31°左右为界分为鄂北片、鄂南片，其中所选试点中的老河口、枣阳、钟祥位于鄂中丘陵和鄂北岗地麦区（Ⅰ），麻城位于鄂东北丘陵低山麦区（Ⅱ），郧西位于鄂西北山地麦区（Ⅲ），荆州、武汉位于江汉平原麦区（Ⅳ），黄石位于鄂东南丘陵低山麦区（Ⅴ），恩施、宜昌位于鄂西南丘陵低山麦区（Ⅵ）。

1.2 有效积温计算

气象数据来源于中国气象科学数据共享服务网，其中包括所选试点1951—2007年10—12月日平均气温月值、所选试点2008—2012年10月1日至12月25日的日平均气温日值，部分试点由于气象站建设较晚，无法获取到1951年的气象数据，则选取所能得到的最早期气象数据。各试点2008—2012年有效积温平均值计算是由0℃及以上日平均气温的累加再经过平均处理得出。

1.3 湖北省小麦冬前叶龄指标

敖立万等[10]研究认为，鄂恩1号越冬期为6~7叶，且冬前保证3个左右分蘖为宜。李巧云等[11]认为，河南省弱春性小麦冬前处于6叶1心期才是获得高产以及能安全越冬的保证。一方面，根据小麦叶蘖同伸规律，小麦主茎6叶1心时，其第一个分蘖有4片叶，第2个分蘖有3片叶，这样能够保证除主茎外另有1~2个分蘖成穗，从而保证单位面积穗数。另一方面，湖北省种植的多为弱春性或半冬性品种，正常情况下整个生育期多为10~12片叶，通常在8片叶左右时拔节。这样，冬至前后小麦发育到6叶1心，就能够防止年前拔节，从而安全越冬。对于鄂南片，冬季日平均气温较北部高，冬季小麦不停止生长，越冬期小麦还能发育 1 片叶左右，因此鄂南片小麦冬前的叶龄指标就应该比鄂北片少 1 片叶左右。本研究综合前人研究结果并根据常年对湖北省小麦生产的调研结果，确定鄂北地区（郧西、老河口、麻城、钟祥、枣阳）小麦冬至叶龄为 6.5 片叶，鄂南地区（恩施、宜昌、荆州、武汉、黄石）为 5.5 片叶较为适宜。

1.4 数据分析

本研究中对气温变化趋势的分析方法参照陈正洪[12]所提及的方法，利用一次线性方程代表气温的变化趋势，一次方程回归系数即表示气温倾向率。原始数据整理和图表绘制使用 Microsoft Excel 2010 软件，统计分析采用 SAS 9.1。

2 结果与分析

2.1 平均气温变化

由于湖北省近年来气候多变，因此选取各试点 1951—2012 年 10—12 月的日平均气温月值进行分析以得出全球气候变暖背景下湖北省各地小麦苗期气温变化规律。10 个试点 1951—2012 年 10—12 月日平均气温变化如表 1 所示。

表 1 各试点 1951—2012 年 10—12 月日平均气温每 10 年气温变化 单位：℃

试点	10 月	11 月	12 月	平均
郧西	0.34	0.38	-0.17	0.18
老河口	0.24	0.29	0.30	0.28
枣阳	0.24	0.28	0.16	0.23
钟祥	0.23	0.24	0.25	0.24
麻城	0.26	0.30	0.32	0.29
恩施	0.05	0.05	0.05	0.05
宜昌	0.07	0.13	0.15	0.12
荆州	0.28	0.26	0.25	0.26
武汉	0.30	0.29	0.30	0.30
黄石	0.23	0.15	0.21	0.20
平均	0.22	0.24	0.18	0.21

由表 1 可见，所有试点 1951—2012 年 10 月、11 月的日平均气温都有升高的趋势，仅有郧西的 12 月日平均气温处于下降趋势。1951—2012 年，10 个试点 10 月、11 月和

12 月的总计年间气温变化分别增加 1.37℃、1.44℃和 1.12℃，平均每 10 年气温变化分别上升 0.22℃、0.24℃和 0.18℃。

以荆州试点为例，详细地分析气温变化趋势，该试点 10 月的日平均气温的月值有极显著的升高趋势（$R=0.4525$，$P<0.01$），11 月（$R=0.3230$，$P<0.05$）和 12 月（$R=0.3205$，$P<0.05$）的日平均气温的月值都具有显著的升高趋势。

2.2 小麦适宜播种期的确定

2.2.1 小麦冬前积温需求

为保证越冬前小麦苗壮而不旺、有足够的分蘖，合适的积温是不可缺少的。多数研究表明小麦叶龄指数和有效积温呈直线相关[13-17]。因此，根据越冬前小麦叶龄发育的积温需求以及当地的气象数据就可以推算出湖北省小麦的适宜播期。根据对小麦品种郑麦 9023 主茎叶片发育的积温需求的研究数据，统计得出如表 2 所示结果。

表 2　不同播期、密度播种的郑麦 9023 叶热间距　单位:℃ · d/叶

播期	密度 1	密度 2	密度 3	平均
播期 1	105.9	108.2	109.9	108.0
播期 2	98.6	99.6	103.1	100.5
播期 3	95.7	97.1	101.5	98.1
播期 4	90.5	90.1	93.5	91.4
平均	97.7	98.8	102.0	99.5

注：播期 1、播期 2、播期 3 和播期 4 分别为 10-18（月-日，下同）、10-26、11-2 和 11-10，密度 1、密度 2 和密度 3 分别为 150 万苗/hm^2、225 万苗/hm^2 和 300 万苗/hm^2。试验于 2010—2011 年度在湖北省农业科学院南湖试验田进行。

郑麦 9023 的叶热间距平均值为 99.5℃ · d/叶，即平均每生长一片叶需要有效积温 99.5℃ · d。实际生产中，密度对其影响较小，可忽略不计。由于播期不同导致的每片叶生长所需积温会略有不同。参照小麦冬前壮苗的叶龄指标，可以得出小麦冬前积温需求，即鄂北为 646.75℃ · d、鄂南为 547.25℃ · d。

2.2.2 小麦适宜播期的确定

小麦适宜播期以鄂北地区积温达到 646.75℃ · d、鄂南地区积温达到 547.25℃ · d 的日期而确定，统计各地市 2008—2012 年以 10 月每日为始至 12 月 25 日的有效积温平均值情况，如图 1 所示。其中鄂北最早能达到 646.75℃ · d 附近的试点为郧西（10 月 16 日），最迟的为钟祥（10 月 23 日）；鄂南最早能达到 547.25℃ · d 附近的试点为恩施（10 月 30 日），最迟的为宜昌（11 月 2 日）。

由于日平均气温在年际间有波动，再综合分析前人研究方法[14]，认为应该将各地所得结果适当延长 2~3 d。最终整理得各地的小麦适宜播期如表 3 所示。

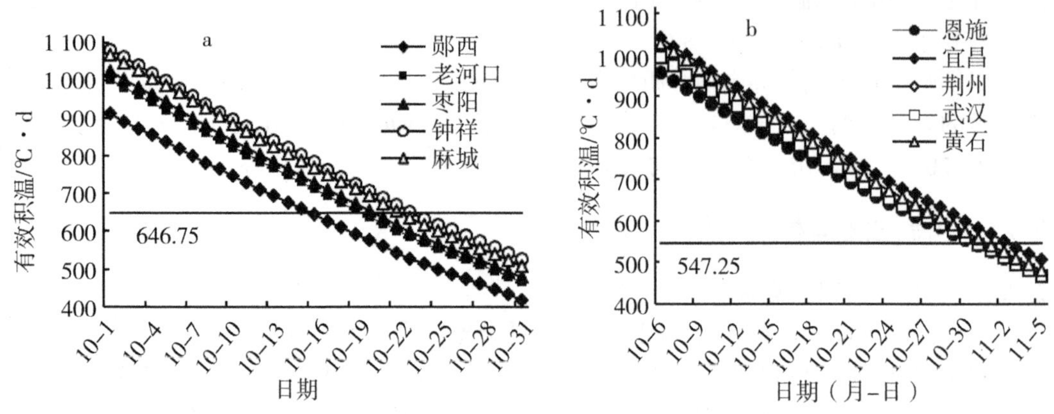

图 1　各试点 2008—2012 年 10 月 1 日至 11 月 5 日有效积温平均值

注：a 为鄂北地区数据；b 为鄂南地区数据。

表 3　各地小麦最终确定的适宜播期

区域	地点	适宜播期	播种至越冬时积温变化范围/℃·d
鄂北地区	郧西	10 月 12—19 日	592.92～711.66
	老河口	10 月 17—23 日	585.64～693.70
	枣阳	10 月 17—23 日	598.92～709.60
	钟祥	10 月 20—27 日	588.94～707.32
	麻城	10 月 19—26 日	585.58～713.10
鄂南地区	恩施	10 月 27 日至 11 月 3 日	495.38～597.76
	宜昌	10 月 30 日至 11 月 6 日	489.78～600.26
	荆州	10 月 27 日至 11 月 3 日	496.56～607.42
	武汉	10 月 27 日至 11 月 3 日	496.56～607.42
	黄石	10 月 28 日至 11 月 4 日	496.10～606.98

结合图 1 可知，各麦区小麦适宜播期如下，鄂中丘陵和鄂北岗地麦区为 10 月 17—27 日，鄂东北丘陵低山麦区为 10 月 19—26 日，鄂西北山地麦区为 10 月 12—19 日，江汉平原麦区为 10 月 27 日至 11 月 3 日，鄂东南丘陵低山麦区为 10 月 28 日至 11 月 4 日，鄂西南山地麦区为 10 月 27 日至 11 月 6 日。

3　讨论

小麦适时播种，一是为了保证越冬前有足够的分蘖（3 个左右），俗话说："年前三个叉，仓里装不下"；二是保证年前麦苗壮而不旺、安全越冬；三是防止小麦年前拔节，免遭冻害[10]。根据2008—2012年湖北省各地市的气象数据分析，得出各地的小麦适宜播期，给实际生产提供了理论指导。

本文部分作者常年参加湖北省小麦高产创建活动和全省小麦生产调研，本文研究结果与生产上高产小麦、栽培小麦播期较为符合，本文的研究也为湖北省小麦高产创建活动的播期确定提供了理论依据。

在全球气候变暖的背景下，湖北省冬季气候呈明显的增暖趋势，各种极端天气频繁出现，在小麦生产上应该给予足够的重视。同时，对于湖北省南北巨大的气候条件差异以及多变的气候，各地应该根据当地当年农业气象部门的气象数据和预报，在已给出的适宜播期基础上进行调整。

不同地区的土壤类型、推广种植的小麦品种特性等，都会对小麦适宜播期的确定带来影响。本研究由于受研究材料和地点的限制，只能在前人研究基础上对有限的气候数据进行分析，得出各地理论小麦适宜播期。因此，还需要对不同类型的品种、不同播种条件下小麦适宜播期进行深入研究。

参考文献

[1] 高春保，刘易科，佟汉文，等. 湖北省“十一五”小麦生产概况分析及“十二五”发展思路［J］. 湖北农业科学，2010，49（11）：2704-2705.

[2] 雷钧杰，宋敏. 播种期与播种密度对小麦产量和品质影响的研究进展［J］. 新疆农业科学，2007，44（S3）：138-141.

[3] 刘艳阳. 不同播期对小麦安全优质高产特性的影响［D］. 扬州：扬州大学，2003.

[4] 黄荣辉，周连童. 我国重大气候灾害特征、形成机理和预测研究［J］. 自然灾害学报，2002，11（1）：1-9.

[5] 李克南，杨晓光，慕臣英，等. 全球气候变暖对中国种植制度可能影响Ⅷ：气候变化对中国冬小麦冬春性品种种植界限的影响［J］. 中国农业科学，2013，46（8）：1583-1594.

[6] 杨选成，张杰. 陕西关中灌区小麦适宜播期的确定方法［J］. 现代农业科技，2010（16）：115-116.

[7] 崔读昌. 我国秋播小麦适宜播期的确定方法［J］. 农业科技通讯，1984（8）：5-6.

[8] BOOTSMA A，MICHIO S，李兴普，等. 依据气温确定冬小麦最适播期范围［J］. 麦类作物学报，1987（6）：33-34.

[9] 李德，张学贤，杨太明. 气候变暖背景下宿州冬小麦适播期的确定［J］. 中国农业气象，2012，33（2）：254-258.

[10] 敖立万. 湖北小麦［M］. 武汉：湖北科学技术出版社，2002：19-35.

[11] 李巧云，尹钧，刘万代，等. 河南省弱春性小麦冬前壮苗叶龄指标的确定［J］. 河南农业科学，2010，10：19-22.

[12] 陈正洪. 湖北省60年代以来平均气温变化趋势初探［J］. 长江流域资源与环境，1998，7（4）：341-346.

[13] 黄义德，姚维传. 作物栽培学［M］. 北京：中国农业出版社，2002：311-323.

[14] 毛振强，宇振荣，刘洪. 冬小麦及其叶片发育积温需求研究［J］. 中国农业大学学报，

2002, 7 (5): 14-19.

[15] MIGLIETTA F. Simulation of wheat ontogenesis. I. Appearance of mainstem leaves in the field [J]. Climate Research, 1991, 1: 145-150.

[16] ISHAG H M, MOHAMED B A, ISHAG K H M. Leaf development of spring wheat cultivars in an irrigated heat-stressed environment [J]. Field Crops Research, 1998, 58 (3): 167-175.

[17] JAMIESON P D, BROOKING I R, PORTER J R, et al. Prediction of leaf appearance in wheat: a question of temperature [J]. Field Crops Research, 1995, 41 (1): 35-44.

不同气候条件下江汉平原小麦适宜播量研究

张子豪，李想成，吴昊天，付鹏浩，张运波，邹　娟，高春保

摘　要：江汉平原秋季雨水多，小麦常无法适期播种，为弥补迟播对小麦产量的影响，盲目增加播种量而引起后期倒伏、小麦产量不增反减的现象时有发生。通过两年田间试验，研究不同播量对小麦产量及氮素吸收利用的影响，探明不同气候条件下江汉平原小麦适宜播量，以期为该区小麦高产高效栽培技术提供理论依据。本实验于2018—2019极端气候年份和2019—2020正常气候年份，在江汉平原麦区的武汉布置小麦播量田间试验。试验采用3因素再裂区设计，主区因素为品种，设鄂麦580、鄂麦170和郑麦9023三个小麦品种；副区因素为肥料，设施氮150 kg/hm^{2}和不施氮两种处理；裂区因素为种植密度，设置75 kg/hm^2、150 kg/hm^2、225 kg/hm^{2}和300 kg/hm^2，4个播量处理。结果表明，极端和正常气候年份鄂麦580的籽粒产量及氮肥利用率分别在播量225 kg/hm^{2}和150 kg/hm^{2}时最高，而鄂麦170和郑麦9023两个年度籽粒产量和氮肥利用率均在播量为225 kg/hm^{2}时表现良好，但正常气候年份小麦籽粒产量及氮肥利用率明显高于极端气候年份；采用一元二次方程拟合产量与播量的关系，结果显示，极端气候年份鄂麦580、鄂麦170和郑麦9023的最佳播量分别为239.9 kg/hm^2、242.5 kg/hm^{2}及218.5 kg/hm^2；正常气候年份鄂麦580、鄂麦170和郑麦9023的最佳播量分别为159.2 kg/hm^2、253.3 kg/hm^{2}及235.1 kg/hm^2。综合考虑籽粒产量和氮肥利用率，正常气候年份，江汉平原种植鄂麦170和郑麦9023适宜播量为225~255 kg/hm^2，鄂麦580为150~170 kg/hm^2，极端气候年份鄂麦170和郑麦9023适宜播量为215~245 kg/hm^2，鄂麦580为225~240 kg/hm^2。

关键词：小麦；播量；产量；氮肥利用率；江汉平原

小麦的产量受遗传因素、环境因素、播期、播量等影响[1]，其中播量是小麦生产过程中较易控制的栽培措施，同时也是影响小麦产量、产量构成因素和氮素吸收利用的重要因素[2-3]。适宜的播量是构建合理小麦群体结构的起点[4]，播量过少会造成单位面积有效穗数过少，过大则会导致群体结构拥挤、通风不畅、光合速率低下、抗倒伏能力下降、病虫害发生加重等问题，难以达到高产目标[5-7]。有研究表明，播量对小麦产量、产量构成因素及氮吸收利用率均有显著影响[8]，在一定播量范围内小麦产量、穗数和氮素吸收利用率随播量地增加而增加，超过一定范围后各指标则会出现下降趋势[9-10]。随着播量的增加，单位面积有效穗数增加，但是穗粒数和千粒重则下降，产量呈先增后减的变化趋势[11-12]。张明明等[13]研究发现在300~525 kg/hm^{2}范围内增加播量可使旱地小麦穗数和产量增加。祁皓天等[14]研究表明播量对单位面积有效穗数呈极显著影响，而对穗粒数和千粒重影响不大，产量随播量增加而增加，在225 kg/hm^{2}时达最大值。张娟[15]等研究表明在75~225 kg/hm^{2}范围内，增加播量可提高成熟期小麦

氮积累量。朱兴敏[16]等研究表明，江苏淮北小麦的氮素吸收量、氮素吸收利用率、氮肥偏生产力随种植密度增加呈先增后减的变化趋势。另有研究表明适当增加种植密度会提高小麦氮素吸收利用率，在（225～375）$\times 10^4$ 株/hm^2 时最高，若持续增加则会出现下跌趋势[17-18]。陶志强等[19]研究发现在一定范围内增加密度可以达到增产和提高氮素吸收利用率的目的，但当密度过大时则会造成显著减产和氮肥利用率下降。合理的种植密度可增加单位面积有效穗数和根长度，进而提高地上部吸氮量和氮素吸收利用率，最终达到小麦产量和氮素吸收利用率的协同提高[20]。

前人研究多以单一小麦品种在相同气候条件下的适宜播量为研究对象，针对不同品种小麦在不同气候条件下适宜播量间差异的研究较少[21-22]。综合前人研究可以发现，存在一个适宜播量范围可以使小麦产量、氮素吸收利用率达到最优化表达，但在不同气候条件下，不同品种小麦的适宜播量也不尽相同[23-24]。江汉平原是湖北小麦主产区，种植小麦品种繁多，小麦生长季灾害性天气频发，适宜播期内常遇连阴雨天气导致播期推迟，农户常采取增加播种量以弥补迟播对小麦产量的不利影响，结果往往事与愿违，因播种量大引起小麦生育后期大面积倒伏及病虫害加重等现象时有发生，导致小麦平均产量偏低，优质品种难以发挥优势[25]。合理的种植密度对晚播小麦构建优质群体结构尤为重要[26-27]。适宜播量在品种、气候等因素的影响下存在较大差异[28]。本文旨在通过对不同年份 3 个小麦品种不同播量与产量、产量构成因素及氮吸收利用效率之间关系的研究，探究江汉平原不同品种小麦不同气候条件下适宜的种植密度，以期为江汉平原小麦高产高效抗灾栽培技术提供理论基础。

1 材料与方法

1.1 试验地点及应试材料

试验设置在湖北省农业科学院粮食作物研究所武汉南湖试验基地（30°4′N，114°32′E），2018—2019 年生育期内总降水量 706.5 mm，总日照时数 565.6 h，为小麦生长极端气候年份；2019—2020 年生育期内总降水量 558.5 mm，总日照时数 1 113 h，为小麦生长正常气候年份（图 1）。供试材料为优质弱筋小麦品种鄂麦 580、高产多抗中筋小麦品种鄂麦 170 和湖北省主栽品种郑麦 9023。试验点土壤基本养分状况详见表 1。

表 1 基础土壤养分状况

年份	碱解氮 /(mg/kg)	速效磷 /(mg/kg)	速效钾 /(mg/kg)	有机质 /(g/kg)	pH 值
2018—2019 年	43.7	56.66	178.0	40.91	6.34
2019—2020 年	137.5	53.86	136.1	35.10	5.8

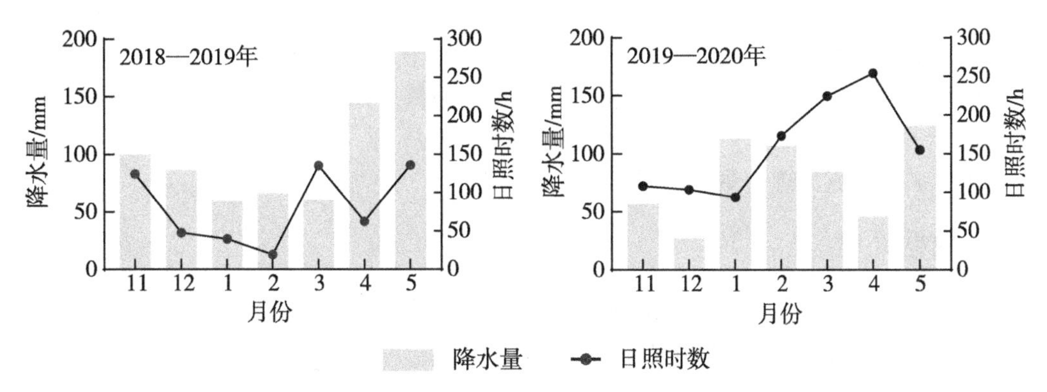

图 1　2018—2020 年武汉市小麦生育周期内降水量及日照时数

1.2　试验设计

试验采用 3 因素再裂区设计，主区因素为品种，设鄂麦 580、鄂麦 170 和郑麦 9023 3 个品种；副区因素为氮肥，设施氮和不施氮两个处理，其中施氮处理一次性基施 N 150 kg/hm^2、$P_2O_5$78 kg/hm^2 和 K_2O 42 kg/hm^2，肥料品种为小麦专用缓释肥（由湖北宜施壮农业科技有限公司提供）；不施氮处理施磷、钾肥量同施氮处理，肥料成分为过磷酸钙和氯化钾；裂区因素为种植密度，设置 4 个播量处理，分别为 75 kg/hm^2、150 kg/hm^2、225 kg/hm^2 和 300 kg/hm^2，用 S_{75}、S_{150}、S_{225}、S_{300}表示。计算不同品种种植密度应参照公式如下。

种植密度=播量/千粒重×发芽率×田间出苗率×1 000

其中鄂麦 580 种子千粒重按 40g，鄂麦 170 种子千粒重按 46g，郑麦 9023 种子千粒重按 43 g，发芽率按 90%，依据试验条件田间出苗率按 70%进行计算。小区面积为 20 m^2，3 次重复，共 72 个小区。

1.3　样品采集与测定

1.3.1　室内考种

小麦成熟期，每个小区随机挑选 3 个 1 m 代表样行，调查穗数，再折合为公顷穗数。每行随机取 10 穗考种记录其穗粒数，保留其籽粒用智能考种分析仪称取千粒重。

1.3.2　产量测定

成熟期对每个小区进行实打实收，对收获籽粒进行称重，依据考种数据计算损失，进而计算出小区实际产量，然后折合成每公顷产量。

1.3.3　植株氮测定

运用 H_2SO_4～H_2O_2 消煮法，使用全自动间断化学分析仪（*CleverChem*380*G*）测定植株氮含量。

$$氮肥吸收利用率=（U-U_0）/F$$

其中 U 为施氮后作物收获时地上部的吸氮总量，U_0 为未施氮时作物收获期地上部的吸氮总量，F 代表氮肥的投入量。

$$氮素收获指数=U_1/U$$

其中 U_1 为施氮后作物穗部氮素积累量，U 为施氮后作物收获时地上部的吸氮总量。

$$氮肥偏生产力=Y/F$$

其中 Y 为施氮处理产量，F 为氮肥的投入量。

1.4 数据处理

采用 Microsoft Excel 2016 和 IBM SPSS Statistics 25 软件进行数据处理和统计分析，用 GraphPad Prism 8 软件进行作图。

2 结果与分析

2.1 种植密度对不同品种的小麦产量构成因素的影响

3 种小麦在不同年份单位面积穗数随播量的增加而增加（图 2），各播量水平间差异达到显著水平（$P<0.05$）。各品种单位面积穗数与播量均呈极显著正相关（表 2）。两个年度，各品种单位面积穗数均在播量为 300 kg/hm^2 时达最大值，在相同的播量条件下，2019—2020 年各品种有效穗显著高于 2018—2019 年。

各品种小麦穗粒数随播量的增加均呈下降趋势，不同播量处理差异达到显著水平（$P<0.05$），且 2019—2020 年各品种穗粒数随播量增加而减少的趋势较 2018—2019 年更显著。两个生育周期内，各品种穗粒数与播量呈显著或极显著负相关。高播量处理对各品种小麦的穗粒数在 2018—2019 年度存在优势，低播量处理对各品种小麦穗粒数带来的优势在 2019—2020 年度更显著。鄂麦 580 的穗粒数在中、低播量条件下种植较其他品种存在优势，鄂麦 170 在高播量条件下种植其穗粒数明显低于其他品种。

2018—2019 年度鄂麦 580 随播量的增加其千粒重整体呈下降趋势，鄂麦 170 随播量的增加呈先减后增的变化趋势，郑麦 9023 则随播量的增加呈波动变化，波动幅度较小；在 2019—2020 年生育期内各品种千粒重随播量增加呈先增后减的变化趋势，各处理差异达到显著水平（$P<0.05$）。连续两年鄂麦 170 的千粒重在相同播量条件下均显著高于其他品种，说明鄂麦 170 较其他品种在千粒重方面具有显著优势。2018—2019 年度鄂麦 580 和鄂麦 170 均在播量为 75 kg/hm^2 时千粒重达最大值分别为 40.7 g 和 45.8 g，郑麦 9023 在播量为 225 kg/hm^2 时千粒重最高为 42.8 g。在 2019—2020 年生育期内当播量为 150 kg/hm^2 时鄂麦 580 和鄂麦 170 的千粒重最高，分别为 42.4 g 和 48.3 g，当播量为 225 kg/hm^2 时郑麦 9023 的千粒重达最大值为 44.5 g。

2018—2020 年，不同品种小麦的产量构成因素存在差异，在适宜的播量范围内 2019—2020 年度各项指标明显优于 2018—2019 年度，在适宜播量条件下，鄂麦 580 较其他两个品种具有穗数少，穗粒数充足，千粒重偏低的特点；鄂麦 170 对比其他两个品种其单位面积穗数适中，穗粒数适中，千粒重较高。相较于鄂麦 580 和鄂麦 170，郑麦

9023 在适当的播量下具有单位面积穗数多，穗粒数低，千粒重适中的特点。鄂麦 170 和郑麦 9023 两个品种的千粒重指标除郑麦 9023 在播量为 225 kg/hm^2 时 2018—2019 年度的千粒重比 2019—2020 年度高外，其余各处理的千粒重指标均反映为 2019—2020 年度高于 2018—2019 年度，鄂麦 580 在播量为 150 kg/hm^2 时其千粒重水平 2019—2020 年度优于 2018—2019 年度，其他播量处理下其千粒重指标均为 2018—2019 年度优于 2019—2020 年度。

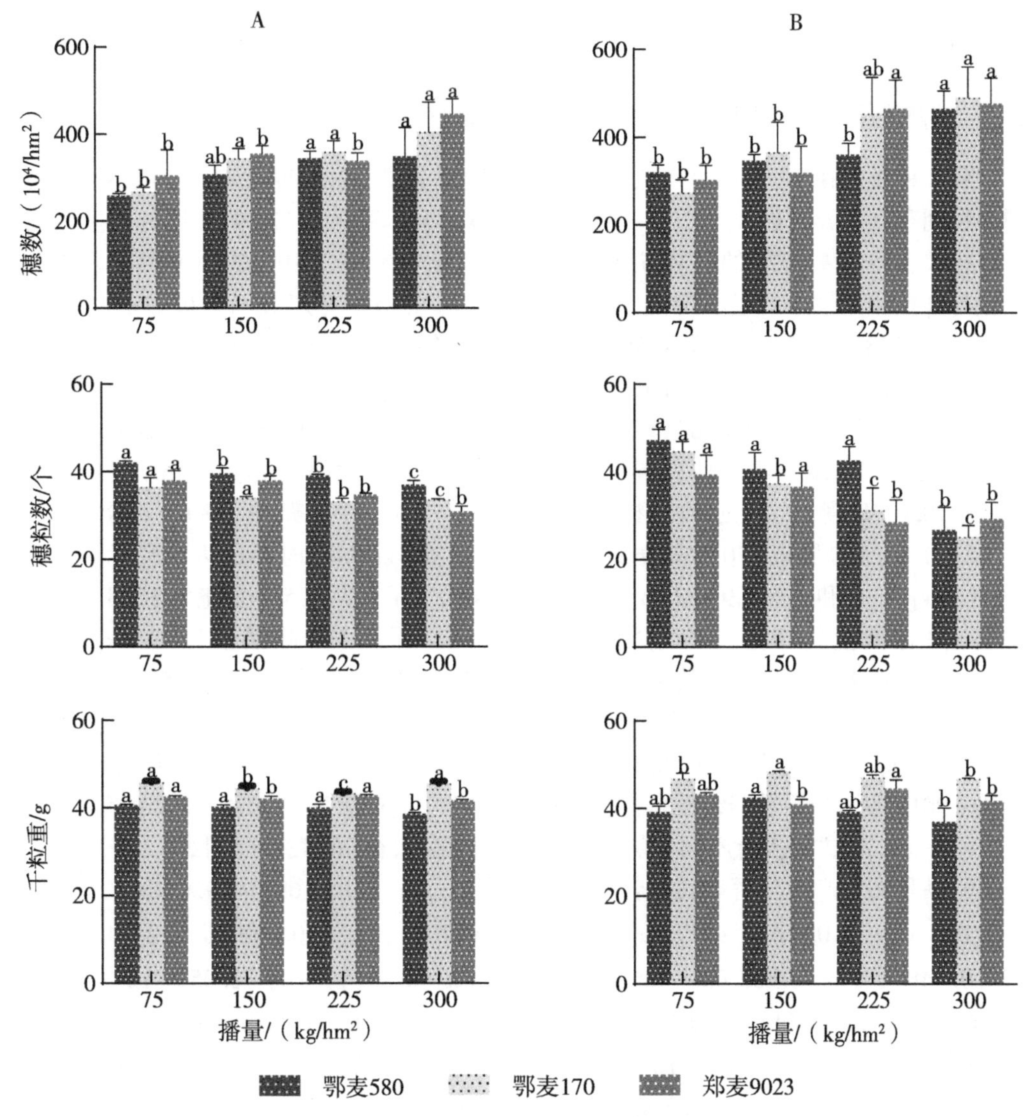

图 2　不同播量对不同品种小麦产量构成因素的影响

（A. 2018—2019 年；B. 2019—2020 年；图中柱上不同字母表示处理间显著差异，$P<0.05$）

表 2　播量与不同品种小麦产量构成因素的相关性分析

指标	播量/(kg/hm^2)					
	2018—2019 年			2019—2020 年		
	鄂麦 580	鄂麦 170	郑麦 9023	鄂麦 580	鄂麦 170	郑麦 9023
穗数	0.745**	0.812**	0.756**	0.847**	0.809**	0.812**
穗粒数	-0.908**	-0.874**	-0.669*	-0.809**	-0.939**	-0.874**
千粒重	-0.819**	-0.241	-0.436	-0.46	-0.137	-0.241

注：** 在 0.01 级别（双尾），相关性显著。* 在 0.05 级别（双尾），相关性显著。

2.2　种植密度对不同品种小麦籽粒产量的影响

各品种小麦在不同年份产量随播量的增加均呈先增后减的变化趋势，但不同年份不同品种间存在差异（图 3）。2018—2019 年度鄂麦 580 和鄂麦 170 的播量与产量存在极显著相关，但郑麦 9023 的产量与播量间相关性不显著。在 2019—2020 年度鄂麦 580 的产量与播量相关性不显著，鄂麦 170 和郑麦 9023 的播量与产量间呈极显著相关关系（表 3）。2018—2019 年度鄂麦 580 和鄂麦 170 在播量为 225 kg/hm^2 时产量最高为 4 530.2 kg/hm^2 和4 606.9 kg/hm^2，郑麦 9023 在播量为 150 kg/hm^2 时产量最高为 4 471.9 kg/hm^2。统计分析结果显示，2018—2019 年度各品种播量为 75 kg/hm^2 的处理与其他处理间均存在显著性差异（$P<0.05$），其余处理间差异不显著（$P<0.05$）。2019—2020 年度生育期内，播量为 150 kg/hm^2 时，鄂麦 580 产量最高为 5 144.4 kg/hm^2，鄂麦 170 和郑麦 9023 在播量为 225 kg/hm^2 时产量达最高值，分别为 5 947.5 kg/hm^2 和 5 243.9 kg/hm^2。统计分析结果显示，鄂麦 580 播量为 300 kg/hm^2 的处理与其他播量处理存在显著差异（$P<0.05$）。鄂麦 170 除播量为 225 kg/hm^2 和 300 kg/hm^2 间差异不显著，其余各播量处理间存在显著性差异（$P<0.05$）。郑麦 9023 播量 75 kg/hm^2 的处理与其他处理间存在显著差异，其他处理间差异不显著（$P<0.05$）。鄂麦 580 在播量为 75 kg/hm^2 或 150 kg/hm^2 时，其 2019—2020 年的产量高于 2018—2019 年，当播量继续升高，其 2018—2019 年的产量高于 2019—2020 年。

用一元二次方程拟合不同年份各品种产量与播量之间的关系（图 3），表示不同年份不同品种小麦产量与播量的拟合方程分别为：$y_1=-0.039\,68x^2+19.04x+2\,268$（$R=0.891$）；$y_2=-0.035\,68x^2+11.36x+4\,001$（$R=0.708$）；$y_3=-0.050\,46x^2+24.47x+1\,527$（$R=0.848$）；$y_4=-0.053\,02x^2+26.86x+2\,448$（$R=0.933$）；$y_5=-0.051\,01x^2+22.29x+2\,116$（$R=0.796$）和 $y_6=-0.039\,43x^2+18.54x+3\,063$（$R=0.903$）。其中 y 代表产量，x 代表播量。由方程可计算 2018—2019 年度鄂麦 580、鄂麦 170 及郑麦 9023 的最佳播量分别为 239.9 kg/hm^2、242.5 kg/hm^2 及 218.5 kg/hm^2，计算得最佳种植密度分别为 377.8 万株/hm^2、332.1 万株/hm^2 和 320.1 万株/hm^2，可获得小麦产量分别为 4 552.0 kg/hm^2、4 493.6 kg/hm^2 和 4 551.0 kg/hm^2；2019—2020 年度各品种适宜的播量为 159.2 kg/hm^2、253.3 kg/hm^2 及 235.1 kg/hm^2，经计算得各品种对应最适种植密度

分别为 250.7 万株/hm^2、346.9 万株/hm^2 和 344.4 万株/hm^2，可获得小麦产量分别为 4 905.2 kg/hm^2、5 849.8 kg/hm^2 和 5 242.4 kg/hm^2。

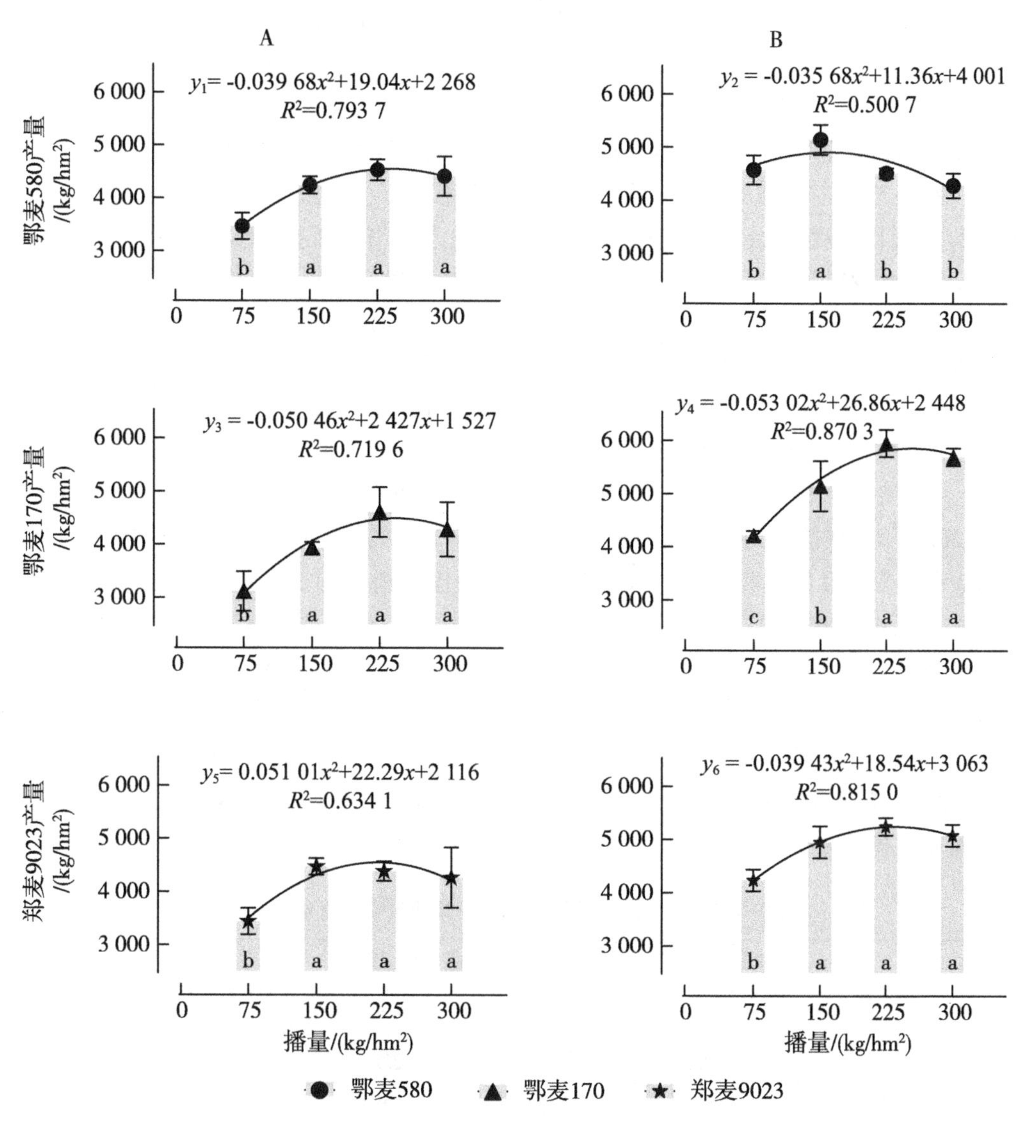

图 3　不同品种小麦产量与播量间的关系

（A. 2018—2019 年；B. 2019—2020 年；图中柱上不同字母表示处理间显著差异，P<0.05）

表 3　播量与不同品种小麦产量的相关性分析

指标	播量/(kg/hm^2)					
	2018—2019 年			2019—2020 年		
	鄂麦 580	鄂麦 170	郑麦 9023	鄂麦 580	鄂麦 170	郑麦 9023
产量	0.750**	0.724**	0.540	−0.456	0.831**	0.724**

注：** 在 0.01 级别（双尾），相关性显著。

2.3 种植密度对不同品种小麦氮素吸收及氮肥利用率的影响

播量在一定条件下能够影响小麦对氮素的吸收及利用情况，且不同品种对其响应程度存在差异。在2018—2019年，鄂麦580除氮肥利用率与播量呈显著相关外其余各指标与播量相关性不显著；鄂麦170除氮肥利用率与播量呈显著相关外其余各指标与播量的相关性均达极显著水平；郑麦9023各项指标与播量的相关性均不显著。2019—2020年度，鄂麦580的籽粒吸氮量与播量的相关关系不显著，其氮肥利用率与播量呈显著相关关系，地上部吸氮量、氮收获指数和氮肥偏生产力与播量呈极显著相关关系；鄂麦170在地上部吸氮量和氮肥利用率均与播量呈极显著相关，其余指标与播量相关性不显著；郑麦9023籽粒吸氮量、氮肥偏生产力和氮肥利用率与播量呈极显著相关关系，地上部吸氮量与播量呈显著相关关系，氮收获指数与播量相关关系不显著（表5）。

2018—2020年度鄂麦580及郑麦9023氮肥利用率均在播量为225 kg/hm^{2}时达最大值分别为40.3%、55.5%和43.1%、59.5%，与其他处理差异达到显著水平（$P<0.05$）。2018—2019年度鄂麦170在播量为225 kg/hm^{2}时氮肥利用率最高为30.1%；2019/2020年度在播量为150 kg/hm^{2}时氮肥利用率最高为54.1%。2018—2019年度鄂麦580和鄂麦170的氮收获指数及氮肥偏生产力均在播量为225 kg/hm^{2}时最高分别为93.3%、86.4%和27.8 kg/kg、30.7 kg/kg。2019/2020年鄂麦580和鄂麦170的氮收获指数在播量为150 kg/hm^{2}时达最高值84.5%和84.8%。2018/2020年郑麦9023氮收获指数均在播量为150 kg/hm^{2}时达最高值分别为89.0%和81.5%，其氮肥偏生产力不同年度间对播量要求差异较大，2018/2019年在播量为150 kg/hm^{2}时最高为29.8 kg/kg，2019—2020年度播量为300 kg/hm^{2}时最高为33.8 kg/kg（表4）。不同品种各指标不同处理间存在显著差异（$P<0.05$）。

表4 2018—2020年播量对不同品种小麦氮素吸收及氮素利用率的影响

品种	播量/(kg/hm^2)	籽粒吸氮量/(kg/hm^2)		地上部吸氮量/(kg/hm^2)		氮收获指数/%		氮肥偏生产力/(kg/kg)		氮肥利用率/%	
		2018—2019年	2019—2020年	2018—2019年	2019—2020年	2018—2019年	2019—2020年	2018—2019年	2019—2020年	2018—2019年	2019—2020年
鄂麦580	75	60.4 c	97.8 a	68.0 b	111.8 b	88.9 b	79.8 ab	21.7 b	37.9 a	21.7 b	52.2a
	150	82.0 b	103.8 a	91.6 a	120.8 a	89.5 b	84.5 a	26.9 a	36.2 ab	17.9 b	53.2 a
	225	101.1 a	81.3 b	108.3 a	112.8 b	93.3 a	76.3 b	27.8 a	30.4 b	40.3 a	55.5 a
	300	72.6 bc	74.3 b	90.7 a	113.8 b	80.2 c	61.6 c	26.6 a	29.6 b	16.1 b	35.0 b
鄂麦170	75	53.3 b	81.9 b	59.9 b	102.1 b	88.6 a	80.0 a	20.8 b	27.7 c	10.6 b	46.6b
	150	77.9 a	87.9 b	90.3 a	108.4 b	86.1 a	84.8 a	26.2 a	31.5 b	13.6 ab	54.1a
	225	89.2 a	96.7 a	103.5 a	162.7 a	86.4 a	60.6 b	30.7 a	38.2 a	30.1 a	46.0b
	300	83.1 a	98.1 a	104.6 a	127.1 ab	80.3 b	77.5 a	28.6 a	37.2 a	24.5 a	45.8b

（续表）

品种	播量/(kg/hm^2)	籽粒吸氮量/(kg/hm^2)		地上部吸氮量/(kg/hm^2)		氮收获指数/%		氮肥偏生产力/(kg/kg)		氮肥利用率/%	
		2018—2019年	2019—2020年	2018—2019年	2019—2020年	2018—2019年	2019—2020年	2018—2019年	2019—2020年	2018—2019年	2019—2020年
郑麦9023	75	54.4 b	69.3 b	61.3 c	84.7 b	88.6 a	80.2 a	23.0 b	26.6 c	15.2 b	45.4 b
	150	91.2 a	100.8 a	102.5 ab	123.1 a	89.0 a	81.5 a	29.8 a	30.7 b	26.5 b	50.5 ab
	225	74.0 ab	86.5 a	118.1 a	114.0 a	63.1 b	75.1 b	29.2 a	33.7 a	43.1 a	59.5 a
	300	72.3 ab	99.1 a	90.2 b	125.7 a	80.0 a	81.2 a	24.9 b	33.8 a	19.0 b	59.2 a

表5　播量与不同品种小麦氮素吸收及氮素利用指标的相关性分析

指标	播量/(kg/hm^2)					
	2018—2019年			2019—2020年		
	鄂麦580	鄂麦170	郑麦9023	鄂麦580	鄂麦170	郑麦9023
籽粒吸氮量	0.553	0.837**	0.491	−0.060	0.506	0.722**
地上部吸氮量	0.369	0.753**	0.253	−0.790**	0.886**	0.595*
氮收获指数	−0.511	−0.822**	−0.508	−0.791**	−0.364	−0.133
氮肥偏生产力	0.053	0.724**	0.184	−0.768**	0.881**	0.865**
氮肥利用率	0.586*	0.683*	0.244	−0.589*	−0.327	0.752**

注：** 代表在0.01下相关性显著；* 代表在0.05下相关性显著。

3　讨论

江汉平原气候多变，连续两年的气候条件差异明显[29]。本研究表明，在相同的气候条件下不同品种间播量与产量、产量构成因素及氮肥利用率等指标之间的关系差异显著；不同的气候条件下同种小麦种植密度与各项指标间的关系也有显著差异。这说明环境因素和遗传因素对小麦产量、产量构成因素及氮肥吸收利用率均有显著影响，前人研究结果与此相似[30]。

此外，不同品种的各项指标对播量的反映存在显著差异，在极端气候条件的2018/2019年，鄂麦580和鄂麦170较郑麦9023在产量等各项和指标上均表现出略微优势，其原因可能是因为鄂麦580和鄂麦170的抗病耐渍效果更强，对潮湿环境适应性更强[31-32]。综合来看2018/2019年间播量为225 kg/hm^{2}时，3个品种小麦的各项指标数据较其他处理有明显优势。从产量方面，鄂麦170>鄂麦580>郑麦9023，从氮肥利用率的角度，郑麦9023>鄂麦580>鄂麦170。在正常气候条件的2019/2020年，鄂麦580、鄂麦170和郑麦9023的产量随着播量的增加呈先增后降的变化趋势。3个品种在最佳播量时产量由高到低为，鄂麦 170>鄂麦 580>郑麦 9023，氮肥利用率方面由高到低为，郑麦 9023>鄂麦 580>鄂麦 170 与 2018—2019 年规律相同。说明鄂麦 170 在江汉平原种植可以收获较高的产量但氮素吸收利用率较低。郑麦 9023 则呈相反势态，鄂麦 580 在产量和氮肥利用率方面均处于适中状态是各项指标较均衡的品种。连续两年数据相比较，相同品种不同年份各项指标间差异明显 2019—2020 年各项指标明显优于 2018—2019 年，说明气候对小麦产量、地上部吸氮量及氮素吸收利用率等都有显著影响，降水适中且光照充足的气候条件更有利于小麦产量和氮肥利用率的提升。

综上所述，不同气候条件下不同品种小麦产量、氮素吸收利用及氮肥偏生产力等指标对播量的需求不同，小麦高效播量与高产播量几乎吻合，且高效播量范围内各处理间差异不显著。在 2018—2019 年极端气候条件下，鄂麦 170 和郑麦 9023 适宜播量范围为 215~245 kg/hm^2，鄂麦 580 为 225~240 kg/hm^2。在 2019—2020 年正常气候条件下，鄂麦 170 和郑麦 9023 适宜播量范围为 225~255 kg/hm^2，鄂麦 580 为 150~170 kg/hm^2。由此可以看出气候条件虽然对各品种小麦产量和氮素吸收利用的适宜播量影响显著，但对鄂麦 170 及郑麦 9023 的适宜播量影响不显著，说明不同品种间适宜播量范围对气候条件的敏感度存在差异。

综合来看江汉平原 2018—2020 年各品种间对播量的需求存在差异，从产量和氮素吸收利用两方面来看在适宜播量条件下鄂麦 170 各项指标表现最优，鄂麦 580 次之，郑麦 9023 的表现略低于其他两个品种，这说明不同品种对气候条件的适应性存在差异。本研究所得适宜种播量偏高，其原因是江汉平原多为稻茬麦田其整地效果较差，且因气候及人力等因素影响无法适期播种，其播期普遍较晚所致[13,33]。通过对不同品种在不同年份对播量的需求情况进行研究，可针对不同气候条件和小麦市场需求为农民在实际生产中选择恰当的品种和适宜播量提供技术指导。

参考文献

[1] 安霞，张海军，蒋方山，等．播期播量对不同穗型冬小麦群体及籽粒产量的影响 [J]. 作物杂志，2018 (5)：132-136.

[2] TOKATLIDIS I S. Addressing the yield by density interaction is a prerequisite to bridge the yield gap of rainfed wheat [J]. Annals of Applied Biology, 2014, 165 (1): 27-42.

[3] DAI X L, ZHOU X H, JIA D Y, et al. Managing the seeding rate to improve nitrogen-use efficiency of winter wheat [J]. Field Crops Research, 2013, 154 (3): 100-109.

[4] TROCCOLI A, CODIANNI P. Appropriate seeding rate for einkorn, emmer, and spelt grown under rainfed condition in southern Italy [J]. European Journal of Agronomy, 2004, 22 (3): 293-300.

[5] 薛玲珠，孙敏，高志强，等．深松蓄水增量播种对旱地小麦植株氮素吸收利用、产量及蛋白质含量的影响 [J]. 中国农业科学，2017, 50 (13)：2451-2462.

[6] 刘孝成，石书兵，赵广才，等．早熟型冬小麦群体性状及产量对氮磷肥和种植密度的响应 [J]. 麦类作物学报，2016, 36 (6)：752-758.

[7] HILTBRUNNER J, STREIT B, LIEDGENS M. Are seeding densities an opportunity to increase grain yield of winter wheat in a living mulch of white clover? [J]. Field Crops Research, 2007, 102 (3): 163-171.

[8] 刘佳敏，汪洋，褚旭，等. 种植密度和施氮量对小麦—玉米轮作体系下周年产量及氮肥利用率的影响 [J]. 作物杂志，2021 (1): 143-149.

[9] YANG D Q, CAI T, LUO Y L, et al. Optimizing plant density and nitrogen application to manipulate tiller growth and increase grain yield and nitrogen-use efficiency in winter wheat [J]. PeerJ, 2019, 7.

[10] 朱宇航. 迟播条件下播期和密度对江苏沿江麦区小麦产量形成与品质的影响 [D]. 扬州：扬州大学，2020.

[11] MA S C, WANG T C, GUAN X K, et al. Effect of sowing time and seeding rate on yield components and water use efficiency of winter wheat by regulating the growth redundancy and physiological traits of root and shoot [J]. Field Crops Research, 2018, 221: 166-174.

[12] 孟丽梅，张珂，杨子光，等. 播期播量对冬小麦品种 '洛麦 22' 产量形成及主要性状的影响 [J]. 中国农学通报，2012，28 (18): 107-110.

[13] 张明明，董宝娣，赵欢，等. 播期、播量对旱作小麦 '小偃 60' 生长发育、产量及水分利用的影响 [J]. 中国生态农业学报，2016，24 (8): 1095-1102.

[14] 祁皓天，董永利，李川，等. 播种方式和播量对冬小麦 '西农 20' 产量及品质的影响 [J]. 西北农业学报，2021，30 (1): 1-9

[15] 张娟，武同华，贺明荣，等. 种植密度和施氮水平对小麦吸收利用土壤氮素的影响 [J]. 应用生态学报，2015，26 (6): 1727-1734.

[16] 朱兴敏. 播期与基本苗对淮北迟播小麦产量、氮素吸收利用及品质的影响 [D]. 扬州：扬州大学，2019.

[17] 郑飞娜，初金鹏，贺明荣，等. 播种方式与种植密度互作对大穗型小麦品种产量和氮素利用率的调控效应 [J]. 作物学报，2020，46 (3): 423-431.

[18] 王树丽，贺明荣，代兴龙，等. 种植密度对冬小麦氮素吸收利用和分配的影响 [J]. 中国生态农业学报，2012，20 (10): 1276-1281.

[19] TAO Z Q, MA S K, CHANG X H, et al. Effects of tridimensional uniform sowing on water consumption, nitrogen use, and yield in winter wheat [J]. The Crop Journal, 2019, 7 (4): 480-493.

[20] DAI X L, XIAO L L, JIA D Y, et al. Increased plant density of winter wheat can enhance nitrogen-uptake from deep soil [J]. Plant and Soil, 2014, 384 (1-2): 141-152.

[21] OZTURK A, CAGLAR O, BULUT S. Quality response of facultative wheat to winter sowing, freezing sowing and spring sowing at different seeding rates [J]. Journal of Agronomy and Crop Science, 2006, 192 (1): 10-16.

[22] 周秋峰，于沐，张果果. 种植密度对小麦生长及产量的影响 [J]. 安徽农业科学，2018，46 (20): 35-37.

[23] 黄丽君. 苏南地区中、弱筋小麦高产节肥栽培模式研究 [D]. 扬州：扬州大学，2016.

[24] 郭天财，王书丽，王晨阳，等. 种植密度对不同筋力型小麦品种荧光动力学参数及产量的影响 [J]. 麦类作物学报，2005，25 (3): 63-66.

[25] 高春保，佟汉文，邹娟，等. 湖北省小麦"十二五"生产进展及"十三五"展望 [J].

湖北农业科学，2016，55（24）：6372-6376.
[26] 刘开振，孙华林，李刘龙，等．江汉平原气候条件下不同播期小麦产量及群体效应研究［J］．西南农业学报，2020，33（11）：2448-2459.
[27] 游蕊．稻茬小麦不同栽培模式的产量、品质和效益分析［D］．扬州：扬州大学，2020.
[28] 曹倩，贺明荣，代兴龙，等．密度、氮肥互作对小麦产量及氮素利用效率的影响［J］．植物营养与肥料学报，2011，17（4）：815-822.
[29] 邓艳君，郑治斌，张伦瑾，等．近59年江汉平原降水气候变化特征分析［J］．江苏农业科学，2020，48（16）：268-270，273-277.
[30] 王立明．播种密度对旱地不同类型冬小麦产量和水分利用效率的影响［J］．中国种业，2010，（3）：41-43.
[31] 刘易科，佟汉文，朱展望，等．弱筋小麦新品种鄂麦580的选育及栽培技术［J］．作物杂志，2013，（4）：158-159，5.
[32] 刘易科，阎俊，高春保，等．小麦新品种鄂麦170的选育及栽培技术［J］．湖北农业科学，2015，54（24）：6191-6192.
[33] BALOCH M S. Effect of seeding density and planting time on growth and yield attributes of wheat［J］. Journal of Animal and Plant Sciences，2010，20（4）：239-242.

极端气候条件下湖北稻茬小麦适宜播量研究*

邹　娟，高春保，李想成，王　鹏，赵永平，严双义

摘　要：在2017—2018年度极端气候条件下，采用田间试验研究了播量对湖北稻茬小麦产量、产量性状及赤霉病发生情况的影响。结果表明，在播量5~25 kg/667 m^2范围内，随播量的增加小麦基本苗、冬至苗及最高苗呈现增加趋势，有效穗先增加后下降，穗粒数和千粒重呈递减趋势，但千粒重下降幅度小于穗粒数下降幅度；小麦赤霉病病穗率和病情指数随播量的增加而增加；试验条件下，稻茬小麦最佳播量在15.3~18.8 kg/667 m^2，可获得的最高产量在325.2~364.8 kg/667 m^2。

关键词：稻茬小麦；极端气候；播量；产量

1　引言

2017—2018年小麦生长季湖北省主产区出现极端天气，一方面，秋播前期遭遇持续降雨天气，造成部分稻田渍水、旱地土壤过湿黏重，导致小麦播种地块腾茬慢、整地困难且质量不高，播种难度较大、播期推迟；另一方面，播种后长期无有效降水，造成苗情干旱，小麦生长发育缓慢，分蘖少。冬小麦高产栽培措施，关键是创建合理群体结构，有效利用地力和光能[1-3]。研究表明，适宜的播期和播量是构建小麦高质量群体、改善生态环境、促进物质积累、提高产量的重要因子[4-5]。在相同的密肥调控措施下，随播期推迟，小麦产量下降[6-8]；在一定播期范围内，增大播量可通过增加成熟期总茎数来补偿迟播对产量形成的不利影响[9-10]。本研究于2017—2018年度在湖北省稻茬小麦主产区设置播量试验，探讨特殊灾害性气候条件下播量对稻茬小麦群体性状、产量及产量构成的影响，以期为极端气候条件下湖北小麦高产栽培提供理论依据。

2　材料与方法

2.1　试验材料

试验地点位于湖北省随州市曾都区何店镇三岔湖村、襄阳市枣阳市南城办事处后湖村、武汉市洪山区马湖村，前茬作物为水稻，各试验田基础土壤养分状况及全生育期肥

* 本文原载《农业科学》，2018，8（12）：1495-1501。

料用量列于表1，3个试验点小麦于2017年11月9日人工条播，武汉点2018年5月17日收获，曾都和枣阳点2018年5月24日收获。

表1 各试验点基础土壤养分状况及肥料用量

地点	北纬	东经	前茬作物产量水平/(kg/667 m²)	pH值	有机质/(g/kg)	全氮/(g/kg)	有效磷/(mg/kg)	速效钾/(mg/kg)	肥料用量/(kg/667 m²)		
									N	P_2O_5	K_2O
随州	31°31′23″	113°21′36″	680	7.60	20.32	2.22	16.09	95.67	12.4	6.4	6.4
枣阳	31°59′41″	112°42′14″	650	6.67	20.08	1.75	24.28	106.7	13.5	5.0	5.4
武汉	30°29′3″	114°18′46″	650	8.17	40.91	3.23	20.92	156.36	12.0	6.0	5.0

2.2 试验设计

设置5个播量处理，分别为5 kg/667 m²、10 kg/667 m²、15 kg/667 m²、20 kg/667 m²和25 kg/667 m²（种子发芽率90%），小区3次重复，田间随机排列，小区面积20 m²，小区宽度2.5~3.0 m，行距20~25 cm。人工条播。试验四周设保护行。除病害不防治外，其他农事操作同当地常规。

2.3 调查测定项目

2.3.1 分蘖动态

基本苗：3叶期前每个小区定点调查基本苗数，同一处理（播种量）的各个小区的基本苗数差异控制在1万~2万株/667 m²。如个别小区超过同一处理平均基本苗2万株/667 m²以上，及时疏苗；低于同一处理平均基本苗2万株/667 m²以上，及时补苗或补种。

分蘖动态：每个小区内定点调查1 m长双行总茎蘖数，包括冬至苗、最高苗和有效穗。

2.3.2 赤霉病调查

于乳熟期调查，记载病穗率和严重度。参照《农作物品种区域试验技术规程 小麦》（NY/T 1301—2007）进行赤霉病严重度级别划分标准观察记载，1级：无病穗；2级：≤1/4小穗发病；3级：1/4~1/2小穗发病；4级：1/2~3/4小穗发病；5级：3/4以上小穗发病[11]。

病穗率（%）= 调查病穗数/调查总穗数×100

病情指数（%）= Σ（各级病穗数×相应级数）/(调查穗数×5）×100

2.3.3 计产

小麦收获前，调查产量穗数、每穗粒数及千粒重，小麦产量以各小区实收计量（风干重，含水量按13%计算）。

2.4 数据处理

采用Microsoft Excel 2010建立数据库、图形绘制和统计分析。

3 结果分析

3.1 小麦生育期内气象条件分析

从湖北全省范围看，2017—2018 年度小麦生育期整体表现为苗期干旱，越冬期低温，拔节孕穗期低温阴雨寡照，抽穗扬花及收获期长期阴雨，造成小麦生育缓慢，分蘖少，有效穗低，赤霉病重，灌浆慢，千粒重低，穗发芽严重，品质差。

以枣阳点为例，对 2017—2018 年度小麦生育期内气象条件进行分析（表 2），2017 年 10 月至 2018 年 5 月，降水总量达到 615.2 mm，是 2009—2015 年同期降水量的两倍。小麦适宜播期（10 月中下旬）遇持续阴雨，造成播种期推迟至 11 月上旬至中旬，播种期的推迟加之播种后 11 月中下旬至 12 月底无有效降水，导致麦苗长势较弱，分蘖少，相同播量水平时，基本苗、冬至苗较常年少；2018 年 4 月上旬低温造成小麦抽穗期推迟 2~3 d；4 月 11—13 日扬花期遇低温阴雨天气，扬花中断，穗粒数受到影响；4 月 20—26 日的阴雨导致赤霉病爆发，减产；5 月中下旬持续阴雨，小麦不能及时收获，造成小麦穗发芽，对小麦产量、品质影响较大。

表 2 2009—2018 年度小麦生长期气象数据记载

项目	年份	10 月	11 月	12 月	1 月	2 月	3 月	4 月	5 月	合计
月均气温/℃	2017—2018 年	16.1	12.0	6.6	1.3	6.0	13.3	18.6	22.7	96.6
	2009—2015 年	18.4	10.6	5.1	3.3	5.4	11.3	17.0	22.3	93.4
降水量/mm	2017—2018 年	228.0	21.0	0.3	67.3	25.4	72.2	84.9	116.1	615.2
	2009—2015 年	36.1	44.7	7.1	9.4	25.1	25.6	66.4	92.7	307.1
日照时数/h	2017—2018 年	62.6	109.9	134.6	100.7	105.2	132.4	184.5	125.6	955.5
	2009—2015 年	136.8	110.0	129.7	88.2	72.2	145.6	171.8	164.0	1 018.3

3.2 播量对稻茬小麦茎蘖动态的影响

由表 3 可知，3 个试验点基本苗、冬至苗及最高苗随播量的增加呈现增加趋势，均在播量 25 kg/667 m^2 时最大。随州试验点的有效穗数在播量为 20 kg/667 m^2 及 25 kg/667 m^2 时较高，分别是 33.4 万穗/667 m^2 和 33.6 万穗/667 m^2，枣阳及武汉试验点的有效穗数则在播量为 15 kg/667 m^2 时达到最高，分别是 27.3 万穗/667 m^2 和 31.4 万穗/667 m^2。从平均水平看，5 个播量下每 667 m^2 有效穗数分别为 19.5 万穗、27.1 万穗、30.5 万穗、30.3 万穗和 29.9 万穗。进一步分析成穗率，表明随播量的增加成穗率呈下降趋势。

3.3 播量对稻茬小麦产量的影响

从平均水平看，在播量 5~25 kg/667 m^2 范围内，随播量的增加，有效穗呈先增加后下降的趋势，穗粒数和千粒重随播量的增加呈递减趋势，但千粒重下降幅度小于穗粒数下降幅度（表3）。

各试验点不同播量的小麦产量见表4，表明稻茬小麦产量随播量的增加呈先增加后降低的趋势，随州、武汉点小麦产量以播量15 kg/667 m^2 时最高，分别是362.8 kg/667 m^2 和325.9 kg/667 m^2，枣阳点小麦产量以播量20 kg/667 m^2 时最高，为356.9 kg/667 m^2；平均产量在播量为15 kg/667 m^2 时最高，为346.7 kg/667 m^2。

用二次方程拟合产量与播量之间的关系，计算出稻茬小麦最佳播量在15.3～18.8 kg/667 m^2，可获得的最高产量在325.2～364.8 kg/667 m^2，从平均水平看，稻茬小麦产量与播量的模拟方程为 $y=-0.510x^2+18.54x+171.2$（$R^2=0.962$）（图1），根据方程可以得出在试验生产条件下，稻茬小麦最佳播量为17.6 kg/667 m^2，最高产量为355.0 kg/667 m^2。

表3　不同播量对稻茬小麦茎蘖动态及产量构成的影响

地点	播种量 /(kg/667 m²)	基本苗 /(万/667 m²)	冬至苗 /(万/667 m²)	最高苗 /(万/667 m²)	有效穗 /(万/667 m²)	成穗率 /%	穗粒数	千粒重 /g
随州	5	7.7	23.2	53.1	26.7	50.3	34.4	39.2
	10	11.1	34.0	65.4	30.3	46.3	32.7	39.6
	15	14.6	40.7	75.1	32.7	43.5	33.5	39.0
	20	17.1	44.7	78.3	33.4	42.7	32.7	37.9
	25	24.2	45.9	83.0	33.6	40.5	30.2	37.8
枣阳	5	7.2	7.7	21.1	12.7	60.2	38.1	40.3
	10	13.6	15.1	37.3	22.3	59.8	37.8	40.4
	15	15.5	17.0	47.0	27.3	58.1	37.2	40.8
	20	19.5	22.0	49.9	27.0	54.1	36.7	40.5
	25	23.4	26.1	61.0	26.4	43.3	36.5	40.1
武汉	5	8.8	11.6	33.6	19.2	57.1	35.4	39.0
	10	13.6	16.0	50.5	28.8	57.0	32.0	38.5
	15	17.6	25.0	55.5	31.4	56.6	30.3	38.6
	20	20.5	32.5	66.3	30.6	46.2	30.0	38.3
	25	24.0	37.3	70.3	29.7	42.2	29.8	38.3
平均	5	7.9	14.2	35.9	19.5	54.4	36.0	39.5
	10	12.8	21.7	51.1	27.1	53.1	34.2	39.5
	15	15.9	27.6	59.2	30.5	51.5	33.7	39.5
	20	19.0	33.1	64.8	30.3	46.8	33.1	38.9
	25	23.9	36.4	71.4	29.9	41.9	32.2	38.7

表 4　稻茬小麦产量与播量之间的关系

地点	小麦产量/(kg/667 m²)					拟合方程	R^2	最佳播量/(kg/667 m²)	最高产量/(kg/667 m²)
	5	10	15	20	25				
随州	299.2	329.8	362.8	322.4	309.9	$y=-0.456x^2+13.97x+240.7$	0.781	15.3	347.7
枣阳	151.0	306.0	335.5	356.9	329.7	$y=-1.064x^2+40.10x-13.0$	0.965	18.8	364.8
武汉	232.3	301.1	325.9	308.2	303.1	$y=-0.543x^2+19.26x+154.4$	0.930	17.7	325.2
平均	240.9	328.4	346.7	343.5	322.5	$y=-0.510x^2+18.54x+171.2$	0.962	17.3	345.9

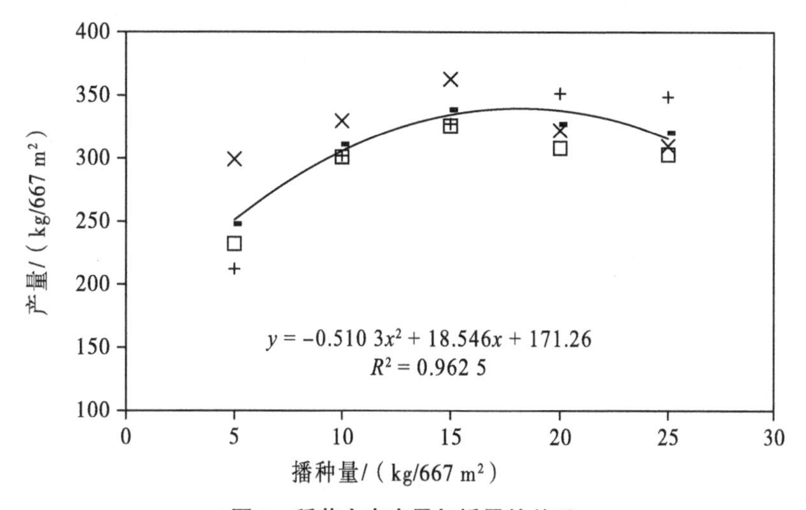

图 1　稻茬小麦产量与播量的关系

3.4　播量对稻茬小麦赤霉病的影响

于乳熟期调查各处理小麦赤霉病及纹枯病发生情况（表 5），可知小麦赤霉病病穗率和病情指数均随播量的增加呈增加趋势。

表 5　播量对稻茬小麦赤霉病发病率的影响

地点	病穗率/%					病情指数				
	5	10	15	20	25	5	10	15	20	25
随州	20.0	32.0	30.5	42.0	54.5	9.0	12.5	15.5	24.5	27.5
枣阳	16.1	25.2	28.3	38.5	51.2	11.2	17.3	21.5	28.3	39.6
武汉	14.0	16.0	34.0	46.0	50.0	5.5	8.5	13.0	17.5	19.0

4　小结

第一，播量在 5~25 kg/667 m² 范围内，小麦基本苗、冬至苗及最高苗随播量的增加呈现增加趋势。

第二，随播量的增加，有效穗呈先增加后下降的趋势，有效穗数以播量 15 kg/667 m^2 或20 kg/667 m^2 时最高；成穗率随播量的增加呈下降趋势。穗粒数和千粒重随播量增加呈递减趋势，但千粒重下降幅度小于穗粒数下降幅度。

第三，用二次方程拟合产量与播量之间的关系，计算出稻茬小麦最佳播量在 15. 3~18. 8 kg/667 m^2，可获得的最高产量在 325. 2~364. 8 kg/667 m^2。

第四，小麦赤霉病病穗率和病指随播量的增加而增加。

第五，试验年度小麦播种期前后遇特殊灾害性气候，导致整地播种质量不高，播期推迟，小麦田间出苗率偏低、冬前生长量小等；小麦中后期长期阴雨，导致赤霉病和穗发芽严重发生，对小麦产量和品质影响很大。因此本试验结果可为极端气候条件下湖北小麦生产提供参考。与正常年份实际情况相比，试验结果有待进一步验证。

参考文献

[1] 余松烈. 中国小麦栽培理论与实践 [M]. 上海：上海科学技术出版社，2006.

[2] 王娟玲，贾少敏，张睿. 关中东部渭河灌区不同播期播量对农大 1108 小麦光合特性及产量的影响，氮肥运筹对太湖麦区弱筋小麦宁麦号产量与品质的影响 [J]. 西安文理学院学报(自然科学版)，2018，21 (4)：88-93，98.

[3] 李宁，段留生，李建民，等. 播期与密度组合对不同穗型小麦品种花后旗叶光合特性、籽粒库容能力及产量的影响 [J]. 麦类作物学报，2010，30 (2)：296-302.

[4] GOODING M J，PINYOSINWAT A，ELLIS R H. Response of wheat grain yield and quality to seed rate [J]. Journal of Agricultural Science，2002，138 (3)：317-331.

[5] 刘萍，魏建军，张东升，等. 播期和播量对滴灌冬小麦群体性状及产量的影响 [J]. 麦类作物学报，2013，33 (6)：1202-1207.

[6] 董静，李梅芳，许甫超，等. 播期和密度对小麦新品种鄂麦 596 群体性状及产量的影响 [J]. 湖北农业科学，2010，49 (7)：1565-1566.

[7] 蔡东明，吉万全，任志龙，等. 播种期和种植密度对小麦新品种陕麦 139 产量构成的影响 [J]. 种子，2010，29 (8)：78-79.

[8] 刘万代，陈现勇，尹钧，等. 播期和密度对冬小麦豫麦 49-198 群体性状和产量的影响 [J]. 麦类作物学报，2009，29 (3)：464-469.

[9] 田文仲，温红霞，高海涛，等. 不同播期、密度及其互作对小麦产量的影响 [J]. 河南农业科学，2011，40 (2)：45-49.

[10] 李新强，高阳，黄玲，等. 播期和播量对冬小麦产量和品质的影响 [J]. 灌溉排水学报，2014，2 (33)：17-20.

[11] 中华人民共和国农业部. 中华人民共和国农业行业标准：农作物品种 (小麦) 区域试验技术规程 (NY/T1301—2007) [S]. 2007.

不同种植密度对江汉平原地区小麦产量的影响*

陈恢富，王小燕，高春保，赵晓宇，唐　诚

摘　要：为了探寻郑麦 9023 在江汉平原地区的最适播种密度，设置基本苗 120 万株/hm^2、150 万株/hm^2、180 万株/hm^2、210 万株/hm^2、240 万株/hm^2、270 万株/hm^2 6 个密度水平，探讨了不同播种密度对小麦叶片 SPAD 值、地上部单茎干物质积累量、穗粒重、产量等的影响。结果表明，叶片 SPAD 值、地上部单茎干物质积累量以及穗粒重均随密度的增加而下降，且下降幅度呈逐渐加大的趋势，籽粒产量随密度的增加呈先升高后下降的趋势，其中，以基本苗 240 万株/hm^2 时达最高，产量为 5 812.5 kg/hm^2。

关键词：小麦（*Triticum aestivum* L.）；江汉平原；密度；产量

密度是小麦栽培中容易控制的因素，且对小麦生长发育及产量形成起着关键性的影响。大量研究结果表明，适宜的密度有利于缓解个体与群体的矛盾，利于穗数、穗粒数和粒重的协调发展，密度对冬小麦群体的结构、光照特性、叶片光合生理性能均有显著的调节功能，合理的群体大小可以保证小麦具有较好的群体结构，具有较高净光合速率和光合功能期从而获得高产[1-4]。在正常播种条件下，随着密度的增加，小麦冬前和高峰期苗数增加，当密度达到一定程度，群体总数有下降趋势，同时穗粒数和粒重也呈下降趋势[5-6]，密度对千粒重的影响不大，而对穗数和产量有显著影响[7]。赵会杰等[8]认为，随着密度的增加，开花前的叶面积指数、群体净光合速率、群体叶源量提高，但生育后期衰减较快，密度过高导致群体透光率下降，消光系数增加，单茎受光量降低，冠层光环境恶化，密度过低导致生育前期漏光损失较多。于振文等[9]的研究结果也表明，高密度导致小麦花后旗叶叶绿素、可溶性蛋白、可溶性糖含量下降，膜质过氧化加强，光合速率下降，籽粒生长速率降低，粒重下降，而适当降低基本苗，能有效提高小麦开花后植株生理活性，延长叶片衰老缓降期，扩大库容，提高产量。另外，还有研究结果表明，播种密度大小显著影响茎秆形态特征、茎秆抗倒指数，小麦茎秆形态特征与植株的抗倒性密切相关[10]。

张永丽等[11]、李宁等[12]的结果表明，小麦最佳播种密度的确定要依地区和品种而异，同一地区同一品种的适宜播种密度随播期而异[12-14]。前人关于小麦适宜播种密度的研究主要集中在北方麦区，对江汉平原地区的主要小麦品种的适宜播种密度鲜有报道。本研究在前人的研究基础上，以江汉平原地区主推品种郑麦 9023 为材料，以产量

---

* 本文原载《长江大学学报（自科版）石油/农学中旬刊》，2014（6）：4-7。

为主线，探讨了不同密度对小麦叶片 SPAD 值、地上部单茎干物质积累量以及穗粒重的影响，以获得小麦在该地区在正常播期下的最适密度，为改进该地区高产栽培技术体系提供参考依据。

1 材料与方法

1.1 试验设计

试验于 2012—2013 年度在湖北长江大学教学实习基地进行，以高产小麦品种郑麦 9023 为试验材料进行大田试验。

试验共设置基本苗 120 万株/hm^2、150 万株/hm^2、180 万株/hm^2、210 万株/hm^2、240 万株/hm^2、270 万株/hm^2 6 个密度水平，分别记为；D120、D150、D180、D210、D240。小区面积为 8 m^2（2 m×4 m），行距 25 cm，3 次重复，四周设有保护行。试验用田土壤肥力中等，其中有机质含量为 11.00 g/kg、全氮 1.00 g/kg、速效氮 82.03 mg/kg、速效磷 33.25 mg/kg、速效钾 57.11 mg/kg。全生育期施肥总量同一般高产大田（P_2O_5 105 kg/hm^2，K_2O 105 kg/hm^2，N 210 kg/hm^2），其中，磷肥和钾肥全部作基肥在播前一次性施入，氮肥作基肥与追肥比例为 3∶7，其他田间管理同一般大田。

1.2 测定项目与方法

（1）叶片 SPAD 值采用 SPAD 叶绿素测定仪测定，每小区测 15 个叶片，取平均值。

（2）地上部干物质积累量每小区选取 15 株，将地上部从基部剪断，洗净后并于 70℃下烘至恒重，在烘箱内自然冷却至环境温度称重即为所求。

（3）单穗粒重于成熟期每处理选取 60 穗，人工脱粒后在 70℃下烘至恒重，在烘箱内自然冷却至环境温度称重，取平均值。

（4）产量收获脱粒后，测定含水量，换算成实际产量。

1.3 数据处理

试验所得数据采用 Microsoft Excel 和 DPS2000 数据处理系统进行分析处理。

2 结果与分析

2.1 不同密度对小麦叶片 SPAD 值的影响

由图 1 可看出，在开花期和灌浆期，小麦倒三叶 SPAD 值均比旗叶低，随着栽培密度的增大，旗叶、倒三叶 SPAD 值均呈下降趋势，灌浆期的下降幅度明显大于开花期，且倒三叶 SPAD 值下降得更为迅速。进一步分析表明，在较小的栽培密度时，随着密度的增加，旗叶、倒三叶 SPAD 值下降均较为缓慢，其中，D150 相比于 D120，小麦的旗叶SPAD值在开花期、灌浆期相分别下降了0.77%、0.97%，倒三叶分别下降了0.82%、1.1%；在密度较高时，叶片SPAD值下降较为迅速，其中，D270与D240比较，小麦旗叶SPAD值在开花期、灌浆期分别下降了2.2%、3.0%，倒三叶分别下降了2.6%、3.6%。

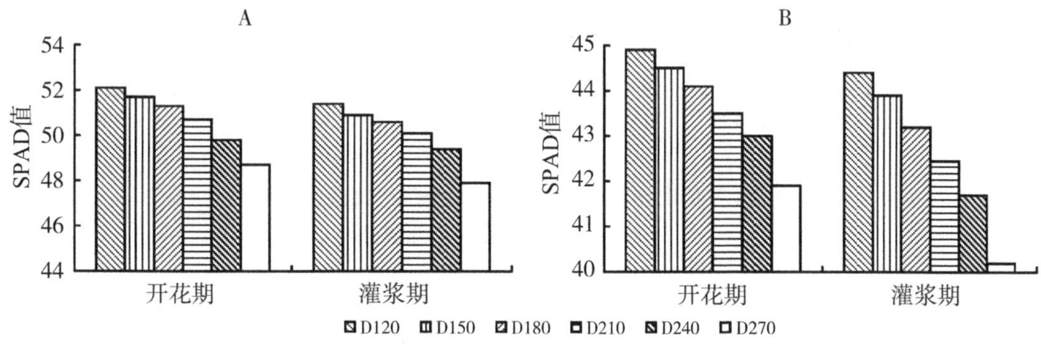

图1　不同密度下不同生育期旗叶、倒三叶的SPAD值

（A. 旗叶；B. 倒三叶）

以上结果表明，在较小的栽培密度下，适当增加密度对小麦叶片SPAD值影响较小，当栽培密度增加到一定程度，若密度继续增加，对小麦叶片SPAD影响较大，且对下部叶片的影响更大。

2.2　不同密度对小麦地上部干物质积累量的影响

由图2可看出，小麦地上部单茎干物质积累量随着生育进程的推进而增加，且从开花期到灌浆期的增量比从灌浆期到成熟期要多。随着栽培密度的增大，各生育时期小麦地上部单茎干物质积累量均呈下降趋势。进一步分析表明，在较小密度时，随着密度的增大，地上部单茎干物质积累量下降缓慢，其中，D150相比于D120，在开花期、灌浆期、成熟期分别下降了2.3%、3.3%、4.0%；在较高密度时，随着密度的增大，地上部单茎干物质积累量下降较为迅速，其中，D270相比于D240，在开花期、灌浆期、成熟期分别下降了7.9%、9.4%、10.8%。在成熟期，高密度与低密度相比，地上部单茎干物质积累量差异显著，其中，D120相比于D270，地上部单茎干物质积累量高出37.6%，达显著水平。

以上结果表明，密度对地上部单茎干物质积累量的影响较为显著，且对小麦生育后期的影响较生育前期更为明显，较高密度间的差异比较低密度间的差异更为显著。

2.3　不同密度对穗粒重及产量的影响

由图3可看出，随着密度的增大，穗粒重逐渐下降，籽粒产量有先上升后下降的趋势。进一步分析表明，在密度较小时，增大单位密度，穗粒重减小量较低，而产量增加量较高，而随着密度的逐渐增加，穗粒重增量逐渐增加，而产量增量逐渐减少。其中，D150相比于D120，穗粒重减少量为0.02g/穗，产量增量为294 kg/hm^2；D240相比于

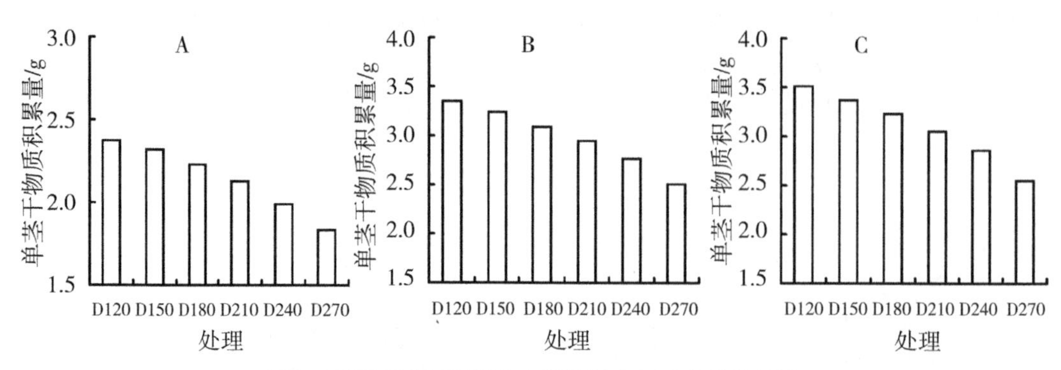

图 2　不同密度下不同生育期的地上部干物质积累量

（A. 开始期；B. 灌浆期；C. 成熟期）

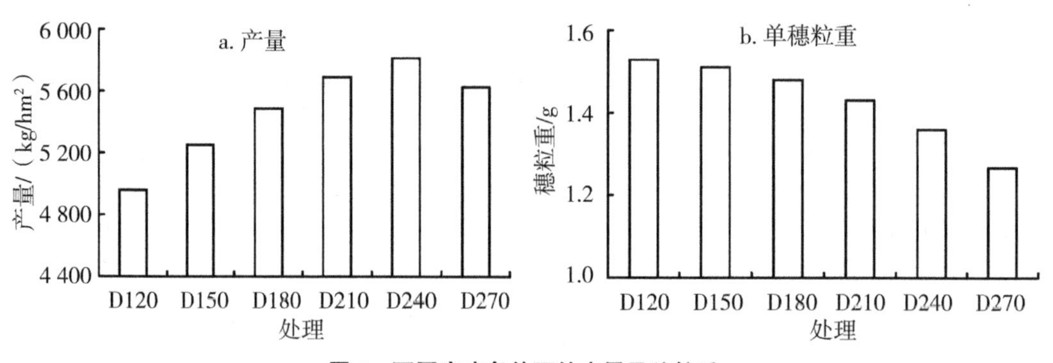

图 3　不同密度条件下的产量及穗粒重

D210，穗粒重减少量为 0. 09g/穗，产量增量为 121. 5 kg/hm^2。当密度达 240 万株/hm^2 时，产量达最高水平 5 812. 5 kg/hm^2，密度继续增加至 270 万株/hm^2，相比于 D240，产量下降了 3. 2%。

以上结果表明，在本研究条件下，最适宜密度在 240 万株/hm^2 左右。

3　讨论

在小麦栽培中，密度偏高或偏低均不利产量的提高。毕常锐等[3]、陈小龙等[15]的研究结果表明，随着栽培密度的增大，产量先逐渐增加，当达一定密度后，随密度的增加而降低。尽管随着密度的增加成穗数增加，但增加幅度逐渐趋于缓慢，伴随着每穗小穗数、穗粒数、千粒重的下降，产量可能导致下降[16]。本研究结果表明，随着小麦栽培密度的增大，产量先逐渐升高，但增加幅度逐渐趋于缓慢，当密度增加到基本苗 240 万株/hm^2 时，产量达最高水平 5 812. 5 kg/hm^2，密度再继续增加，产量反而下降。这与前人的研究结果一致，只是最适宜密度不同，这或许是由于地理环境、品种、土壤性质等不同所致。随着栽培密度的增加，单位面积穗数逐渐增加，同时穗粒数、千粒重下降[4-6,13]，无效小穗数显著上升，无效穗数与密度呈显著正相关[17]。栽培密度过低，个体发育良好，旗叶衰老减慢，千粒重和穗粒数较高，但群体得不到充分发展，光能利用率低，密度过高，下层叶子受光照少，在光补偿点以下，变成消费器官，均不利产量的提高[15,18]。本研究结果也表明，随着密度的增大，地上部单茎干物质积累量以及穗粒重均逐渐下降，其中，低密度处理（120 万株/hm^2）地上部单茎干物质积累量、穗粒重分别比高密度处理（270 万株/hm^2）高出 37.6%、20.5%。在低密度下，籽粒灌浆期旗叶叶绿素含量稳定时间长，叶片衰老缓慢[9]，且低密度促进了光合产物向籽粒的转移，使得收获指数随密度的增加而显著降低[19]。在本研究中，随着栽培密度的增加，旗叶、倒三叶在开花期、灌浆期 SPAD 值均下降，且倒三叶下降得更为迅速，这表明在高密度条件下，小麦叶片衰老加速，且下部叶片衰老更为迅速，这与前人研究结果一致。

综上所述，在正常播种条件下，郑麦 9023 在江汉平原地区的适宜播种密度为基本苗 240 万株/hm^2 左右，在此播种密度下，个体与群体的矛盾较小，产量表现最佳。

参考文献

[1] 由海霞．不同密度小麦群体的光合作用特性研究［J］．植物生理科学，2005，21（4）：162-165.

[2] 王雄健，薛文多，侯海鹏，等．不同密度春小麦群体的光合作用特性研究［J］．天津农业科学，2008，14（6）：28-31.

[3] 毕常锐，白志英，李存东，等．种植密度对小麦石新 828 光合特性及产量的调控效应［J］．华北农学报，2010，25（1）：165-169.

[4] 张永丽，肖凯，李雁鸣．种植密度对杂种小麦 C6-38/Py85-1 旗叶光合特性和产量的调控效应及其生理机制［J］．作物学报，2005，31（4）：498-505.

[5] 张保军，由海霞，海江波，等．面条专用小麦生长发育和产量及品质的密度效应研究［J］．西北植物学报，2002，11（3）：29-32.

[6] 王之杰，郭天财，王化岑，等．种植密度对超高产小麦生育后期光合特性及产量特性的影响［J］．麦类作物学报，2001，21（3）：64-67.

[7] 马溶慧，朱云集，郭天财，等．国麦 1 号播期播量对群体发育及产量的影响［J］．山东农业科学，2004（4）：12-15.

[8] 赵会杰，邹琦，郭天财，等．密度和追肥时期对重穗型冬小麦品种 L906 群体辐射和光合特性的调控效应［J］．作物学报，2002，28（2）：270-277.

[9] 于振文，岳寿松，沈成国，等．不同密度对冬小麦开花后叶片衰老和粒重的影响［J］．作物学报，1995，21（4）：412-418.

[10] 李金才，尹均，魏凤珍．播种密度对冬小麦茎干形态特征和抗倒指数的影响［J］．作物学报，2005，31（5）：662-666.

[11] 张永丽，于振文，王东，等．不同密度对冬小麦品质和产量的影响［J］．山东农业科学，2004（5）：29-30.

[12] 李宁，段留生，李建民，等．播期与密度组合对不同穗型小麦品种花后旗叶光合特性、籽粒库容能力及产量的影响［J］．麦类作物学报，2010，30（2）：296-302.

[13] 胡焕焕，刘丽平，李瑞奇，等．播种期和密度对冬小麦品种河农 822 产量形成的影响［J］．麦类作物学报，2008，28（3）：490-495.
[14] 田文仲，温红霞，高海涛，等．不同播期、播种密度及其互作对小麦产量的影响［J］．河南农业科学，2011，40（2）：45-49.
[15] 陈小龙，孙占波，李前荣，等．种植密度对宁夏春小麦品种（系）群体结构的影响［J］．作物杂志，2013，20（3）：99-102.
[16] 屈会娟，李金才，沈学善，等．播期及密度及氮肥运筹方式对冬小麦籽粒产量的影响［J］．中国农学通报，2006，22（9），241-243.
[17] 柏新付．高肥条件下种植密度对小麦产量及构成因素的影响［J］．烟台师范学院学报，1997，13（3）：217-219.
[18] 朱凤荣，邱宗波．种植密度和植物生长调节剂对小麦衰老和产量构成的影响［J］．河南农业科学，2004，33（8）：18-20.
[19] 张永丽，蓝岚，李雁鸣，等．种植密度对杂种小麦 C6-38/Py85-1 群体生长和籽粒产量的影响［J］．麦类作物学报，2008，28（1）：113-117.

不同种植密度对江汉平原三个主推小麦品种产量的影响*

王佳伟，孙华林，王小燕，赫婷婷，高春保，夏来福

摘　要：以江汉平原主推小麦（*Triticum aestivum* L.）品种漯麦 6010、郑麦 9023、鄂麦 580 为试验材料，设置了每公顷 225 万株、300 万株、375 万株 3 个密度处理，分析了密度对不同品种小麦产量、直链淀粉与支链淀粉含量比值、孕穗及开花期旗叶叶绿素和丙二醛（MDA）含量的影响。结果表明，同一品种不同密度处理间，3 个品种在密度为 300 万株/hm^2 时，籽粒产量和旗叶叶绿素 SPAD 值均达最高，旗叶 MDA 含量最低；郑麦 9023 和鄂麦 580 在密度为 375 万株/hm^2 时直链淀粉与支链淀粉含量比值最高，密度为 225 万株/hm^2 时最低，而漯麦 6010 则在密度为 225 万株/hm^2 时比值最高，300 万株/hm^2 时比值最低。同一密度不同品种间，漯麦 6010 籽粒产量和旗叶叶绿素 SPAD 值最高，鄂麦 580 最低，郑麦 9023 居中；而旗叶 MDA 含量以漯麦 6010 最低，鄂麦 580 的最高，郑麦 9023 居中；鄂麦 580 的直链淀粉与支链淀粉含量比值最高，其次是漯麦 6010，郑麦 9023 最低。

关键词：小麦（*Triticum aestivum* L.）；密度；产量；江汉平原

小麦（*Triticum aestivum* L.）产量和品质是品种基因型、生态条件和栽培技术措施等因素综合作用的结果。栽培技术是改善小麦产量和品质的重要因素，播种期与播种密度是小麦重要的栽培技术措施。围绕着如何提高小麦的产量和品质，已开展了多年的研究。陈天房等[1]研究表明，播种密度对小麦产量、籽粒重和籽粒营养品质都有明显影响，豫麦 4 号在每公顷播种密度为 120 万～165 万株时产量较高，当播种密度超过 255 万株/hm^2 时产量会显著减少，且降低密度对提高粒重是非常重要的。赵广才等[2]以中任 1 号为试验材料进行试验后得出，随基本苗增加，穗长、穗粒数和千粒重逐渐减少，处理间差异显著；在播种偏晚的条件下，在每公顷 225 万～450 万株密度范围内，以 450 万株/hm^2 的产量最高，且显著高于 225 万株/hm^2 的处理，但与 300 万株/hm^2 和 375 万株/hm^2 的处理间的差异不显著。杨永光等[3]研究了播种量对小麦产量的影响，发现播种量在 112.5 kg/hm^2 以下时，随播种量增加产量增加，播种量超过 112.5 kg/hm^2 时产量下降。海江波等[4]研究表明，播种量对小麦穗粒数及穗均结实小穗率的影响效应较显著。在播种量低于 105 kg/hm^2 时，穗粒数、结实小穗率、穗均结实小穗数随播种量增加而增加；当播种量高于 105 kg/hm^2 时，穗粒数、结实小穗率及穗均结实小穗数

* 本文原载《湖北农业科学》，2017，56（11）：2016-2019，2024。

随播种量增加而下降，且穗粒数下降最明显。表明小麦种植有最佳播种量，播种量过大或过小都会影响小麦群体结构及形态建成，最终影响小麦产量。汤永禄等[5]报道，适当提高种植密度，能显著增产，中密度（基本苗 405 万株/hm^2）平均产量显著高于低密度（基本苗 330 万株/hm^2），但中高播种密度（基本苗 495 万株/hm^2）之间、低播种密度与高播种密度之间差异均不显著。吴九林等[6]研究指出，弱筋小麦籽粒产量随播种密度的增加而提高，当播种密度达到临界值时，籽粒产量随播期推迟而下降。陈俊才等[7]研究指出，弱筋小麦宁麦 13 号在一定的密度范围内，随着密度的增加，籽粒蛋白质和湿面筋含量降低，超过这个范围，随着密度的增加籽粒蛋白质和湿面筋含量反而增加。总之，前人关于播种密度已经做了相关研究，但对于江汉平原——小麦中低产麦区，播种密度对产量的影响尚研究不多。本研究以江汉平原 3 个主推小麦品种漯麦 6010、郑麦 9023、鄂麦 580 为试验材料，设置了每公顷 225 万株、300 万株、375 万株 3 个密度处理，分析播种密度对籽粒产量及产量构成因素的影响及其与旗叶叶片叶绿素 SPAD 值、丙二醛含量的关系，进而针对不同品种提出合理的密度标准。

1　材料与方法

1.1　试验地点

试验于 2013—2014 年在长江大学教学实习基地进行，属于亚热带季风湿润气候区。

1.2　试验材料与设计

试验以漯麦 6010、郑麦 9023、鄂麦 580 为试验材料，每个品种下设置 3 个密度处理，分别为 225 万株/hm^2（M1）、300 万株/hm^2（M2）、375 万株/hm^2（M3）。全生育期施纯氮 180 kg/hm^2、P_2O_5 105 kg/hm^2、K_2O 105 kg/hm^2，其中氮肥为尿素（含氮量为 46%）、磷肥为过磷酸钙（$P_2O_5 \geqslant 12\%$）、钾肥为氯化钾（$K_2O \geqslant 60\%$）。氮肥施用方式为基肥 50%，拔节肥 50%，磷肥、钾肥作为底肥一次性施入。小区长 6 m，宽 2 m，面积 12 m^2，3 次重复，随机安排。小麦每行间隔 0.25 m，南北走向。所有沟宽均为 0.5 m。其他管理同一般稻茬小麦田。

1.3　测定项目与方法

1.3.1　籽粒直链淀粉和支链淀粉含量比值

采用双波长比色法测定籽粒直链、支链淀粉含量，每个样品重复测定 3 次，求取平均值，算出直链淀粉和支链淀粉含量的比值。

1.3.2　籽粒产量及产量构成因素

于成熟期测定单位面积有效穗穗数、有效穗粒数及千粒重；小区实打测产，脱粒后称湿重并测定籽粒含水量，根据含水量换算实际产量。

1.3.3 旗叶丙二醛含量

于孕穗期、开花期取旗叶，利用双组分分光光度法，通过测定450 nm、532 nm、600 nm下提取液的吸光度，再计算出MDA含量，每处理重复3次，取平均值，计算公式如下。

$$C_{MDA}=6.45\ (A_{532\ nm}-A_{600\ nm})\ -0.56_{A450\ nm}$$

式中，C_{MDA}为MDA含量，μmol/L；$A_{532\ nm}$、$A_{600\ nm}$、$A_{450\ nm}$分别为532 nm、600 nm、450 nm下提取液的吸光度。

1.3.4 旗叶的叶绿素含量

于孕穗期、开花期，用日产SPAD-502叶绿素含量测定仪测旗叶叶绿素SPAD值，每个小区测15个叶片，求其平均值。

1.3.5 数据处理

试验数据用Microsoft Excel软件进行分析与绘图。

2 结果与分析

2.1 不同处理对旗叶叶绿素SPAD值的影响

如图1A所示，在孕穗期，同一品种均表现为旗叶叶绿素SPAD值随着密度的增加先上升后下降，在密度为300万株/hm^{2}时最高；进一步分析表明，漯麦6010在密度从225万株/hm^{2}升高到300万株/hm^{2}时旗叶叶绿素SPAD值上升了2.16%，从300万株/hm^{2}到375万株/hm^{2}时下降了4.03%；郑麦9023从225万株/hm^{2}升高到300万株/hm^{2}时上升了4.47%，从300万株/hm^{2}升高到375万株/hm^{2}时下降了3.21%；鄂麦580从225万株/hm^{2}升高到300万株/hm^{2}时上升了7.65%，从300万株/hm^{2}升高到375万株/hm^{2}时下降了4.82%。在同一密度不同品种间比较，漯麦6010的叶绿素含量最高，其次是郑麦9023，鄂麦580的叶绿素含量最低。

如图1B所示，在开花期，同一品种均表现出旗叶叶绿素SPAD值随着密度的增加先上升后下降，这与孕穗期旗叶叶绿素SPAD值变化规律一致。同一密度不同品种间比较，漯麦6010的叶绿素SPAD值最高，其次是郑麦9023，鄂麦580最低。

2.2 不同处理对旗叶丙二醛含量的影响

如图2A所示，在孕穗期，同一品种均表现为随着密度的增加，丙二醛的含量呈先下降后上升趋势，在密度为300万株/hm^{2}时丙二醛的含量最低。在同一密度不同品种间比较，鄂麦580的丙二醛含量最高，漯麦6010的最低，郑麦9023居中。

如图2B所示，在开花期，同一品种均表现出随着密度的增加，丙二醛含量先下降后上升。在同一密度不同品种间比较，鄂麦580的丙二醛含量最高，其次是郑麦9023，漯麦6010的丙二醛含量最低，与孕穗期规律一致。在密度为225万株/hm^{2}时，鄂麦580的丙二醛含量比漯麦6010和郑麦9023分别高19.64%、15.02%；在密度为300万株/hm^{2}时分别高14.81%、10.29%；在密度为375万株/hm^{2}时分别高23.55%、14.77%。

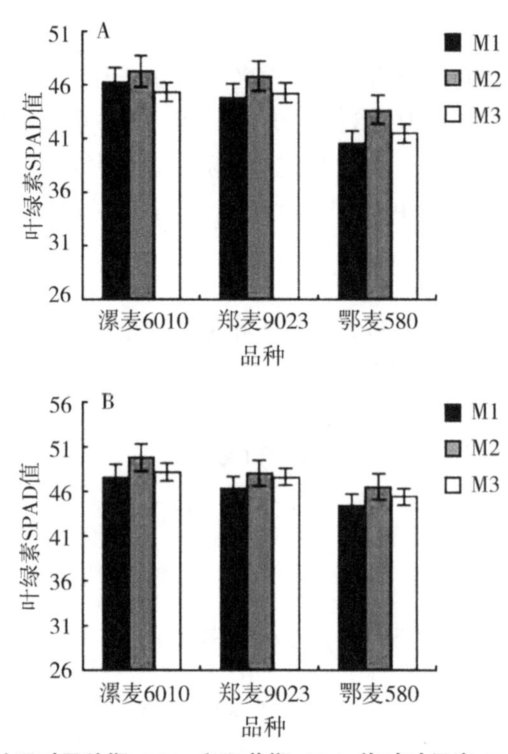

图1　不同处理对孕穗期（A）和开花期（B）旗叶叶绿素 SPAD 值的影响

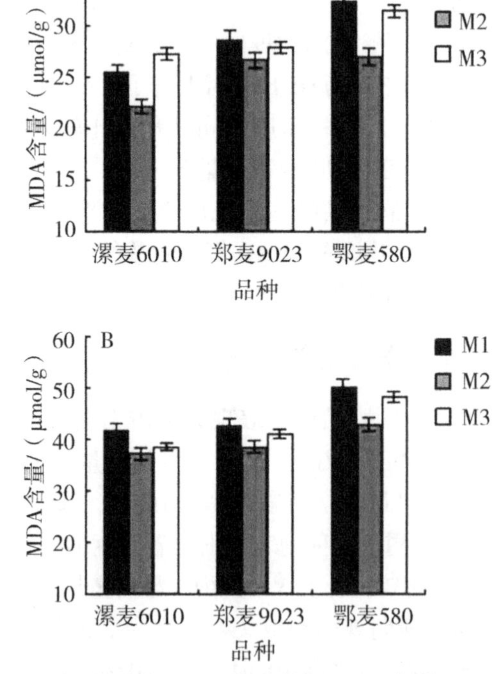

图2　不同处理对对孕穗期（A）和开花期（B）旗叶丙二醛含量的影响

2.3 不同处理对各品种籽粒产量及产量构成因素的影响

2.3.1 不同处理对籽粒产量的影响

如图3所示，在同一品种不同密度之间比较，3个小麦品种均表现为在密度为300万株/hm^{2}时籽粒产量最高。进一步分析表明，漯麦6010的籽粒产量在密度为300万株/hm^2，比225万株/hm^{2}和375万株/hm^{2}分别增加12.30%、13.53%；比郑麦9023分别增加10.20%、1.32%；比鄂麦580分别增加23.48%、5.42%。

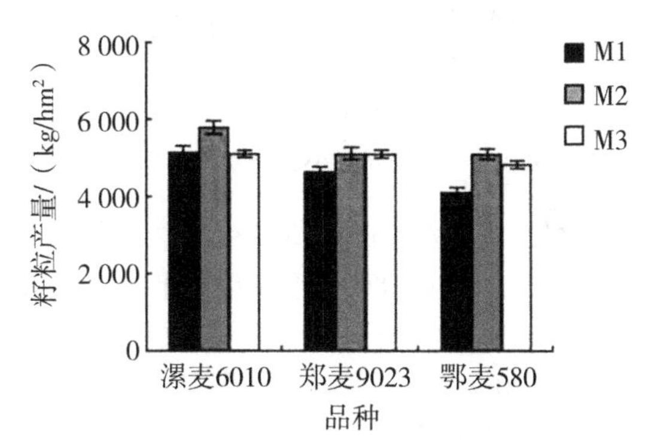

图3 不同处理对小麦籽粒产量的影响

在同一密度不同品种间比较，漯麦6010的籽粒产量最高，鄂麦580的籽粒产量最低。在密度为225万株/hm^{2}时，漯麦6010比郑麦9023和鄂麦580分别高11.11%、25.05%；在密度为300万株/hm^{2}时，漯麦6010比郑麦9023和鄂麦580分别高13.23%、13.73%；在密度为375万株/hm^{2}时，漯麦6010比郑麦9023和鄂麦580分别高1.06%、5.60%。

2.3.2 不同处理对穗粒数的影响

如图4所示，同一品种不同密度处理间比较，漯麦6010穗粒数呈先下降后上升趋势，密度为375万株/hm^{2}时穗粒数最多；郑麦9023穗粒数亦呈先下降后上升趋势，密度为225万株/hm^{2}时穗粒数最多；鄂麦580穗粒数呈先上升后下降趋势，密度为300万株/hm^{2}时穗粒数最多。

同一密度不同品种间比较，郑麦9023的穗粒数均最低。在密度为225万株/hm^{2}和375万株/hm^{2}时，漯麦6010的穗粒数略大于鄂麦580；在密度为300万株/hm^{2}时，鄂麦580的穗粒数大于漯麦6010。

2.3.3 不同处理对千粒重的影响

由图5可知，随着密度的增加，漯麦6010、郑麦9023、鄂麦580的千粒重均表现为在密度为300万株/hm^{2}时最大，其次是375万株/hm^2，在密度为225万株/hm^{2}时最小。漯麦6010在密度为300万株/hm^{2}的千粒重比225万株/hm^{2}和375万株/hm^{2}分别高5.97%、1.08%；郑麦9023分别高11.38%、6.78%；鄂麦580分别高6.06%、5.35%。

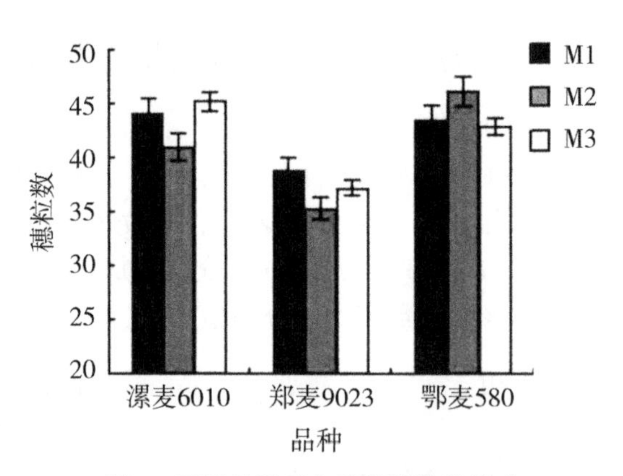

图 4　不同处理对小麦穗粒数的影响

同一密度不同品种间比较，漯麦 6010、郑麦 9023、鄂麦 580 在 3 种密度处理下均表现为漯麦 6010 的千粒重最大，鄂麦 580 的千粒重最小，郑麦 9023 居中。进一步分析表明，在密度为 225 万株/hm^2 时，漯麦 6010 的千粒重比郑麦 9023 和鄂麦 580 分别高 8.31%、18.52%；在密度为 300 万株/hm^2 时，分别高 3.04%、18.44%；在密度为 375 万株/hm^2 时，分别高 8.85%、23.41%。

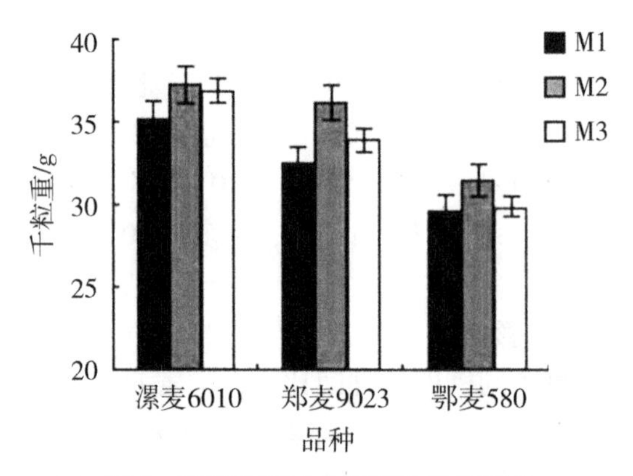

图 5　不同处理对小麦千粒重的影响

2.3.4　不同处理对成熟期单位面积穗数的影响

由图 6 可知，漯麦 6010、郑麦 9023、鄂麦 580 均表现出随着密度的增加，单位面积穗数也在增加。漯麦 6010 和鄂麦 580 的增长幅度较小，郑麦 9023 的增长幅度较大。在同一密度中比较，3 个品种均表现出郑麦 9023 的单位面积穗数最多，其次是漯麦 6010，鄂麦 580 的单位面积穗数最少。在密度为 225 万株/hm^2 时，郑麦 9023 的穗数比漯麦 6010 和鄂麦 580 高 7.26%、11.30%；在密度为 300 万株/hm^2 时，分别高 14.10%、15.21%；在密度为 375 万株/hm^2 时，分别高 24.85%、32.80%。

2.4　不同处理对直链淀粉和支链淀粉含量比值的影响

由图 7 可知，直链淀粉和支链淀粉含量比值漯麦 6010 呈现出随密度的增加先降低

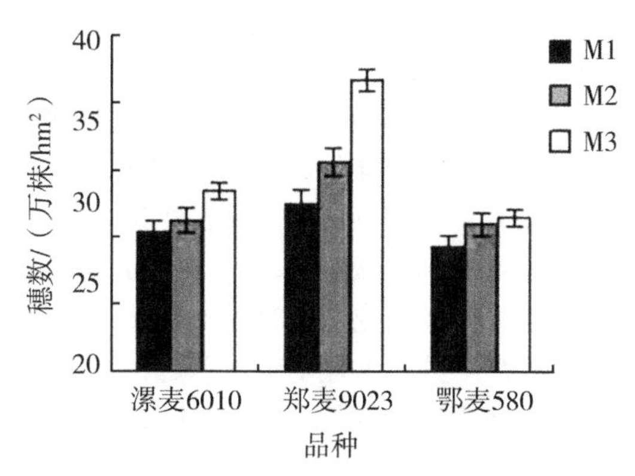

图 6　不同处理对小麦穗数的影响

后增加的趋势，郑麦 9023、鄂麦 580 表现出随密度的增加而增加的趋势。在同一密度不同品种间比较，各密度均表现为鄂麦 580 的直链淀粉和支链淀粉含量比值最高，其次是漯麦 6010，郑麦 9023 的最低。

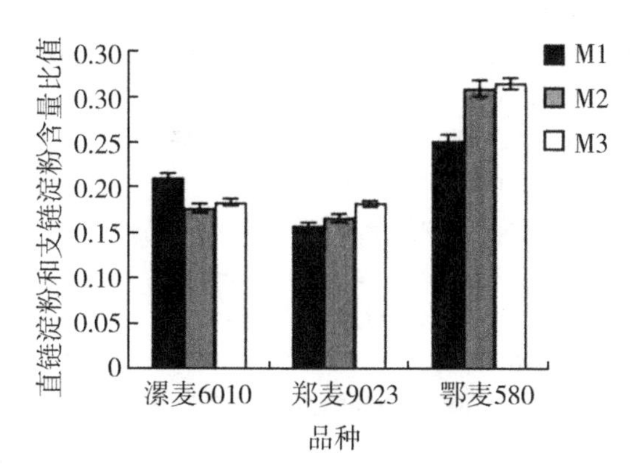

图 7　不同处理对直链淀粉和支链淀粉含量比值的影响

3　小结与讨论

季仁达等[8]研究表明，超迟播稻茬小麦以主茎成穗为主，全苗是其足穗和高产的保证。基本苗由播种量、成苗率决定。生产实践证明，盲目加大播种量，即使确保了足苗也难以高产。潘建清等[9]研究后得出，在 11 月 12 日播种的情况下，苏麦 188 无论产量还是相对经济效益都是播种量为 112. 5 kg/hm^2 时最高，播种量过多或过少的处理产量和相对经济效益都降低。边永高等[10]研究表明，播种量极显著影响群体苗数、抽穗期、每穗实粒数和产量。本试验研究密度对不同品种小麦光合特性、衰老指标的影响及其与籽粒产量和品质的关系，结果表明，密度为 300 万株/hm^2 时，各品种籽粒产量均达最高，高于江汉平原传统的小麦种植密度（210 万株/hm^2），由此可知，在现有小麦品种及现有栽培技术条件下，江汉平原基本苗数可由 210 万株/hm^2 提高到 300 万株/hm^2，这是低产到中高产的基础。由试验结果还可知，不同密度处理下，漯麦 6010 的籽粒产量均最高，其次为郑麦 9023，鄂麦 580 的籽粒产量均最低。各密度处理间，各品种穗数随着密度的增加而增大，千粒重则表现为随着密度的增加先增大后减小；当密度为 300 万株/hm^2 时，漯麦 6010、郑麦 9023 穗粒数最低，鄂麦 580 的穗粒数最高，表明较高的穗数及千粒重是获得高籽粒产量的基础。本研究结果进一步表明，当密度为 300 万株/hm^2 时，各品种在孕穗期及开花期的旗叶叶绿素 SPAD 值均最高，旗叶丙二醛含量均最低，这是获得较高籽粒产量的生理基础。总之，在本试验条件下，漯麦 6010、郑麦 9023、鄂麦 580 均表现为密度为 300 万株/hm^2 时旗叶叶绿素含量高，衰老指标低，最终可获得较高籽粒产量。

参考文献

[1] 陈天房，李春喜，姬生栋．播种密度与小麦产量及籽粒营养品质关系的初步研究［J］．河南职业技术师范学院学报，1988，16（4）：46-51.

[2] 赵广才，常旭虹，杨玉双，等．基本苗数和底追肥比例对冬小麦籽粒产量和蛋白质组分的影响［J］．核农学报，2008，22（5）：712-716.

[3] 杨永光，张维城，吴玉娥，等．播量对小麦产量和籽粒营养品质的影响［J］．河南科技学院学报（自然科学版），1989（Z1）：113-116.

[4] 海江波，由海霞，张保军．不同播量对面条专用小麦品种小偃 503 生长发育、产量及品质的影响［J］．麦类作物学报，2002，22（3）：92-94.

[5] 汤永禄，黄钢，郑家国．密肥水平对川西平原春（播）小麦产量与品质的影响［J］．耕作与栽培，2003（4）：8-9.

[6] 吴九林，彭长春，林昌明．播期和密度对弱筋小麦产量与品质影响的研究［J］．江苏农业科学，2005（3）：36-38.

[7] 陈俊才，邱江，孙敬东，等．不同密度及氮肥运筹对弱筋小麦产量和品质的影响［J］．作物杂志，2007（2）：25-28.

[8] 季仁达，杨步琴，石广跃，等．超迟播稻茬小麦播种量施氮量和氮肥运筹方式［J］．安徽农业科学，2017，45（5）：29-32.

[9] 潘建清，怀燕．播种量和施氮量对稻茬免耕小麦苏麦 188 产量的影响［J］．浙江农业科学，2016，57（4）：484-486.

[10] 边永高，姚金林，陶献国，等．稻茬免耕小麦主要栽培因子的综合效应研究［J］．浙江农业科学，2008，1（1）：62-65.

襄州区稻茬小麦不同播种量对产量影响*

郭光理，饶秋月，杨　莉，徐　东，
李志全，周　平，朱展望，高春保

摘　要：2014 年，针对郑麦 9023、鄂麦 580 两个品种设置 225 万株/hm^2、300 万株/hm^2、375 万株/hm^2、450 万株/hm^2 4 个播种密度（基本苗），进行稻茬田试验研究。研究表明在 300 万株/hm^2 和 375 万株/hm^2 的播种密度下，小麦的生物产量显著大于其他 3 个处理。同时，在 375 万株/hm^2 的播种密度条件下，小麦的穗长和穗粒数都达到最大值，小麦的籽实产量也最高（郑麦 9023 实产 7 002 kg/hm^2，鄂麦 596 实产 7 488 kg/hm^2）。

关键词：稻茬小麦；播种量；产量；影响

小麦是襄州区第一大粮食作物，常年种植面积在 150 万亩左右，占全区耕地面积的 93%，产量 67 万 t。2014 年小麦收获面积达 148.6 万亩，较 2012 年增 6.5 万亩，亩产 432 kg，较 2012 年增 22 kg。本区稻茬小麦常年保持在 60 万亩左右，占全区小麦面积 40%。2012—2014 年旱地小麦平均单产 446.3 kg，稻茬麦 3 年单产平均仅为 379.7 kg，稻茬麦在本区小麦生产中播种量不合理限制了稻茬麦增产，稻茬麦科学播种量确定为其单产水平增加有很大的推动作用。

1　材料与方法

1.1　试验材料

试验于 2014 年在襄州区现代农业示范园区进行，前茬作物为水稻。试验地土壤类型为水稻土类岗黄土，土壤质地轻黏，耕作层 pH 值 6.54、有机质 22.18 g/kg、碱解氮 174.39 mg/kg、速效磷 21.19 mg/kg、速效钾 119.77 mg/kg。

供试小麦品种为郑麦 9023、鄂麦 580，播种前进行药剂拌种。试验机具为东方红-GX854 型拖拉机、黄鹤拖拉机厂生产的 ZBYM-6/12 型小麦油菜兼用联合播种机。

1.2　试验方法

1.2.1　试验设计

两个小麦品种设计 4 个不同播种密度（基本苗），处理 1（225 万株/hm^2）、处理 2（300 万株/hm^2）、处理 3（375 万株/hm^2）、处理 4（450 万株/hm^2）。小区宽 5 m，长 10 m，

* 本文原载《农业科技通讯》，2015（7）：85-88。

面积 50 m^2，随机排列，3 次重复，小区间设置 0.5 m 的沟隔开，四周设置 3.5 m 的保护行。

1.2.2 试验田的准备

水稻成熟前 7~10 d，及时开沟排水晒田，确保机械收割水稻后车辙浅、田面平整。采用东方红-GX854 型拖拉机翻整灭茬。

1.2.3 肥料的施用

施肥与播种同时进行，以三元复合肥（N：P：K=15%：15%：15%）600 kg/hm^2 做基肥。在小麦 3 叶龄前，结合雨雪天气追施尿素 75 kg/hm^2，翌年小麦拔节孕穗时，视苗情追施尿素 75~150 kg/hm^2。

1.2.4 开好三沟

小麦播种后，用人工按厢面 2.5 m 进行开沟，做到“三沟”配套。

1.2.5 化学除草

小麦 3 叶龄后，视田间杂草情况及时喷施除草剂，喷施 6.9%骠马水乳剂 600~900 g/hm^2 或75%苯黄隆 15 g/hm^2，兑水 450 kg/hm^2。

2 结果与分析

2.1 不同播种量对生物产量的影响

在小麦的越冬期、拔节期、开花期和收获期在各小区同一重复取具有代表性植株，调查小麦的生物产量，结果见表 1。在两个品种的各处理间，同时表现出处理 2（播种密度为 300 万株/hm^2）的单株生物产量最大，当播种密度增大到 450 万株/hm^2 时，小麦的生物产量显著低于其他密度较低的处理。小麦生物产量在处理 2、3 两个播种密度要略高于处理 1 和处理 4。比较图 1、图 2，在小麦生长过程中，不同播种密度条件下小麦的生物产表现出了同样的增长速度。以郑麦 9023 为例，当播种密度为 450 万株/hm^2 时，小麦的生物产量（单株以及亩产）都表现出在拔节期到开花期的过程中增长最快，而在开花期到收获期其增长速度明显变缓。但是在其他较低播种密度处理中，生物产量的增加速度却没有出现上述规律，相反，处理 2 从开花期到收获期生物量的增加速度明显较拔节期至开花期更快。同时，小麦每亩的生物产量是处理 2 和处理 3 较多，处理 4（播种密度最大）的生物产量明显要比这两个处理低。

表 1 不同时期小麦生物产量（干重）

品种	处理代号	越冬期		拔节期		开花期		收获期	
		单株/g	干物质产量/(kg/hm^2)	单株/g	干物质产量/(kg/hm^2)	单株/g	干物质产量/(kg/hm^2)	单株/g	干物质产量/(kg/hm^2)
郑麦 9023	1	0.4	2 658.00	0.78	5 557.50	1.86	8 853.0	3.28	15 610.5
	2	0.42	3 124.80	0.81	5 989.50	1.94	9 001.5	3.68	18 465.0
	3	0.33	2 613.60	0.49	4 587.00	1.69	9 126.0	3.19	17 226.0
	4	0.29	2 523.00	0.46	3 699.00	1.65	9 256.5	2.44	13 689.0

（续表）

品种	处理代号	越冬期		拔节期		开花期		收获期	
		单株/g	干物质产量/(kg/hm^2)	单株/g	干物质产量/(kg/hm^2)	单株/g	干物质产量/(kg/hm^2)	单株/g	干物质产量/(kg/hm^2)
鄂麦 580	1	0.51	2 692.80	0.83	4 917.75	3.30	12 526.5	5.17	19 620.0
	2	0.46	3 422.40	0.92	6 775.50	3.26	14 732.7	5.73	25 896.0
	3	0.41	4 102.05	0.87	8 626.50	3.18	17 172.0	5.34	28 836.0
	4	0.38	4 349.10	0.72	8 175.00	2.72	15 504.0	4.29	24 453.0

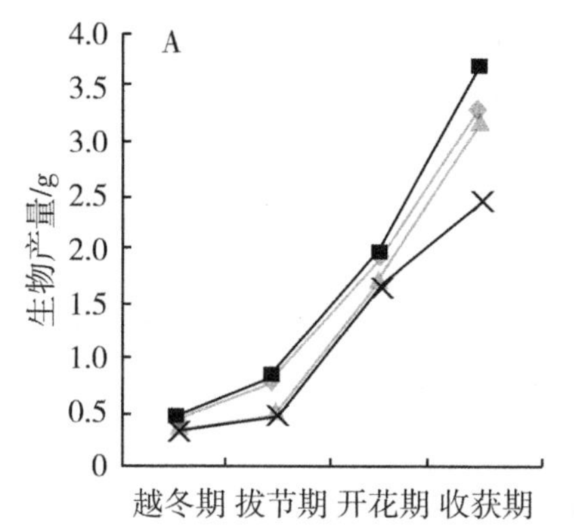

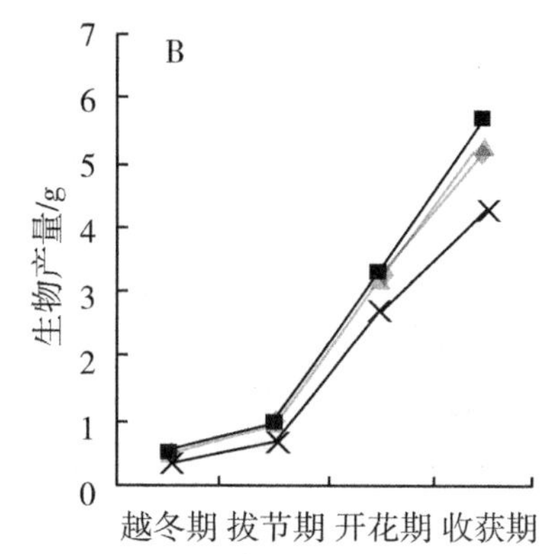

图 1 不同播种量对小麦单株生物产量（干重）影响

（A. 郑麦 9023；B. 鄂麦 58）

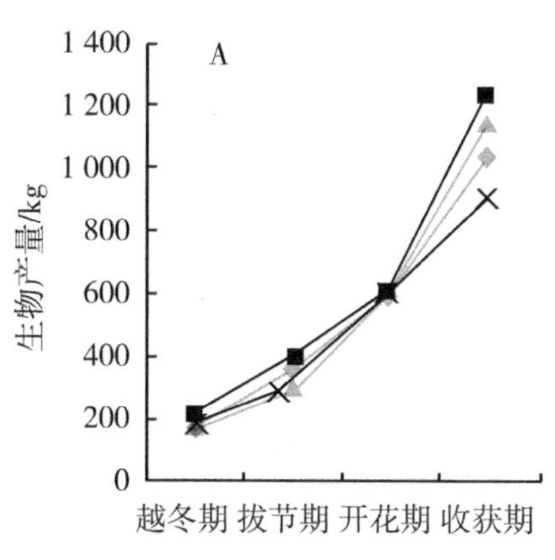

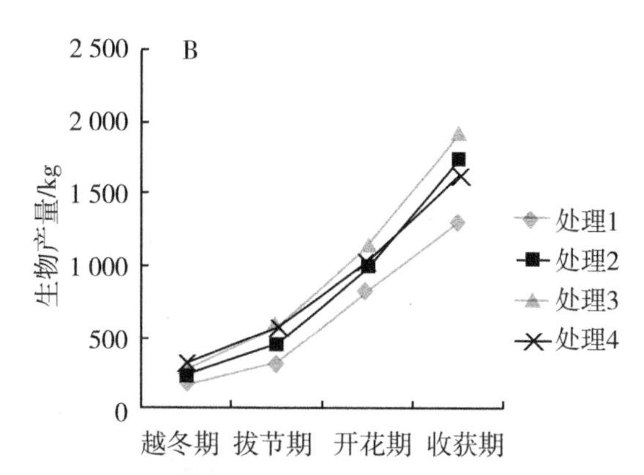

图 2 小麦生物亩产量（干重）

（A. 郑麦 9023；B. 鄂麦 580）

小麦“越冬期—拔节期—开花期—收获期”的生长过程中，拔节期—开花期是其营养生长最快的时期，而开花期—收获期是小麦生殖生长时期，不同处理小麦生物产量增速的变化说明不同播种密度对小麦的生长过程产生了影响。综合比较本试验两个品种的单株及亩生物产量的变化可知，在本研究的 4 个处理中，处理 1 至处理 3 播种密度对小麦生殖生长都没有造成显著影响，但是处理4（450万株/hm^2）小麦的生殖生长速度有明显变缓的趋势。

2.2 不同播量对小麦生育性状的影响

试验田块小麦收割前各处理（各小区）随机选定1 m^{2}范围内调查和考种平均结果如表2所示。随着播种密度增大，小麦株高也会受一定影响，其中，处理3（播种密度375万株/hm^2）小麦株高最高，郑麦9023为74.6 cm比其他密度高4.4~2 cm，鄂麦580高86 cm，比其他密度高6.8~4.8 cm；从225万株/hm^{2}的播种密度开始，小麦的穗长和穗粒数有随着播种密度增大而增长的趋势，375万株/hm^{2}时穗长和穗粒数达到最大，当密度继续增加时，穗长、穗粒数开始呈现逐渐减小的趋势。郑麦9023在处理1、处理2中较处理3、处理4平均多1个可见小穗，鄂麦580的可见小穗在300万株/hm^{2}的播种密度时最大，随着播种密度继续增大，可见小穗逐渐减少。两个品种的不孕小穗受播种密度影响不显著，只有郑麦9023在处理3中的不孕小穗明显低于同品种其他各处理。在本试验设计的4个密度梯度中，小麦的亩有效穗都随着播种密度的增大而增大，但是当密度增加到375万株/hm^{2}时，其有效穗增加的幅度开始变缓。小麦容重也表现出了一定的差异性，两个品种都是在处理3中容重最大。两个品种的千粒重、经济系数并没有随播种密度不同而表现出显著性差异。

表2　不同播种密度对小麦生育性状的影响

品种	处理代号	株高/cm	穗长/cm	穗粒/粒	可见小穗	不孕小穗	有效穗/(万株/hm^2)	千粒重/g	容重/(g/L)	经济系数
郑麦9023	1	72.6	7.85	29.1	17.3	4.3	475.5	46.36	788.4	0.46
	2	70.4	7.93	29.3	17.8	4.7	501.0	46.06	791.8	0.52
	3	74.6	8.35	30.3	16.4	3.4	537.0	45.99	802.1	0.44
	4	70.2	7.28	28.0	16.4	4.4	540.0	46.47	800.8	0.48
鄂麦580	1	79.2	8.80	34.6	18.6	2.7	433.5	45.93	779.5	0.51
	2	80.6	9.60	35.0	19.0	2.3	444.0	45.92	765.4	0.46
	3	86.0	10.05	34.8	18.6	2.3	486.0	46.13	782.0	0.51
	4	81.2	8.75	33.5	17.9	2.8	489.0	46.07	777.0	0.47

2.3 不同播量对产量的影响

试验小区田块收获时单收单记产，各小区单独籽实产量结果见表3。试验各小区田块籽实产量随播种密度增大而增大，当播种密度基本苗达到375万株/hm^{2}时，小区的籽实产量达到最大（郑麦9023达到7 002 kg/hm^2，鄂麦580达到7 488 kg/hm^2），随之播种密度继续增加时，小麦籽实产量出现显著性减少。试验各处理处理差异经方差分析和显著性检验，均达到了显著性水平（表4）。

表 3　不同播种密度小麦籽实产量结果

品种	处理代号	小区产量/(kg/小区)				折合产量/(kg/hm²)
		重复 A	重复 B	重复 C	平均	
郑麦 9023	1	12.88	12.30	12.44	12.54	6 270
	2	12.62	13.33	12.94	12.96	6 480
	3	13.54	13.60	14.86	14.00	7 002
	4	12.36	13.38	12.78	12.84	6 420
鄂麦 580	1	12.50	13.64	13.34	13.16	6 582
	2	13.66	13.38	12.92	13.32	6 660
	3	15.80	14.08	15.06	14.98	7 488
	4	14.14	13.74	13.64	13.84	6 918

表 4　各处理产量方差分析和显著性检验结果

品种	项目	方差分析结果				LSD 差异显著性检验结果		
		SS	*df*	*MS*	*F*	处理	95%	99%
郑麦 9023	组间	3.627	3	1.209	4.662	4	a	A
	组内	2.074	8	0.259		3	b	B
	总计	5.701	11			2	a	A
						1	a	A
鄂麦 580	组间	6.095	3	2.032	6.235	4	a	A
	组内	2.606	8	0.326		3	b	B
	总计	8.701	11			2	a	A
						1		

3　讨论

本试验结果表明，所试小麦作物按照不同播种量进行播种能够对小麦生物产量及最终的籽实产量产生显著性影响。在 4 个播种密度下，基本苗 375 万株/hm² 及以下的密度对小麦的生殖生长不会产生显著影响，播种密度为基本苗 450 万株/hm² 时，小麦的生殖生长明显放缓。而基本苗在 300 万株/hm² 和 375 万株/hm² 的播种密度下，小麦每亩的生物产量要显著大于其他两个处理。同时，基本苗在 375 万株/hm² 的播种密度条件下，小麦的穗长和穗粒数都达到最大值，小麦的籽实产量也最高。农作物种植时，播种密度过小会造成农田、肥料等各种浪费，同时也达不到增产的效果。但是如果播种密度过大也会造成小麦植株之间严重的竞争，受有限营养、光照、通风等条件的影响，小麦植株无法正常生长，同样不利于丰收。综合本试验的结果及小麦的经济特性可知，在本地区小麦稻茬少免耕播种时，以基本苗 375 万株/hm^2 的播种密度产量最好，值得推广应用。

播种量对弱筋小麦鄂麦 580 群体动态及产量的影响*

邹　娟，汤颢军，李想成，王　鹏，邹明召，
严双义，邹家龙，郭光理，高春保

摘　要：2018—2019 年在湖北省小麦（*Triticum aestivum* L.）主产的 10 个县市区，分稻茬麦田和旱茬麦田开展弱筋小麦品种鄂麦 580 适宜播种量研究。播种量设置 75 kg/hm^2、150 kg/hm^2、225 kg/hm^2、300 kg/hm^2 和 375 kg/hm^2 5 个水平，考察不同播种量对鄂麦 580 分蘖动态及产量构成的影响。结果表明，随着播种量的增加，基本苗、冬至苗及最高苗呈现增加趋势，有效穗数先增后减，穗粒数及千粒重逐步递减，但千粒重降低趋势不明显；若考虑因播种量不同带来的生产成本差异，湖北省稻茬麦田和旱茬麦田鄂麦 580 适宜播种量分别为 213 kg/hm^2 和 172 kg/hm^2。

关键词：小麦（*Triticum aestivum* L.）；群体动态；产量；播种量

湖北省小麦（*Triticum aestivum* L.）常年种植面积约 110 万 hm^2，稻茬小麦和旱茬小麦各占 50%左右[1]。近年来，湖北省小麦播种面积和总产均上升至全国第六位，但小麦单产与全国平均差约 1 500 kg/hm^2，仅 3 750 kg/hm^2[2]。小麦生产条件相对较差、群体结构不合理是制约湖北省小麦单产提高的主要原因[3]。适宜的种植密度通过调节群体分蘖数，建立良好的群体结构，有效利用地力和光能，从而改善小麦生态环境、促进物质积累，是小麦高产稳产的重要保障[4-7]。为明确湖北省小麦适宜播种量，于 2018—2019 年度在湖北省小麦主产的 10 个县（市、区）开展播量试验，探讨不同播量对小麦群体结构和产量性状的影响，以期为湖北小麦高产栽培提供理论依据。

1　材料与方法

1.1　试验材料

田间试验于 2018 年 10 月至 2019 年 5 月在湖北省小麦主产区进行，试验点包括安陆、京山、荆州、南漳、天门、武汉、襄州、枣阳、曾都、丹江口等地，除天门、襄州及丹江口前茬作物分别是大豆、玉米及芝麻外，其余试验点前茬作物均为水稻。试验点土壤养分状况及小麦全生育期肥料用量见表 1，磷、钾肥一次性施用，氮肥分两次施

* 本文原载《湖北农业科学》，2019，58（S2）：118-121。

用，其中基肥占70%，拔节肥占30%。

供试小麦品种为鄂麦580，是由湖北省农业科学院粮食作物研究所选育的弱筋小麦品种，2012年8月通过湖北省农作物品种审定委员会审定，属半冬偏春性品种。各试验点小麦均在适期播种。病虫害防治同当地一般农田。

表1　基础土壤养分状况及小麦全生育期施肥量

类型	pH值	有机质/(g/kg)	全氮/(g/kg)	碱解氮/(mg/kg)	有效磷/(mg/kg)	速效钾/(mg/kg)	N/(kg/hm^2)	P_2O_5/(kg/hm^2)	K_2O/(kg/hm^2)
稻茬	6.03±0.66	37.31±8.46	2.59±0.62	86.10±54.10	32.65±23.19	135.68±75.64	167.66±22.32	84.64±14.95	75.32±33.45
旱茬	6.01±0.39	18.02±6.42	1.57±0.54	107.29±17.32	17.94 ±3.80	164.21±80.40	160.50±20.84	82.50±27.04	82.50±27.04

1.2　试验设计

设置5个播量处理，75 kg/hm^2、150 kg/hm^2、225 kg/hm^2、300 kg/hm^{2}和3 755 kg/hm^2（种子发芽率90%），分别记为S_{75}、S_{150}、S_{225}、S_{300}和S_{375}，小区3次重复，田间随机排列，小区面积20 m^2，小区宽度2.5～3.0 m，行距20～25 cm。人工条播。试验四周设保护行。

1.3　调查与测产

1.3.1　分蘖动态

基本苗：3叶期前每个小区定点调查基本苗数，同一处理（播种量）的各个小区的基本苗数差异控制在15万～30万株/hm^2。

分蘖动态：每个小区内定点调查1 m长双行总茎蘖数，包括冬至苗、最高苗和有效穗。

1.3.2　计产

小麦收获前，调查产量穗数、每穗粒数及千粒重，小麦产量以各小区实收计量（风干重，含水量按13%计算）。

1.4　数据处理

采用Microsoft Excel 2010建立数据库及图形绘制，DPS 7.05进行统计分析。

2　结果与分析

2.1　播种量对小麦分蘖动态的影响

由表2可见，小麦基本苗、冬至苗及最高苗随播种量的增加呈现增加趋势，有效穗数在播种量为300 kg/hm^{2}时达到最高值，进一步加大播种量，有效穗数下降。分别计算不同播种量时分蘖成穗率，表明分蘖成穗率随播种量的增加而降低。比较稻茬小麦及旱茬小麦分蘖动态，当播种量相同时，旱茬小麦基本苗、冬至苗、最高苗及有效穗均高于稻茬小麦。

表 2　播种量对不同类型小麦分蘖动态的影响

类型	处理	基本苗/(万株/hm²)	冬至苗/(万株/hm²)	最高苗/(万株/hm²)	有效穗/(万株/hm²)	分蘖成穗率/%
稻茬	S_{75}	143±28d	427±82c	584±158c	365±67c	61. 45±11. 16a
	S_{150}	243±58c	690±306b	761±188b	443±91b	56. 83±10. 63ab
	S_{225}	354±107b	797±301ab	909±193a	484±90a	54. 20±12. 42bc
	S_{300}	410±80b	863±294a	935±210a	519±130a	53. 13±10. 15bc
	S_{375}	531±116a	933±497a	1 023±239a	491±107a	49. 50±10. 14c
旱茬	S_{75}	168±10c	431±203d	614±52d	405±67c	64. 32±9. 79a
	S_{150}	274±29c	653±236c	869±101c	487±71b	56. 90±9. 03ab
	S_{225}	420±86b	868±276b	1 117±213b	540±30a	49. 51±8. 32bc
	S_{300}	568±75a	1 032±357ab	1 319±149a	577±24a	42. 35±5. 46cd
	S_{375}	650±203a	1 099±364a	1 401±201a	561±27a	39. 81±5. 53d

注：同列不同小写字母表示处理间差异显著（$P<0.05$），下同。

2. 2　播种量对小麦产量构成的影响

在播种量 75~375 kg/hm² 范围内，随播种量的增加，有效穗先增加后降低，穗粒数和千粒重呈下降趋势（表 3），但千粒重下降趋势不明显。由表 3 还可知，稻茬小麦实产在播种量为 225 kg/hm² 时平均值达到最高值 6 266 kg/hm²，旱茬小麦播种量为 150 kg/hm² 时实产达到最高值 6 668 kg/hm²，统计分析结果显示，在 $P<0.05$ 时，处理 S_{150}、S_{225}和 S_{300}产量差异未达到显著水平。

表 3　播种量对不同类型小麦产量构成的影响

类型	处理	有效穗/(万株/hm²)	每穗粒数/粒	千粒重/g	理论产量/(kg/hm²)	实际产量/(kg/hm²)
稻茬	S_{75}	365±67c	35. 21±5. 54a	41. 79±4. 39a	5 278±1122c	5 370±675b
	S_{150}	443±91b	34. 35±4. 41a	41. 09±3. 16a	6 201±1 121ab	5 940±547a
	S_{225}	484±90a	33. 79±4. 22ab	40. 88±2. 44a	6 568±1 312a	6 266±701a
	S_{300}	519±130a	32. 49±4. 73bc	40. 49±2. 29a	62 91±1 161ab	6 182±758a
	S_{375}	491±107a	31. 50±5. 24c	38. 97±3. 42b	5 903±800b	5 601±740b

（续表）

类型	处理	有效穗 /(万株/hm²)	每穗粒数 /粒	千粒重 /g	理论产量 /(kg/hm²)	实际产量 /(kg/hm²)
旱茬	S_{75}	405±67c	43. 54±4. 70a	38. 18±1. 49a	6 639±520a	6 085±677b
	S_{150}	487±71b	40. 14±7. 56b	38. 12±0. 73a	6 854±769a	6 668±492a
	S_{225}	540±30a	36. 10±5. 68c	38. 22±1. 13a	6 905±1 075a	6 497±512ab
	S_{300}	577±24a	29. 97±8. 04d	37. 94±2. 80a	6 444±1 044ab	6 303±683ab
	S_{375}	561±27a	29. 96±4. 22d	37. 42±3. 23a	6 313±606ab	6 077±684b

2.3 小麦适宜播种量确定

经调查，小麦种子购买价格约为小麦收购价的两倍，若不考虑不同播种量时除种子外，其他生产成本的差异，用小麦实产扣除两倍播量后的籽粒产量（记为籽粒净产量），可估算不同处理小麦种植收益的差异。再用二元方程拟合籽粒净产量与播种量之间的关系（图 1），表明稻茬小麦和旱茬小麦净产量与播种量的拟合方程分别为 $y=-0.034x^2+14.49x+4\ 290$（$r=0.994$）和 $y=-0.020x^2+6.868x+5\ 620$（$r=0.949$），其中 y 为籽粒净产量，x 为播种量。由方程可计算稻茬小麦及旱茬小麦适宜播种量分别为 213 kg/hm² 和 172 kg/hm²，对应小麦产量为 6 260 kg/hm² 和6 553 kg/hm²。

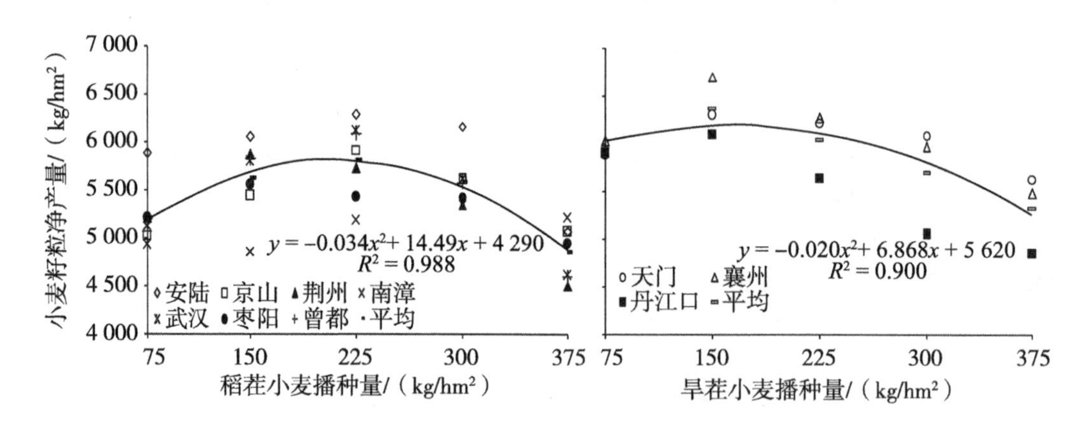

图 1　小麦产量与播种量的关系

3　小结与讨论

多点田间试验分稻茬田和旱茬田开展弱筋小麦品种鄂麦 580 适宜播量研究。结果表明，在试验设置的播种量 75～375 kg/hm² 范围内，随播种量的增加，基本苗、冬至苗及最高苗表现增加趋势，有效穗数先增后减，穗粒数及千粒重逐步递减，但千粒重降低趋势不明显。同等播种量时，稻茬田与旱茬田鄂麦580在基本苗、冬至苗、最高苗及有效穗上表现不一，这可能与试验年份气候有关。2018年秋季小麦播种后，出现一段明显降水过程，旱茬小麦出苗顺利，出苗率高；到2018年冬至前后，湖北省出现漫长连阴雨天气，稻茬麦受渍，根系发育受阻，出现早衰，进而影响最高苗及最终有效穗数。

在当前收购市场优质优价暂未实现的条件下，更高的小麦产量才能获取更高的经济收益。小麦播种量研究中，除小麦产量外，还应考虑因播种量不同生产成本的差异，用更少的投入取得更高的产量，进而获得更高的纯收入才是农户种植小麦的目的。因种子价格约是小麦市场收购价格的两倍，用小麦产量扣除两倍的用种量，以消除各处理因播种量不同带来的生产成本差异，结果表明，稻茬麦田和旱茬麦田鄂麦580适宜播种量分别为213 kg/hm^2 和172 kg/hm^2。

继续加大小麦播种量，易造成群体郁闭，通风透光差，无效分蘖多，增加营养物质的消耗，导致群体质量变差，最终成穗率降低，不易形成高产，同时也增加了小麦白粉病、赤霉病等病害及生育后期倒伏发生的风险[8,9]。随着播种量的提高，安陆、荆州、襄州及丹江口等试验点鄂麦580倒伏面积及倒伏指数均递增（数据未发表）。因此，若盲目加大播种量，不仅用种投入增加，生育后期用药及倒伏引起的收割成本也可能增加，种植小麦比较效益下降。本试验年度小麦生育后期日照充足，温度适宜，是湖北省近年来小麦品质较好、病害发生较少的年份。在一般年份，由于后期阴雨，群体密度过大增加病害发生风险，鄂麦580适宜播种量还需适当降低。

本研究中，各试验点小麦均在适期播种，实际生产中，因气候等原因导致小麦播种地块腾茬慢、整地困难，适期播种难度大，播期推迟的现象时有发生[10]，此外，部分农户习惯早播。而播期对小麦的出苗、分蘖及各器官的形成有着极大的影响[4]，故不同播期小麦的适宜播种量还有待进一步试验研究。

参考文献

[1] 国家统计局.2018年中国统计年鉴［M］. 北京：中国统计出版社，2019.

[2] 《湖北农村统计年鉴》编辑委员会.2018年湖北农村统计年鉴［M］. 北京：中国统计出版社，2019.

[3] 高春保，佟汉文，邹娟，等. 湖北省小麦“十二五”生产进展及“十三五”展望［J］. 湖北农业科学，2016，55（24）：6372-6376.

[4] 王夏，胡新，孙忠富，等. 不同播期和播量对小麦群体性状和产量的影响［J］. 中国农学通报，2011，27（21）：170-176.

[5] GOODING M J，PINYOSINWAT A，ELLIS R H. Response of wheat grain yield and quality to seed rate［J］. Journal of Agricultural Science，2002，138（3）：317-331.

[6] 张向前，陈欢，赵竹，等. 密度和行距对旱播小麦生长、光合及产量的影响［J］. 麦类作物学报，2015，35（1）：86-92.

[7] 姜丽娜，刘佩，齐冰玉，等. 不同施氮量及种植密度对小麦开花期氮素积累转运的影响［J］. 中国生态农业学报，2016，24（2）：131-141.

[8] 韩金玲，杨晴，周印富，等．冀东地区种植密度对小麦京冬 8 号抗倒伏能力和产量的影响［J］．麦类作物学报，2015，35（5）：667-673.
[9] 邹娟，高春保，汤颢军，等．小麦倒伏原因及其对产量和产量构成因子影响的分析［J］．农业科学，2017，7（8）：570-577.
[10] 邹娟，高春保，李想成，等．极端气候条件下湖北稻茬小麦适宜播量研究［J］．农业科学，2018，8（2）：1495-1501.

不同播种方式对稻茬小麦生长发育和产量的影响*

胡国平，邹建国，郑 威，朱展望，高春保

摘　要：为了探明不同播种方式对稻茬小麦生长发育和产量形成的影响，分析稻茬小麦免耕机械条播技术增产的原因，2010年来连续两年开展了稻茬小麦播种方式试验，通过定株和定点调查，对免耕机械条播、机耕机旋播种、机耕人工浅播下的稻茬小麦分蘖成穗和产量形成进行了研究。定株调查结果表明，免耕机械条播平均单株分蘖10.4个，成穗7.0个，比机耕人工浅播分别多6.4个和4.0个，比机耕机旋播种分别多7.4个和4.6个；定点调查结果表明，免耕机械条播的单位面积穗数最高，机械人工浅播次之，二者分别比机耕机旋播种高25.2%和21.3%；免耕机械条播平均每公顷实产5 775.0 kg，比机耕人工浅播增18.5%，比机耕机旋播种增30.1%。相对于机耕机旋播种，免耕机械条播和机耕人工浅播下的稻茬小麦单位面积穗数和产量明显提高，其中免耕机械条播提高幅度较大。

关键词：稻茬小麦；播种方式；机械条播

稻茬小麦是指在稻田收获水稻后种植的小麦，在我国主要分布在长江流域，面积约480万 hm^2[1]，稻麦轮作是长江流域最为重要的粮食作物耕作制度[2]。该区域光热资源丰富，小麦生产受水资源限制小，是我国小麦生产优势区域之一[3]，也是我国小麦增产潜力较大的区域。发展该区域稻茬小麦生产具有重要现实意义。稻麦轮作也是湖北省主要的农作物种植制度，其稻茬小麦面积约占全国的1/10。据统计，2011年湖北省稻茬小麦种植面积47.99万 hm^2，占全省小麦面积的47.35%。湖北省稻茬小麦以两熟制的稻麦为主，2011年种植面积为47.18万 hm^2；三熟稻稻麦面积较少，面积为0.81万 hm^2[4]。

稻茬小麦生产常面临着土壤质地黏重，宜耕性差，整地困难，出苗不全、不匀，耕作管理粗放，生育后期多雨，湿害重，病虫草害发生较为严重等诸多挑战[5]。近年来，随着农村劳动力向城市转移，原来的精耕细作型栽培技术难以实施，稻茬小麦人工撒播的比例较大，田间管理也较为粗放，更难实现高产的目标。针对上述问题，湖北、江苏、安徽和四川等地研究推广了稻茬麦少（免）耕栽培技术、稻茬麦免（少）耕机条播栽培技术和稻茬麦免耕高效栽培技术等新型稻茬小麦栽培技术，在生产中得到广泛应用[6-8]。

近年来，随着农业机械化程度的提高，传统的人、畜力耕作逐步被机械耕作所代替，小麦播种由原来的两犁两耙人工撒播向免耕机械条播、机耕机旋播种等机械播种方

* 本文原载《湖北农业科学》，2014，53（20）：4814-4816。

式转变。为了探讨不同播种方式对小麦生长发育及产量的影响，连续两年对小麦免耕机械条播、机耕机旋播种、机耕人工浅播 3 种播种方式的稻茬小麦分蘖成穗和产量形成进行了研究，旨在比较稻茬小麦不同播种方式的实际效果，为其在生产中应用提供理论基础。

1 材料与方法

1.1 材料

试验于 2010—2011 年度和 2011—2012 年度在国家小麦产业技术体系武汉试验站广水示范县蔡河示范基地进行，前茬作物为水稻。试验田土壤类型为黄棕壤土，供试小麦品种为郑麦 9023。采用复合肥做底肥，每公顷折合纯氮 126.0 kg，磷 52.5 kg，钾 73.5 kg，2 月下旬每公顷追施尿素（总氮含量≥46%）112.5 kg 做拔节肥。

1.2 方法

试验设免耕机械条播、机耕机旋播种、机耕人工浅播 3 种播种方式，每种播种方式面积为 0.8 hm^2。机耕机旋播种、机耕人工浅播播量为 150.0 kg/hm^2，免耕机械条播播量为 112.5 kg/hm^2。

3 个处理各选 10 个单株调查分蘖成穗情况，并各定 3 个 1 m^2 小区进行苗情定点调查。

2 结果与分析

2.1 不同播种方式对稻茬小麦分蘖成穗的影响

从对每种播种方式下 10 个单株调查结果看，免耕机械条播的稻茬小麦单株分蘖数和成穗数均最多，机耕人工浅播次之，机耕机旋播种最低。免耕机械条播平均单株分蘖 10.4 个，成穗 7 个，比机耕人工浅播分别多 6.4 个和 4.0 个，比机耕机旋播种分别多 7.4 个和 4.6 个。说明免耕机械条播稻茬小麦分蘖成穗能力明显高于机耕人工浅播和机耕机旋播种的稻茬小麦。

表 1 不同播种方式下稻茬小麦分蘖成穗

分蘖位	调查指标	免耕机械条播	机耕机旋播种	机耕人工浅播
第一节位分蘖	单株蘖数	4.0	1.3	1.6
	单株成穗数	2.4	0.8	1.0
第二节位分蘖	单株蘖数	3.4	1.3	1.4
	单株成穗数	2.0	0.6	1.0

（续表）

分蘖位	调查指标	免耕机械条播	机耕机旋播种	机耕人工浅播
第三节位分蘖	单株蘖数	3.0	0.4	1.0
	单株成穗数	1.6	0.0	0.0
平均	单株蘖数	10.4	3.0	4.0
	单株成穗数	7.0	2.4	3.0

2.2 不同播种方式下稻茬小麦基本苗、冬至苗和立春苗

机耕人工浅播基本苗最多为 289.5 万株/hm²，机耕机旋播种次之，为 274.5 万株/hm²，耕机械条播基本苗最少为 204 万株/hm²。由于机耕机旋播种、机耕人工浅播播量为 150 kg/hm²，免耕机械条播播量为 112.5 kg/hm²，因此机耕人工浅播比机耕机旋播种出苗率要高，免耕机械条播和机耕机旋播种出苗率相当。3 种播种方式下稻茬小麦冬至苗相差不大，但免耕机械条播麦苗单株分蘖多。3 种播种方式下稻茬小麦立春苗相差较大，免耕机械条播立春苗达到 1 104.0 万株/hm²，比机耕人工浅播和机耕机旋播种分别多 90.0 万株/hm² 和 367.5 万株/hm²。结果表明，免耕机械条播稻茬小麦苗期生长势强，分蘖快、分蘖多，在基本苗较少的情况下也能形成较大的群体总量，为后期形成较高的单位面积穗数和取得高产奠定良好的基础。该结果与单株调查的结果较为吻合。

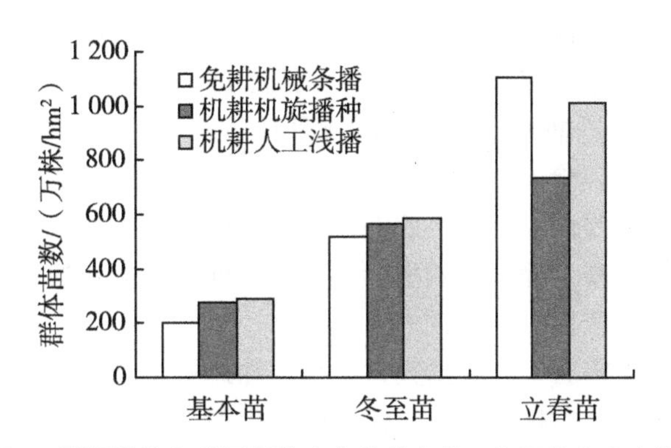

图 1 不同播种方式下稻茬小麦的基本苗、冬至苗和立春苗

2.3 不同播种方式产量情况

从产量形成方面看，免耕机械条播产量最高，平均实产 5 775.0 kg/hm²，比机耕人工浅播增产 900.0 kg/hm²，增加 18.5%，比机耕机旋播种增产 1 335.0 kg/hm²，增加 30.1%。机耕人工浅播比机耕机旋播种增产 435.0 kg/hm²，增加 9.8%。从产量构成因素看，免耕机械条播的单位面积穗数最高，机械人工浅播次之，二者分别比机耕机旋播种稻茬小麦单位面积穗数高 25.2%和 21.3%，这与不同播种方式下稻茬小麦立春苗的多少吻合，也与实际单位面积产量呈现相同的规律。3 种播种方式下小麦穗粒数差异不

大。该结果表明，相对于机耕机旋播种，免耕机械条播和机耕人工浅播下的稻茬小麦单位面积穗数和产量明显提高，其中免耕机械条播提高幅度较大。

表 2　不同播种方式下稻茬小麦产量形成

播种方式	单位面积穗数/(万穗/hm^2)	穗粒数/粒	实际产量/(kg/hm^2)
免耕机械条播	477.0	31.7	5 775.0
机耕机旋播种	381.0	31.6	4 440.0
机耕人工浅播	462.0	31.0	4 875.0

3　讨论

当前湖北省稻茬小麦播种普遍采用人工撒播的方式，该方式的缺点一是播量难以控制，往往造成播量过大，浪费种子；二是播种质量差，种子很难播均匀；三是后期群体质量差，通风透光不好，抗倒伏能力差。

免耕机械条播稻茬小麦播种浅，出苗快，幼苗生长旺盛，根系和分蘖较常规种植方式下发生快，最高苗出现早。该播种方式下小麦分蘖早、分蘖多、成穗率高、有效穗增多，是产量提高的基础之一。另外，采用机械播种，播种深度容易控制，深浅一致，且播种较人工播种均匀，缺行断垄现象较少，明显提高了播种质量。

当前，由于农村劳动力流失，小麦生产已由过去的“三分种，七分管”转变为“七分种，三分管”，改进播种方式、提高播种质量对当前小麦生产尤为重要，免耕机械条播的上述优点符合现阶段小麦生产实际，推广应用该技术对提高湖北省小麦特别是稻茬小麦生产水平有重要现实意义。此外，免耕机械条播将整地播种施肥镇压等多个工序一次完成，极大地提高了播种的效率，可以为当前蓬勃发展的农村土地流转承包和家庭农场的大规模小麦生产提供有效技术支撑。

在推广免耕机械条播时，应根据其自身特点注意两个问题，一是免耕机械条播播种浅，墒情不足时播后要及时抗旱保墒，保证及时出苗，也可在墒情较差年份选择适当增加播种深度；二是由于该播种方式下小米前期生长势较强、分蘖多，中后期易脱肥，要根据田间长势和苗情及时追施拔节肥和穗肥。对采用机械旋耕后播种的，要推广机械旋耕后人工浅播，对机耕机旋播种的田块播后要进行适度镇压，保证土壤有一定的严实度，以保墒保肥，促进出苗。

参考文献

[1]　李朝苏，汤永禄，吴春，等．播种方式对稻茬小麦生长发育及产量建成的影响［J］．农业工程学报，2012，28（18）：36-43.

[2]　许仙菊，许建平，宁运旺，等．稻麦轮作周年氮磷运筹对作物产量和土壤养分含量的影响

[J]. 中国土壤与肥料，2013（5）：75-79.
[3] 卢布，丁斌，吕修涛，等. 中国小麦优势区域布局规划研究［J］. 中国农业资源与区划，2010，31（2）：6-12.
[4] 《湖北农村统计年鉴》编辑委员会.《湖北农村统计年鉴》［M］. 北京：中国统计出版社，2012：379-391.
[5] 敖立万. 湖北小麦［M］. 武汉：湖北科学技术出版社，2002：144-165.
[6] 湖北省农业厅. 鄂农发〔2011〕54号《省农业厅关于印发2012年农业主推技术指南的通知》［Z］. 2011：40-42.
[7] 程顺和，郭文善，王龙俊，等. 中国南方小麦［M］. 南京：江苏科学技术出版社，2012：364-400.
[8] 汤永禄，吴德芳，程少兰. 稻茬麦免耕高效栽培技术模式［J］. 四川农业科技，2010（9）：22-23.

鄂北地区稻茬小麦免耕机械条播增产增效分析*

郭光理，郑　威，许燕子，张　勇，
曹邦志，汤颢军，朱展望，高春保

摘　要：为了探明稻茬小麦免耕栽培技术在鄂北地区的应用效果，分析稻茬小麦免耕栽培技术增产增效的原因，2010年来连续3年开展了稻茬小麦免耕栽培试验，对免耕机械条播和常规栽培稻茬小麦的次生根和分蘖发生、穗粒数和实际产量进行了比较，并对免耕机械条播稻茬小麦的生产效益进行了分析。结果表明，在小麦叶龄为6.6时，免耕机械条播稻茬小麦次生根条数为10.8条，分蘖2.2个，比对照分别增加2.2条和0.5个，增幅分别为25.6%和29.4%。免耕机械条播稻茬小麦籽粒产量比对照增加8.9%~14.0%，平均增加11.5%。2011—2013年，免耕条播稻茬小麦较对照平均每公顷节省人工10.5个，节省人工费用1 095.0元，节省用种投入232.5元，节省机耕燃油费860.0元，合计节省投入2 187.5元，免耕条播稻茬小麦每公顷产量增收1 050.9元，合计每公顷比对照增加效益3 238.4元。

关键词：稻茬小麦；机械条播；免耕；栽培技术

小麦是湖北省第二大粮食作物，常年种植面积100万 hm^2 左右。2013年夏收，湖北省小麦面积达109.48万 hm^2，单产3 732.00 kg/hm^2，超过了1997年历史最高水平3 499.50 kg/hm^2，总产达到408.65万t。发展小麦生产对于保障湖北省粮食安全、促进湖北省社会经济稳定持续发展具有重要意义[1]。

稻茬小麦是指在稻田收获水稻后种植的小麦，在我国主要分布在长江流域，面积约480万 hm^2[2]，稻麦轮作是该区域最为重要的粮食作物耕作制度[3]。长江流域光热资源丰富，小麦生产受水资源限制小，是我国小麦生产优势区域[4]，也是我国小麦增产潜力最大的区域。发展该区域稻茬小麦生产具有重要现实意义。稻麦轮作也是湖北省主要的农作物种植制度，2011年湖北省稻茬小麦种植面积47.99万 hm^2，占全省小麦面积的47.35%。湖北省稻茬小麦以两熟制的稻麦为主，2011年种植面积为47.18万 hm^2；三熟稻稻麦面积较少，面积为0.81万 hm^2[5]。

稻茬小麦生产常面临着土壤质地黏重，宜耕性差，整地困难，出苗不全、不匀，耕作管理粗放，生育后期多雨，湿害重，病、虫、草害发生较为严重等诸多挑战[6]。近年来，随着农村劳动力向城市转移，原来的精耕细作型栽培技术难以实施，导致稻茬小麦人工撒播的比例较大，田间管理也较为粗放，更难实现高产的目标。针对上述问题，

* 本文原载《湖北农业科学》，2014，53（23）：5669-5672。

湖北、江苏、安徽和四川等地研究推广了稻茬麦少（免）耕栽培技术、稻茬麦免（少）耕机条播栽培技术和稻茬麦免耕高效栽培技术等轻简化栽培技术，在生产中得到广泛应用[7-9]。

鄂北岗地是湖北省小麦主产区，气候和土壤条件较适宜发展小麦生产，是湖北省小麦单产最高的区域。通过规范化播种、小麦测土配方施肥、氮肥后移和病虫害统防统治集成高产栽培技术的应用，该地区旱茬小麦创造出了 7 957.95 kg/hm^2 的湖北省小麦高产纪录，揭示了湖北省小麦大面积生产的产量潜力[10]。为挖掘该地区稻茬小麦生产潜力，近年来在湖北省襄州区试验示范了稻茬小麦免耕机械条播栽培技术，该技术是一种保护性耕作措施，操作简单、省工省力、节省投入，农户乐于接受，2007—2012 年累计推广面积达 5 000 hm^2。本研究旨在分析该项技术增产增效的原因，为进一步改进、推广该项技术提供理论依据。

1 材料与方法

1.1 材料

试验于 2010—2013 年在襄州区张家集镇何岗村进行，前茬作物为水稻。试验地土壤类型为水稻土类岗黄土，土壤质地轻黏，耕作层 pH 值为 6.78、有机质含量 22.85 g/kg、碱解氮 177.80 mg/kg、速效磷 20.23 mg/kg、速效钾 134.52 mg/kg。

供试小麦品种为郑麦 9023，播种前进行药剂拌种。试验机具为东方红-GX854 型拖拉机、小麦播种机（安亚奥 SGPND-220Z5-9）、12 匹马力手扶拖拉机和小型开沟机。

2010—2011 年度、2011—2012 年度和 2012—2013 年度试验示范面积分别为 7.1 hm^2、10.0 hm^2 和 3.4 hm^2。

1.2 方法

1.2.1 试验田的准备

水稻成熟前 7~10 d，及时开沟排水晒田，确保机械收割水稻后车辙浅、田面平整。稻茬保留 10 cm 以内，稻茬及田间杂物清理干净。

1.2.2 肥料的施用

施肥与播种同时进行，以缓释性复合肥（N：P：K = 15%：15%：15%）450 kg/hm^2 做基肥。在小麦 3 叶前，结合雨雪天气追施尿素 150 kg/hm^2，翌年小麦拔节孕穗时，视苗情追施尿素 45~120 kg/hm^2。

1.2.3 免耕条播

用东方红-GX854 型拖拉机和小麦肥料、麦种一播机不旋耕直接进行施肥、条播。对照田为旋耕田块，施肥和田间管理与条播麦田相同。

1.2.4 机械开沟覆盖

小麦播种后，用开沟机按厢面 2 m 进行开沟覆盖（开沟机将厢沟土打碎后摔开盖种)，做到“三沟”配套。对没有盖住麦种的田块进行人工覆盖。

1.2.5 化学除草

播种前2~3 d，用20% 1-1-二甲基-4-4联吡啶阳离子盐水剂3 000 g/hm^{2}兑清水450 kg均匀喷雾除草。小麦三叶后，视田间杂草及时喷施除草剂，每公顷喷施6.9%精噁唑禾草灵水乳剂600~900 g，兑水450 kg。

2 结果与分析

2.1 免耕机械条播对小麦产量形成的影响

2010—2011年度，16个点免耕机械条播稻茬小麦平均有效穗682.5万穗/hm^2，较对照增加100.5万穗；平均穗粒数28.0粒，较对照减少0.2粒，实际单位面积产量7 350.0 kg/hm^{2}较对照增产900.0 kg/hm^2，增产幅度为14.0%。

2011—2012年度，20个点免耕机械条播稻茬小麦平均有效穗606.0万穗/hm^2，较对照增加27.0万穗；平均穗粒数25.9粒，较对照增加0.5粒；实际单位面积产量6 765 kg/hm^2，较对照增加555.0 kg，增幅为8.9%。

2012—2013年度，15个点免耕条播稻茬小麦平均有效穗601.5万穗/hm^2，较对照增加63.9万穗；平均穗粒数26.1粒，较对照增加0.9粒；实际单位面积产量6 870.0 kg/hm^2，较对照增720.0 kg，增幅为11.7%。

2011—2013年度，免耕机械条播稻茬小麦比对照增产8.9%~14.0%，3年试验平均增产11.5%，增产效果明显（表1）。

表1 2011—2013年不同播种方式稻茬小麦产量结构

年度	小区个数	处理	有效穗/(1×10^4/hm^2)	穗粒数	实际产量/(kg/hm^2)
2010—2011年度	16	免耕条播	682.5	28.0	7 350.0
		对照	582.0	28.2	6 450.0
		增加量	100.5	-0.2	900.0
		增加幅度/%	17.3	-0.7	14.0
2011—2012年度	20	免耕条播	606.0	25.9	6 765.0
		对照	579.0	25.4	6 210.0
		增加量	27.0	0.5	555.0
		增加幅度/%	4.7	2.0	8.9
2012—2013年度	15	免耕条播	601.5	26.1	6 870.0
		对照	537.6	25.2	6 150.0
		增加量	63.9	0.9	720.0
		增加幅度/%	11.9	3.6	11.7

2.2 免耕机械条播对小麦根系发育和分蘖发生的影响

免耕机械条播小麦冬前次生根条数和分蘖数比对照有明显增加。在小麦 6 叶 1 心时，次生根比对照增加 0.9~3.6 条，分蘖个数较对照增加 0.4~0.6 个。免耕机械条播小麦 3 年试验平均次生根条数为 10.8 条，分蘖为 2.2 个，比对照分别增加 2.2 条和 0.5 个，增幅分别为 25.6%和 29.4%（表 2）。

该结果表明，免耕机械条播有利于稻茬小麦根系和分蘖的生长发生，为稻茬小麦生长中后期形成适宜的群体提高稻茬小麦产量打下基础。

表 2　2011—2013 年不同播种方式稻茬小麦根系发育和分蘖发生

年度	处理	叶龄	次生根数	分蘖个数
2010—2011 年度	免耕条播	5.8	9.8	2.1
	对照	6.3	7.9	1.6
	增加	-0.7	1.9	0.5
2011—2012 年度	免耕条播	7.3	12.1	2.4
	对照	7.4	8.5	1.8
	增加	-0.1	3.6	0.6
2012—2013 年度	免耕条播	6.6	10.4	2.2
	对照	6.5	9.5	1.8
	增加	0.1	0.9	0.4
平均	免耕条播	6.6	10.8	2.2
	对照	6.7	8.6	1.7
	增加	-0.1	2.2	0.5

2.3 免耕机械条播小麦的效益分析

2011—2013 年，免耕条播稻茬小麦较对照平均每公顷节省人工 10.5 个，节省人工费用 1 095.0 元，节省用种投入 232.5 元，节省机耕燃油费 860.0 元，合计节省投入 2 187.5 元；免耕机械条播稻茬小麦每公顷产量增收 1 050.9 元。合计每公顷比对照增加效益 3 238.4 元。

从效益增加的构成看，小麦产量的增加占效益增加的 32.5%，节省投入占效益增加的 67.5%。表明节省投入占效益增加的比重较大，约占 2/3，产量收入的增加占效益增加的比重略小，占 1/3 左右（表 3）。

表 3　2011—2013 年不同播种方式稻茬小麦效益分析

年份	处理	投入					投入合计/(元/hm²)	产量收入/(元/hm²)
		人工/(d/hm²)	人工费用/(元/hm²)	用种量/(kg/hm²)	用种费用/(元/hm²)	燃油费/(元/hm²)		
2011 年	免耕条播	43.5	3 915	165	594	1 200	5 709.0	12 804.0
	对照	54.0	4 860	225	810	2 055	7 725.0	12 367.5
	增加	-10.5	-945	-60	-216	-855	-2 016.0	436.5
2012 年	免耕条播	45	4 500	165	660.0	1 275	6 435.0	13 800.6
	对照	54	5 400	225	900.0	2 100	8 400.0	12 668.4
	增加	-9	-900	-60	-240.0	-825	-1965.0	1 132.2
2013 年	免耕条播	40.5	4 860	165	660.0	1 350	6 870.0	15 114.0
	对照	52.5	6 300	225	900.0	2 250	9 450.0	13 530.0
	增加	-12	-1 440	-60	-240.0	-900	-2 580.0	1 584.0
平均	免耕条播	46	4 425	165	637.5	1 275	6 337.5	13 906.2
	对照	53.5	5 520	225	870.0	2 135	8 525.0	12 855.3
	增加	-10.5	-1 095	-60	-232.5	-860	-2 187.5	1 050.9

注：投入不包含两种播种方式下投入相同的项目，如肥料和农药等。

3　讨论

免耕小麦种子裸露地表，出苗快，幼苗生长旺盛，根系和分蘖较常规种植方式下发生快，最高苗出现早[11]。由于免耕小麦播种浅，土壤表层根系发达，次生根较常规小麦多，相同品种株高比常规栽培矮 2~3 cm，植株抗倒伏能力增强。免耕栽培的小麦分蘖节位低，分蘖早，分蘖多，成穗率高，有效穗增多，是产量提高的基础之一。

免耕条播小麦与种子裸露，吸收水分慢且不均匀，造成出苗不匀，出苗延迟 1~2 d。由于免耕栽培条件下土壤未深耕，小麦根系入土浅，肥料撒施在地表，小麦中后期易脱肥早衰，因此在肥料管理上应少施多次，视苗追肥，不宜一次全施[12-13]。

本研究表明稻茬小麦免耕机械条播栽培技术增产增效明显，适合和鄂北地区大范围应用。但在生产应用中需要注意以下问题，一是储备开沟机械，2012 年襄州区把开沟机作为农机补贴项目后，全区购买稻茬麦开沟机达 300 台以上，但仍不能满足襄州区需求；二是将水稻秸秆清理干净，以免影响小麦种子落地及出苗后发黄吊死；三是注意在前茬作物收获后及时化学除草；四是要看苗看天及时追肥，防止小麦脱肥和中后期早衰。

参考文献

［1］ 高春保，刘易科，佟汉文，等．湖北省“十一五”小麦生产概况分析及“十二五”发展思路［J］．湖北农业科学，2010，49（11）：2703-2705.

［2］ 李朝苏，汤永禄，吴春，等．播种方式对稻茬小麦生长发育及产量建成的影响［J］．农业工程学报，2012，28（18）：36-43.

［3］ 许仙菊，许建平，宁运旺，等．稻麦轮作周年氮磷运筹对作物产量和土壤养分含量的影响［J］．中国土壤与肥料，2013（5）：75-79.

［4］ 卢布，丁斌，吕修涛，等．中国小麦优势区域布局规划研究［J］．中国农业资源与区划，2010，31（2）：6-12.

［5］《湖北农村统计年鉴》编辑委员会．《湖北农村统计年鉴》［M］．北京：中国统计出版社，2012：379-391.

［6］ 敖立万．湖北小麦［M］．武汉：湖北科学技术出版社，2002：144-165.

［7］ 湖北省农业厅．鄂农发〔2011〕54 号《省农业厅关于印发 2012 年农业主推技术指南的通知》［Z］．2011：40-42.

［8］ 程顺和，郭文善，王龙俊，等．中国南方小麦［M］．南京：江苏科学技术出版社，2012：364-400.

［9］ 汤永禄，吴德芳，程少兰．稻茬麦免耕高效栽培技术模式［J］．四川农业科技，2010（9）：22-23.

［10］ 阮吉洲，王文建，任生志，等．鄂北岗地小麦 7500 kg/hm^2 主要技术措施 I．鄂北岗地小麦高产成因分析［J］．湖北农业科学，2013，52（23）：5689-5691.

［11］ 黄钢，袁礼勋，赵玉庭．稻茬麦免耕栽培增产原因与关键技术［J］．四川农业科技，1990（5）：5-6.

［12］ 严桂珠，刘小燕，朱德进，等．免耕小麦的氮肥用量和运筹技术［J］．土壤肥料，2006（1）：64-65.

［13］ 朱卫荣，严桂珠，刘小燕，等．免耕小麦氮肥施用技术研究［J］．上海农业科技，2005（4）：48-49.

湖北省稻茬麦规范化播种技术*

邹　娟，高春保，许贤超，朱展望，
刘易科，佟汉文，陈　泠，张宇庆

摘　要：稻茬麦播种质量不高是制约湖北省小麦单产提高的主要技术问题。本文在多年试验示范的基础上，总结提出了湖北省稻茬麦规范化播种技术，以指导湖北省稻茬麦生产，进一步提高湖北省稻茬麦的生产技术水平。

关键词：湖北省；稻茬麦；规范化播种技术

小麦是湖北省主要的粮食作物，小麦播种面积和总产量在全省粮食作物中仅次于水稻居第二位。全省小麦常年播种面积约 107 万 hm^2，总产 420 万 t，其中稻茬麦占全省小麦总面积的 45%左右。湖北省稻茬麦单产水平总体低于旱茬小麦，其中鄂中丘陵和鄂北岗地麦区稻茬麦较旱茬麦低 9.4%，江汉平原麦区低 11.9%[1-3]，在产量构成三因子中，稻茬麦与旱茬麦产量的差异主要来源于单位面积的有效穗数[4]。通过湖北省农业科学院粮食作物研究所近年来生产调研的结果分析，湖北省稻茬小麦生产的制约因素主要有以下几个方面，一是机械化作业水平低、整地播种质量不高；二是稻茬小麦渍害重；三是小麦病害和草害较重；四是后期早衰[5]。随着小麦种植技术的改进，单产水平不断提高，要想进一步增产，“种”的重要性越来越突出，提倡“七分种，三分管”，确保小麦一播全苗，苗齐、苗匀、苗壮，是小麦高产最为关键的一步[6]。为了更好地指导湖北省小麦生产，提高湖北省稻茬麦的生产技术水平，实现湖北稻茬麦优质高产的目标，本文在多年试验示范的基础上，总结提出了湖北省稻茬麦规范化播种技术。

1　稻茬麦标准化播种技术主要技术内容

1.1　品种选择

根据湖北省稻茬小麦的生态条件和生产条件，鄂北地区稻茬小麦一般应选择半冬性品种如鄂麦 170、襄麦 35，适当搭配春性品种如郑麦 9023[7]；鄂中南地区稻茬小麦一般应选择春性品种如襄麦 25[8]。此外，由于鄂北地区是小麦条锈病的重发区，因此适合该区域种植的品种对小麦条锈病应具有较好的抗性[9]；鄂中南地区赤霉病发生较重，

* 本文原载《湖北农业科学》，2015（24）：6188-6190。

部分年份收获前常发生穗发芽，故适合该区域种植的品种对小麦赤霉病和穗发芽应具有较好的抗（耐）性[10-11]。

1.2 药剂拌种

提倡选用包衣种子。未经包衣的种子，播前可采用药剂拌种方法处理，地下害虫危害严重的地方，每 50 kg 麦种用 50%辛硫磷乳油 50 mL 或 40%甲基异柳磷乳油 50 mL 加 20%三唑酮乳油 50 mL 或 2%戊唑醇湿拌剂 75 g 放入喷雾器内，加水 3 kg 搅匀边喷边拌。拌后堆闷 3~4 h，待麦种晾干即可播种。也可以单独使用粉锈宁拌种，每千克麦种用药量为 2 g 15%粉锈灵，但必须干拌，随拌随用[12]。

1.3 秸秆还田

稻茬小麦前作水稻收获时应选择半喂入式收割机或者加装秸秆粉碎装置的全喂入式收割机收割，切割后的稻草抛撒均匀，选择适宜的旋耕机在宜耕期旋耕，旋耕深度在 15cm 以上，使粉碎后的秸秆能均匀地混于表层土壤中[13]。也可采用 2BYM-8 型播种机，在前茬水稻留茬 30~50 cm 的情况下，一次性完成旋耕、灭茬、施肥、播种作业。

1.4 耕作整地

正常气候条件下采用机械播种方式时，播前用机械旋耕后直接播种或采用能一次性完成旋耕、施肥、播种、镇压等工序的旋耕播种机播种。采用人工或机械撒播方式时，播前用机械旋耕后人工撒播或机械撒播，播后用开沟机开沟，利用开沟机撒土盖籽，再进行一次浅耙或镇压作业。在播种期前后遇长期连阴雨天气时，由于田间土壤湿度过大，机械无法下地作业，为保证适期播种出苗，可采取免耕露地人工撒播，播后用开沟机开沟，利用开沟机撒土盖籽。

1.5 造墒与开沟降湿

湖北省稻茬小麦在绝大多数年份不需要造墒播种，极少数年份播种前后长期干旱，小麦无法正常出苗时，一般采用播后浇水，待厢沟里的水沁湿整个厢面时，立即排水。

一般情况下，前茬作物水稻收获前 7~10 d 要及时放水晒田，降低稻茬田湿度，以利于水稻机械收割和收获后的秸秆还田作业。开好麦田三沟，提高麦田排水和渗漏能力，培育分布深广、活力旺盛根系，是稻茬小麦高产稳产的重要技术环节。稻茬麦田开沟要做到三沟配套，厢沟、腰沟、围沟逐级加深，沟沟相通。一般厢沟深宽 25 cm，腰沟深宽 30 cm，围沟深宽 35 cm。

1.6 施肥

根据湖北省稻茬麦田土壤的肥力水平和小麦产量水平，一般情况下，小麦全生育期总施肥量分别为氮（N）12 ~ 14 kg/667 m^2、磷（P_2O_5）6 ~ 8 kg/667 m^2 和钾（K_2O）6~8 kg/667 m^2。对微量元素缺乏的土壤，应补施微肥[14-16]。

一般情况下，稻茬小麦氮肥的基肥和追肥的比例为 6：4，若秸秆全量还田，氮肥的基肥和追肥的比例可调整为 7：3。在 350~400 kg/667 m^2 的中高产地区，一般播种前每 667 m^2 施 40 kg 左右的复合肥（N、P_2O_5、K_2O 总有效含量为45%）或同等氮量的其他复合肥作底肥，同时施用 5 kg 尿素作种肥[17]。磷钾肥可作为底肥在播前一次性施用。

另外，提倡施用有机肥。在有条件地区，播种前每 667 m^2 可施 2 000~3 000 kg 有机肥，以改善土壤结构，培肥地力[18]。

1.7 播种期

湖北省稻茬小麦合适播种期的确定依据是保证小麦能够实现壮苗越冬。在基本苗每 667 m^2 20 万左右的基础上，合适的小麦叶龄 4 叶 1 心至 5 叶 1 心，冬前每 667 m^2 总茎数 50 万~65 万。考虑到不同地区的品种特性和生态条件，鄂北地区稻茬麦的适宜播期为 10 月 20 日至 11 月 5 日，在适宜期内，半冬性品种适当早播，春性品种适当晚播；中南部稻茬麦的适宜播期为 10 月 25 日至 11 月 10 日[19]。

1.8 基本苗（播种量）

在适宜播期内，湖北省稻茬小麦的适宜每亩基本苗在 20 万~25 万/667 m^2，考虑到稻茬麦田的田间出苗率受整地质量影响较大，因此，在种子质量达到国家标准的前提下，每 667 m^2 适宜的播种量为 10~12.5 kg[5]。在此范围内，要根据整地质量、土壤墒情、播种方式、品种特性、土壤肥力水平和播种时间等因素综合考虑，确定合适的播量。在土壤墒情不足、人工撒播和整地质量不高的情况下，要注意适当加大播量，确保每 667 m^2 基本苗达到 20 万以上。但也要避免盲目加大播量，造成群体过大，叶部病害加重和中后期发生倒伏。

1.9 机播及播种质量

近年来，湖北省加大力度示范推广稻茬小麦机械播种技术[20]。目前，稻茬小麦的机播率在 30%左右。稻茬小麦实行机条播，具有播量精确、播种均匀、出苗率高、田间通风透光条件好、小麦病害和草害轻、节省劳力、播种进度快等优势，但由于受到“湿”（土壤湿度大）和“草”（前茬作物秸秆缠绕机械）两大问题的困扰，普遍存在机具类型偏少、机具适应性不强、播种质量有待进一步提高等问题。提倡选用能一次性完成旋耕、灭茬、施肥、播种、开沟作业的 2BYM-8 型或同类型播种机，示范推广小麦宽幅精量播种机播种。播种行距以 16~18 cm 为宜；播种深度 3~5 cm。另外，需重视播种机机手的培训，提高机播质量。

1.10 播后镇压

播后镇压不仅具有保墒、提高提高小麦出苗率的作用，还能显著增强小麦越冬期间抗干旱和抗低温冻害的能力[21]。特别是稻茬小麦在秸秆还田条件下旋耕播种，由于没有镇压或镇压效果不好，容易造成失墒、出苗不整齐的问题。要选用带镇压器的播种机播种，随播随镇压，注意镇压质量；没有带镇压器的播种机播种后，要用镇压器镇压。

2 稻茬麦规范化播种技术在生产中应用时应注意的问题

2.1 关于品种选择

本文中提到的品种均为湖北省近年通过审定的小麦品种。在生产实际中，各地可根据实际情况，在多年试验示范的基础上，选择农业技术部门推荐的适合当地种植的品种。

2.2 关于秸秆还田

湖北省已颁布了禁止秸秆焚烧的法律条例，农业部也提出了在“十三五”期间实现农作物秸秆基本还田的指导思想，秸秆还田是一个必然的发展趋势。本文提出的秸秆还田技术是目前在全国稻茬麦产区推荐使用并取得较好效果的技术，但由于前茬作物水稻的秸秆数量较大，秸秆还田的方式方法以及对土壤肥力、后茬作物播种质量及生长发育的影响还需要进行深入的试验研究和示范。

2.3 关于播种期和播种量

本文推荐的稻茬小麦的播种期和播种量适合在正常年景即小麦播种阶段气候正常的情况下使用。湖北省稻茬麦产区特别是中南部稻茬麦产区，小麦播种阶段易遇连阴雨天气，常造成小麦不能适时耕翻整地，播期推迟，播种机械不能下田播种等情形。因此，在非正常年景，要根据灾害性天气的影响程度，适当调整播种期和播种量。

2.4 关于播种方式

长期以来，湖北省稻茬麦的播种方式主要是撒播。近年来，机械旋耕播种和少免耕播种正在大面积推广应用。但机械播种受田间土壤湿度影响较大，如播种阶段降雨量大、前茬作物熟期推迟常导致土壤过湿，机械播种的质量难以保证。在这种情况下，常规撒播甚至免耕撒播作为一种应变措施在局部地区常被采用。播种方式不同，播种量和其他播种技术也应进行适当调整。

参考文献

[1] 《湖北农村统计年鉴》编辑委员会．湖北农村统计年鉴［M］．北京：中国统计出版社，2015.

[2] 郭子平，羿国香，汤颢军，等．大力提升湖北省小麦生产能力的建议［J］．湖北农业科学，2014，53（24）：5928-5930.

[3] 高春保，刘易科，佟汉文，等．湖北省“十一五”小麦生产概况分析及“十二五”发展思路［J］．湖北农业科学，2010，50（11）：2703-2705，2714.
[4] 丁锦峰．稻茬小麦超高产群体形成机理与调控［D］．扬州：扬州大学，2013.
[5] 于振文．全国小麦高产创建技术读本［M］．北京：中国农业出版社，2012.
[6] 杨四军，顾克军，张恒敢，等．影响稻茬麦出苗的关键因子与应对措施［J］．江苏农业科学，2011，39（5）：89-91.
[7] 许为钢，胡琳，王根松，等．小麦品种郑麦 9023 的选育策略对小麦产量育种的思考［J］．河南农业科学，2009，38（9）：14-18.
[8] 陈桥生，张道荣，汤清益，等．中强筋高产小麦新品种——襄麦 25［J］．麦类作物学报，2009，29（4）：738.
[9] 丁开腊，余小清，段保权，等．宜城市 2012—2013 年小麦条锈病自然发病监测分析［J］．湖北植保，2014，25（2）：8-12.
[10] 杨俊杰，王玲，彭传华，等．2014 年湖北小麦赤霉病发生流行特点及防控措施［J］．中国植保导刊，2015，35（6）：40-41.
[11] 朱展望，杨立军，佟汉文，等．湖北省小麦品种（系）的赤霉病抗性分析［J］．麦类作物学报，2014，34（1）：137-142.
[12] 李朝苏，汤永禄，吴春，等．药剂拌种对小麦出苗及病虫防控效果的影响［J］．西南农业学报，2011，24（6）：2197-2201.
[13] 陈俊才，陈船福，孙敬东，等．小麦田水稻秸秆还田技术初探［J］．耕作与栽培，2006，29（6）：25，13.
[14] 余宗波，邹娟，肖兴军，等．湖北省小麦施氮效果及氮肥利用率研究［J］．湖北农业科学，2011，50（5）：911-914.
[15] 余宗波，邹娟，肖兴军，等．湖北省小麦施磷效果及磷肥利用率研究［J］．湖北农业科学，2011，50（7）：1338-1341.
[16] 余宗波，邹娟，鲁剑巍，等．湖北省小麦施钾效果及钾利用效率研究［J］．湖北农业科学．2011，50（8）：1526-1529.
[17] 农业部测土配方施肥技术专家组．长江中下游冬麦区春季科学施肥指导意见［J］．中国农资，2015，30（10）：20.
[18] MAYER J，GUNST L，MäDER P，et al. Productivity，quality and sustainability of winter wheat under longer-term conventional and organic management in Switzerland［J］. European Journal of Agronomy，2015，65：27-39.
[19] 韦宁波，刘易科，佟汉文，等．湖北省小麦适宜播期的叶龄积温法确定［J］．湖北农业科学，2014，53（19）：4529-4532.
[20] 杨帆，王林松．湖北小麦生产全程机械化存在的问题及对策建议［J］．湖北农机化，2015（2）：22-23.
[21] 张迪，王红光，马伯威，等．播后镇压和冬前灌溉对土壤条件和冬小麦生育特性的影响［J］．麦类作物学报，2014，34（6）：787-794.

小麦分蘖成穗规律研究进展*

佟汉文，彭　敏，刘易科，黄玫斑，邹　娟，
朱展望，陈　泠，张宇庆，高春保

摘　要：本文围绕小麦分蘖及其成穗规律，在前人研究基础上，从遗传、动态变化、田间管理措施，以及利用分蘖成穗规律取得高产的技术途径等方面进行了梳理，为小麦的品种选择、耕作管理和高效生产提供参考。

关键词：小麦；分蘖成穗；研究进展

分蘖作为田间管理是否壮苗的重要指标，是影响小麦产量的一个重要性状。根据分蘖是否成穗，小麦分蘖分为有效和无效分蘖。有效分蘖是产量形成的基础，生产上力求减少无效分蘖，多发壮蘖，以提高个体竞争力，进而增加有效分蘖数，提高产量。无效分蘖可给有效分蘖提供营养，在一定条件下也能转化为有效分蘖，对产量起补偿作用。而过多的无效分蘖会造成群体资源的消耗，限制产量的进一步提高。

据报道，我国小麦在生长过程中的无效分蘖高达50%~70%[1,2]，成为阻碍产量提高的重要因子之一。周羊梅等[3]研究表明一级无效分蘖的同化物，主要运送给主茎，二级无效分蘖主要运送给其母蘖，蘖位越低输出的光合产物比例也低。小麦生产中存在优质低耗的最佳茎蘖组合。王思宇等[4]通过剪蘖处理，发现保留主茎和1个分蘖消除了无效分蘖对资源的浪费，减少了内耗，是四川小麦优质、低耗、高产的最佳茎蘖组合。了解小麦分蘖成穗规律，寻求恰当的分蘖动态指标，实现高产田合理群体，是小麦高产高效生产的重要途径之一。

1　小麦分蘖及其成穗规律遗传研究进展

1.1　小麦分蘖遗传研究进展

分蘖是小麦等禾谷类作物重要的生物学特性，主要受主效基因和微效基因的共同控制，表现为典型的数量性状遗传。例如，谢玥[5]研究发现，小麦品系H461的寡分蘖遗传特性不受播期、地点及细胞质的影响，主要由自身遗传物质控制，可能受2对主效核基因和一些微效基因的共同控制，其中1对基因对另1对基因有抑制作用。Janet等[6]

* 本文原载《湖北农业科学》，2017，56（24）：4700-4702，4713。

将 *tb*1（Teosinte Branched1）基因转移到小麦中，可引起小麦分蘖及有效穗数的降低。另有研究发现，小麦 1A 号染色体的短臂上 *ftin* 基因[7]、3A 染色体长臂上的 *tin*3 基因[8]等调控分蘖的发生。小麦 6A 染色体短臂 *Gli-A*6[9]、6B 染色体的 *QTn. mst-6B*[10]等也是影响分蘖数量的基因。

1.2 小麦分蘖成穗遗传研究进展

小麦的分蘖成穗特性直接影响群体结构的形成，是小麦获得高产的基础。同小麦分蘖，小麦的分蘖成穗特性也受到主效和微效基因的共同调控，为典型的数量性状遗传[11]。张倩辉等[12]通过对 3558-2（只有 1~2 个有效分蘖）和京 4841（具有 10~13 个有效分蘖）F_2 世代 537 个单株有效分蘖数目的统计分析，并结合 SSR 标记结果，发现有效分蘖数目受 2 对主基因控制，并且这 2 对主基因具有互作效应，其中 1 对基因具有抑制有效分蘖的作用。杨林等[13]利用完备区间作图方法对小麦冬前分蘖、春季分蘖和单株穗数进行多环境联合 QTL 分析，共检测到 21 个相关的加性 QTL 位点和 30 对加性×加性上位性 QTL。Li 等[14]利用 DH 系和 IF2 群体，以冬前最高分蘖、春季最高分蘖和收获穗数为性状基础，检测到了多个 QTL 位点。而田凡[15]在利用高代自交系构建小麦的 SSR 标记遗传图谱与分蘖数的 QTL 定位中怀疑，小麦分蘖性状相关的 QTL 表达是动态的，具有时间特异性。

2 小麦分蘖成穗的动态变化研究进展

有效穗是小麦产量的主要来源，其形成是群体动态变化的最终结果，要经过出苗—分蘖的发生与消亡—有效穗形成 3 个阶段。小麦进入分蘖期后，分蘖数量不断增加，群体随之增大，在拔节期分蘖数达到高峰。此后由于小麦植株由营养生长向生殖生长的转移，分蘖向两极分化，低位大蘖迅速赶上主茎，最后抽穗成为有效穗，后生的高位小蘖由于营养不足生长缓慢最终死亡而成为无效分蘖。Xu 等[16]研究认为，更易成穗的小麦优势分蘖组拥有更强的旗叶光合能力，更强的灌浆特性和较慢的衰老速度。

不同品种因其遗传特性不同，其分蘖成穗特性有较大差异。将水稻分蘖数量作为质量性状，研究发现 *MOC*1 基因主要在分蘖节处表达，其编码一种核蛋白，启动分蘖芽的发生与发育[17,18]。郝艳玲等[19]对 4 个春小麦分蘖成穗规律的比较研究发现，分蘖的营养生长持续时间相对较短，一级分蘖、二级分蘖生长锥之间呈一定秩序性排列，是产生更多有效分蘖的主要原因。冯素伟等[20]研究认为，弱春性品种分蘖成穗率较高的原因在于群体增加主要集中在年前，越冬后生长发育较快，年后分蘖较少；而多穗型小麦品种百农矮抗 58 前期的分蘖能力较强分蘖多，最终成穗数也多，分蘖成穗率较低。郝艳玲等[21]研究发现，与大穗型和中间型小麦相比，多穗型小麦单株各分蘖的出现和生长存在着更为均匀的协调关系，使得分蘖成穗率较高。惠建等[2]研究得出，宁夏冬小麦分蘖成穗率高的原因在于，小麦越冬过程中停止生长并伴有死蘖现象，能越冬的分蘖基本都能成穗，冬后小麦幼穗分化时间短、茎蘖两极分化早而快，造成单株分蘖较少，而第Ⅰ、第Ⅱ分蘖穗分化差异小，容易成穗，最后的总分蘖成穗数比例反而增大。

3 播期、密度和施肥与小麦分蘖成穗的研究进展

小麦的分蘖成穗主要受品种、气候条件和栽培条件的影响。播期、密度和肥料是小麦生产上较易控制的栽培措施，也是前人研究的热点。适宜播期、适宜的密度和适宜的肥料运筹是小麦高效高产的必要条件。

3.1 播期与分蘖成穗率的研究进展

根据品种特性和生态条件不同，每个品种都有特定的适播期。多数研究得出，在适播期延迟播种，有利于分蘖成穗率的提高。韩金玲等[22]认为，延迟播期不利于高位蘖的发生发育，最终显著降低分蘖数量，提高分蘖成穗率。温红霞等[1]研究发现，随着播期的推迟，分蘖所经历的时间缩短，分蘖力逐渐减弱，分蘖成穗率逐渐提高。张珂等[23]研究发现，随着播期的推迟，总分蘖数和成穗率逐渐减少，在3个播期条件下，3个品种一级分蘖成穗率均为100%，而主茎和其他分蘖随播期的推迟成穗率逐渐降低。惠建等[2]研究得出，随着播期推迟分蘖成穗率提高，因为总的分蘖数减少，而分蘖成穗蘖位相对固定。而王思宇等[24]研究了播期对四川小麦分蘖发生、消亡及成穗特性的影响，发现适期早播有利于第2叶位分蘖发生，降低分蘖消亡率，最终提高成穗率，增加有效穗数和产量。

3.2 密度与分蘖成穗率的研究进展

密度是小麦群体发展的起点，直接决定着分蘖的消长成穗。一般而言，低密度有利于分蘖及其成穗，高密度由于营养和空间所限不利于分蘖的发生。不同的研究者在不同的生态条件下用不同的小麦品种研究密度与分蘖成穗的关系，得出了不同的结论。惠建等[2]研究宁夏冬小麦发现，与播期相比较，密度对分蘖成穗率的调节作用不大。而董静等[25]研究湖北弱春小麦得出，密度对分蘖成穗有极强的正效应。吴晓丽等[26]研究四川小麦发现，与基因型相比，密度对成穗数的影响更大。

3.3 施肥与分蘖成穗率的研究进展

根据生态条件、产量水平和品种的需肥特性，合理的施肥量能促进分蘖的发生，过少或过多均不利于分蘖进行，同时氮、磷、钾必须合理地配比施用，才能取得最佳效果[27]。小麦基因型与氮肥对小麦的分蘖有互作效应[28]。在较低肥力水平的土壤中持续施入不同配比的有机、无机肥料具有明显的提高冬小麦分蘖数及分蘖成穗数的作用，并可促进低位蘖的生长与成穗[29]。秸秆还田配合氮肥以5：5或7：3的底、追肥比例施用有利于小麦主茎分蘖和群体生长发育协调进行[30]。

4 利用小麦分蘖成穗规律，提高小麦产量的技术途径

不同的生态条件、土壤环境、栽培方式以及品种特性等，均影响小麦分蘖及成穗和产量的提高。春性品种与冬性及半冬性品种相比，分蘖所经历的时间短，因此在晚播的情况下，春性品种的自我调节能力较强[1]。选择适宜的小麦品种，保持70%~80%土壤相对含水量，适施基肥、适期播种，播深3~4 cm，冬前追肥和返青后喷施肥保证良好的肥水条件，能增加小麦的出苗、分蘖和成穗率，实现增产[31]。

4.1 有效分蘖数的提高途径

有效分蘖是产量的重要组成部分，提高分蘖成穗数是提高小麦产量的一个重要途径。季书勤等[32]研究不同产量（每公顷产9 000 kg与7 500 kg）水平下多穗型品种的群体动态变化时发现，基本苗一致，冬前苗数相差不大，起身期群体前者略低于后者，到挑旗后则前者每公顷成穗数高于后者163.5万，成穗率分别为49.6%和40.5%，因此起身至挑旗期是小麦分蘖是否成穗的关键期。张维城等[33]研究发现，有效分蘖终止期采取深中耕与镇压相结合的控制措施，是小麦高产、超高产综合配套技术的一项核心内容，认为这项控制措施可以使有效分蘖与无效分蘖间形成一个“断档”阶段，强化了早生大蘖的优势地位，减少并弱化了无效分蘖，提高有效蘖整齐度和分蘖成穗率，最终使得产量和经济系数显著提高。而张珂等[23]研究发现，“洛麦”冬前分蘖较多，造成养分流失，通过冬前控蘖，增加胚芽鞘蘖和第三、第四分蘖的成穗，是“洛麦22”产量提高的重点。

4.2 协调有效分蘖数与其他产量性状的关系

分蘖的数量和质量对于小麦高产均具有重要意义。高产麦田一般要求分蘖早生快发，以利于成穗，分蘖过多容易造成群体通风透光不良，分蘖过少则群体数量不够。而生产上并非有效分蘖或分蘖成穗率越多越好，过多的有效分蘖导致不孕小穗数增加，穗粒数、单穗重降低。研究表明分蘖死亡率与单株成穗数、单位面积成穗率呈极显著负相关，对不孕小穗和单穗穗粒数均有显著性影响[34]。在高产实践中，通过控制有效分蘖来减少不孕小穗数以达到提高穗粒数和单穗重的目的[35]。陈金平[36]研究了豫南稻茬小麦分蘖成穗规律，指出栽培管理上应走主茎成穗为主，争取部分分蘖成穗的途径。对于大多数品种，拔节期追肥最好[37]。如返青期追肥，由于追肥过早造成小麦早期长势过旺，后期肥料流失较多，加上春季分蘖多耗肥量大，因而后期有些供肥不足，会导致穗粒数、成穗数及产量降低。对于分蘖成穗能力弱的品种，茎蘖穗粒数更易受密度的影响，增施氮肥可明显改善分蘖成穗率和茎蘖穗粒数，提高产量[38]。

参考文献

[1] 温红霞，吴少辉，段国辉，等．播期对不同习性小麦品种分蘖成穗规律的影响［J］．河南

农业科学，2007，3：37-38.

[2] 惠建，袁汉民．宁冬11号小麦茎蘖成穗规律研究［J］．农业科学研究，2012，33（1）：31-35.

[3] 周羊梅，郭文善，封超年，等．小麦无效分蘖[14]C光合产物的运转与分配［J］．作物学报，2005（12）：139-141.

[4] 王思宇，樊高琼，胡雯媚，等．四川小麦分蘖冗余及理想群体构成研究［J］．麦类作物学报，2017，37（2）：232-237.

[5] 谢玥，龙海，侯永翠，等．小麦寡分蘖材料H461分蘖性状的遗传分析［J］．麦类作物学报，2006，26（6）：21-23.

[6] LEWIS J M，MACKINTOSH C A，SHIN S，et al. Overexpression of the maize T*eosinte Branched*1 gene in wheat suppresses tiller development［J］. Plant Cell Reports，2008，27：1217-1225.

[7] ZHANG J P，WU J，LIU W H，et al. Genetic mapping of a fertile tiller inhibition gene，*ftin*，in wheat［J］. Molecular Breeding，2013，31：441-449.

[8] KURAPARTHY V，SOOD S，DHALIWAL H S，et al. Identification and mapping of a tiller inhibition gene（*tin*3）in wheat［J］. Theoretical and Applied Genetics，2007，114：285-294.

[9] LI W L，NELSON J C，CHU C Y，et al. Chromosomal locations and genetic relationships of tiller and spike characters in wheat［J］. Euphytica，2002，125：357-366.

[10] NARUOKA Y，TALBERT L E，LANNING S P，et al. Identification of quantitative trait loci for productive tiller number and its relationship to agronomic traits in spring wheat［J］. Theoretical and Applied Genetics，2011，123：1043-1053.

[11] 李娜娜，田奇卓，王树亮，等．两种类型小麦品种分蘖成穗对群体环境的响应与调控［J］．植物生态学报，2010，34（3）：289-297.

[12] 张倩辉，张晓科，刘伟华，等．小麦有效分蘖数的遗传分析［J］．麦类作物学报，2008，28（4）：573-576.

[13] 杨林，邵慧，吴青霞，等．小麦分蘖数和单株穗数QTL定位及上位性分析［J］．麦类作物学报，2013，33（5）：875-882.

[14] LI ZHUOKUN，PENG TAO，XIE QUANGANG，et al. Mapping of QTL for tiller number at different stages of growth in wheat using double haploid and immortalized F2 populations［J］. Journal of Genetics，2010，89：409-415

[15] 田凡．利用高代自交系构建小麦的SSR标记遗传图谱与分蘖数的QTL定位［D］．成都：四川农业大学，2015.

[16] XU H C，CAI T，WANG Z L，et al. Physiological basis for the difference of productive capacity among tillers in winter wheat［J］. Journal of Integrative Agriculture，2015，14（10）：1958-1970.

[17] LI X Y，QIAN Q，FU Z M，et al. Control of tillering in rice［J］. Nature，2003，422：618-620.

[18] 张吉贞．水稻MOC1基因启动子的克隆与诱导物的筛选［D］．儋州：华南热带农业大学，2005.

[19] 郝艳玲，罗培高，任正隆．四个春小麦分蘖成穗规律的比较研究［J］．中国农学通报，2005（12）：138-141.

[20] 冯素伟，胡铁柱，姜小苓，等．小麦高产品种的主要性状比较与相关性分析［J］．河南科

技学院学报，2012，40（6）：1-6.
[21] 郝艳玲，张紫晋，栗永英，等．西南麦区高产多穗型小麦单株分蘖特征研究［J］．核农学报，2016，30（11）：2248-2257.
[22] 韩金玲，杨晴，王文颇，等．播期对冬小麦茎蘖幼穗分化及产量的影响［J］．麦类作物学报，2011，31（2）：303-307.
[23] 张珂，孟丽梅，杨子光，等．播期对小麦新品种“洛麦22”生育规律影响研究［J］．中国农学通报，2012（18）：36-39.
[24] 王思宇，荣晓椒，樊高琼，等．播期对四川小麦分蘖发生、消亡及成穗特性的影响［J］．麦类作物学报，2017，37（5）：656-665.
[25] 董静，李梅芳，许甫超，等．播期和密度对小麦新品种鄂麦596群体性状及产量的影响［J］．湖北农业科学，2010，49（7）：1562-1566.
[26] 吴晓丽，包维楷．基因型及播种密度对冬小麦分蘖期生长、生物量分配及产量的影响［J］．应用与环境生物学报，2011，3：369-375.
[27] 吴平华，张志峰，李德智，等．氮、磷、钾肥施用比例对潮土地小麦分蘖、倒伏及产量的影响［J］．湖北农业科学，2005，5：78-79.
[28] PAL M S，ZHANG G P，CHEN J X. Influence of genotypes and nitrogen fertilization on leaf morphogenesis and tillering behaviors in winter wheat［J］. Journal of Triticeae Crops，2000，20（1）：28-33.
[29] 宋永林．不同肥料配比对冬小麦分蘖及成穗影响［J］．北京农业科学，1997，15（4）：20-23，33.
[30] 李淑华．秸秆还田配合氮肥施用对小麦产量及分蘖的影响［J］．安徽农业科学，2013，41（23）：9583-9584，9627.
[31] 吉明发．提高成穗率实现小麦增产的技术试验研究［J］．农业科技通讯，2016，10：97-99.
[32] 季书勤，赵淑章，吕凤荣，等．多穗型小麦品种公顷产9 000 kg主要技术指标及关键技术［J］．麦类作物学报，2001，21（1）：55-59.
[33] 张维城，王志和，任永信，等．有效分蘖终止期控制措施对小麦群体质量影响的研究［J］．作物学报，1998，24（6）：903-907.
[34] 祝新建，张红卫，闫小珍．冬小麦分蘖死亡率与产量结构关系研究［J］．气象与环境科学，2007，30（1）：72-75.
[35] 张晶，张定一，王姣爱，等．小麦单株有效分蘖数与农艺性状的相关性研究．山西农业科学，2009，37（6）：17-19，26.
[36] 陈金平．豫南稻茬麦区小麦生态条件研究［J］．中国农学通报，2009，25（21）：156-160.
[37] 周忠新，刘飞，孔令国，等．氮肥后移对不同类型小麦品种生长及产量的影响［J］．安徽农业科学，2016，44（21）：36，97.
[38] 杨东清．细胞分裂素参与氮素调控小麦分蘖发育的作用机制及构建合理群体结构的化控途径［D］．泰安：山东农业大学，2016.

湖北稻茬小麦主茎、分蘖1、分蘖2和分蘖3的成穗率、产量贡献率及主要农艺性状分析*

佟汉文，彭　敏，朱展望，刘易科，陈　泠，
邹　娟，张宇庆，余　辉，高春保

摘　要：本研究以大穗型小麦品种川麦104和多穗型小麦品种扬麦15为材料，于2016—2018两年度在湖北十堰和武汉两地稻茬麦大田条件下，设置低（135万~165万株/hm^2）、中（285万~315万株/hm^2）、高（435万~465万株/hm^2）3种种植密度，分析了成穗主茎（S）、分蘖1（T1）、分蘖2（T2）和分蘖3（T3）（按出现先后顺序）的成穗率、产量贡献率及相关农艺性状的表现。研究发现，湖北稻茬小麦成穗茎蘖农艺性状表现值偏低，除穗长和茎高受品种的影响最大外，其他检测性状受影响程度为：蘖位>密度>品种。在主茎均能成穗的情况下，分蘖成穗率随蘖位和密度的升高而降低，大穗型品种川麦104的降幅大于多穗型品种扬麦15。主茎产量贡献率随密度的升高而升高（35.12%~54.50%），分蘖1产量贡献率稳定在23.25%~25.50%，而分蘖2和分蘖3的产量贡献率随密度升高而降低，分别为14.59%~23.22%和5.42%~16.77%。主茎的穗粒数（35.94~44.13粒）和穗粒重（1.44~1.93 g）显著高于其分蘖，茎高、茎蘖收获指数和穗茎节长只在川麦104中密度、高密度下分蘖3与其他茎蘖差异显著；穗长、可孕小穗数和不孕小穗数也有随蘖位和密度升高而变劣的趋势。基于以上性状数据的聚类分析得出，以主茎成穗为主体，低密度下增加分蘖1+分蘖2，争取分蘖3成穗为辅；中密度下争取分蘖1+分蘖2成穗为辅；而高密度下争取分蘖1成穗为辅，为湖北稻茬小麦绿色高效生产模式。

关键词：湖北稻茬小麦；成穗茎蘖；产量贡献率；农艺性状；聚类分析

稻麦轮作是亚洲特别是我国长江中下游地区重要的轮作制度之一，在粮食生产中占有重要地位。湖北省位于长江中游，稻茬小麦面积60万hm^2左右，占该省小麦播种面积50%以上，但单产水平通常低于旱茬麦，主要原因在于稻茬麦单位面积穗数明显低于旱茬麦[1]。同时，生产中一般播量偏大，公顷苗数（种植密度）因天气原因时常偏离正常值（300万株）的50%左右，分布在150万~450万株。小麦的分蘖特性虽一定程度上能够调控种植密度的偏离[2]，但成穗期单位面积相对固定的穗容量导致茎蘖的成穗率、产量及其性状不同。分蘖的发生顺序与成穗特性密切相关，并对群体的发展和产量的形成有着重要影响。张晶[3]等研究表明，小麦主茎和低位蘖穗粒数、千粒重及产量均高于高位蘖。齐新华[4]研究发现，稻茬麦田公顷苗数300万~375万株时，利用

* 本文原载《麦类作物学报》，2020，40（2）：177-184。

两个或两个以上单株分蘖成穗可以实现 6 750~7 500 kg 的产量。赵广才等[5]依据形态指标和产量形成功能，提出多穗型高产小麦主茎和一级分蘖的 1、2、3 蘖称为“优势蘖组”，是小麦超高产栽培利用的主体。侯慧芝等[6]研究认为，干旱灌区冬小麦至少有1/3的分蘖是冗余的。而王思宇等[7]发现保留主茎和 1 个分蘖，是四川小麦优质、低耗、高产的最佳茎蘖组合。

作为我国小麦主产省之一，湖北小麦有关分蘖的研究鲜有报道。为了解湖北稻茬小麦成穗茎蘖的性状表现，探索主茎和分蘖的合理利用途径，本文选择两个基因型小麦品种，于 2016—2018 年在湖北十堰和武汉两地稻茬麦大田生产条件下研究了 3 种种植密度下茎蘖的成穗率、产量贡献率及主要相关农艺性状表现，为小麦构建合理群体，实现湖北稻茬小麦绿色高效生产提供依据，也为其他稻茬麦区生产提供参考。

1 材料与方法

1.1 材料

以大穗型小麦品种川麦 104 和多穗型小麦品种扬麦 15 为材料。川麦 104 由四川省农业科学院作物所汤永禄研究员提供，在四川 6 个环境下平均公顷产量 7 703. 3 kg、公顷穗数 410. 3 万、穗粒数 41. 2 粒、千粒重 48. 7 g、单株分蘖数 2. 1 个、株高 87. 5 cm[8]。扬麦 15 由淮滨县丰田园种业有限公司王中海经理提供，高产（8 395. 5 kg/hm^2）群体组成为：公顷穗数 477. 0 万个，穗粒数 41 粒，千粒重 43. 7 g、穗长 8. 9 cm、单穗重 2. 28 g，株高 77. 4 cm，穗茎节长 27. 7 cm[9]。

1.2 方法

试验于 2016—2018 两年度在湖北十堰市六里坪和武汉南湖稻茬大田环境实施。六里坪基础地力较差，pH 值 5. 78，有机质 13. 73 g/kg，碱解氮 75. 5 mg/kg，速效磷 19. 9 mg/kg，速效钾 145. 8 mg/kg，全氮 0. 109 3%，全磷 0. 053 6%，全钾 1. 715%；南湖基础地力较好，pH 值 6. 34，有机质 40. 91 g/kg，碱解氮 43. 7 mg/kg，速效磷 56. 66 mg/kg，速效钾 178. 00 mg/kg，全氮 0. 308%，全磷 0. 116 2%。设置低（135 万~165 万株/hm^2）、中（285 万~315 万株/hm^2）和高（435 万~465 万株/hm^2）3 个种植密度。小区面积 8. 8 m^2，行长 4 m，行距 0. 22 m，10 行区，裂区设置，3 次重复。田间管理同大田生产。

根据生产实践经验和以往研究[10-11]，湖北小麦单株成穗数在 1~3 个，因此在小麦三叶期定点数基本苗时，每小区设定 15 个单株，按分蘖出现顺序分别挂牌标记 4 个茎蘖，分别为主茎、分蘖 1、分蘖 2 和分蘖 3（此后分蘖不做分析），组成单株系统，供研究分析。成熟期单株收获后按不同茎蘖进行考种，主要考察性状包括穗长、可孕小穗数、不孕小穗数、穗粒数、穗粒重、其他干物质重、穗茎节长。其中成穗率（%）= 成穗茎蘖数/15×100；收获指数（%）= 穗粒重/(穗粒重+其他干物质重）×100；产量贡献率（%）=穗粒重×成穗率/∑（穗粒重×成穗率）×100。

运用 Microsoft Excel 进行数据计算与作图，DPS7.05 进行方差和聚类分析。

2 结果与分析

2.1 湖北稻茬小麦成穗茎蘖性状值概况与差异

湖北稻茬小麦主茎、分蘖1、分蘖2和分蘖3性状值的统计及方差分析结果列于表1。由表1可知，茎蘖成穗率平均值较高73.80%，分布为20.00%~100.00%；穗粒重分布为0.73~1.93 g，平均值为1.26 g；穗粒数分布为18.16~44.13粒，平均31.70粒；穗长分布为6.63~10.21 cm，平均为8.14 cm；茎高分布为59.48~82.29 cm，平均73.22 cm；穗茎节长分布为13.17~27.30 cm，平均为24.03 cm。茎蘖成穗率的变异系数在检测性状中最大，为31.64%；其次是穗粒重、穗粒数、不孕小穗数和可孕小穗数，变异系数在16.04%~25.65%；而穗茎节长、穗长、收获指数和株高的变异系数相对较小，分别为14.8%、12.58%、11.01%和8.25%，这与方差分析结果（*F*值）基本吻合。

方差分析结果表明，除穗长和茎高受品种的影响最大外，其他检测性状受蘖位的影响最大，且密度的影响大于品种。同时，蘖位对茎蘖成穗率的影响最大，达到了极极显著性水平，其次是穗粒重、穗粒数、可孕小穗数和不孕小穗数，也达到了极极显著性水平，而对收获指数、穗长、茎高和穗茎节长的影响呈显著性差异。茎蘖成穗率除受蘖位、密度和品种的影响外，还受到3个单因素间互作的影响，分别达到了极显著和显著性水平。

表1 主茎、分蘖1、分蘖2和分蘖3的成穗率及成穗茎蘖主要农艺性状的统计和方差（*F*值）分析

类别	茎蘖成穗率/%	穗粒重/g	穗粒数/粒	不孕小穗数/个	可孕小穗数/个	收获指数/%	穗长/cm	茎高/cm	穗茎节长/cm
最小值	20.00	0.73	18.16	2.91	8.50	26.57	6.63	59.48	13.17
最大值	100.00	1.93	44.13	6.59	17.48	46.17	10.21	82.29	27.30
平均值	73.80	1.26	31.70	4.44	14.39	42.66	8.14	73.22	24.03
变异系数（%）	31.64	25.65	22.56	19.38	16.04	11.01	12.58	8.25	14.89
蘖位	339.10***	65.42***	44.66***	31.37***	46.02***	8.83*	7.09*	4.89*	7.49*
密度	152.80***	30.37***	22.37**	4.32	22.68**	1.29	8.45*	0.79	1.26
品种	36.94***	8.54*	0.13	2.42	10.73*	0.68	32.33**	15.12**	1.20
蘖位×密度	22.45***	0.46	0.47	0.68	1.87	0.83	0.61	1.02	0.81

（续表）

类别	茎蘖成穗率/%	穗粒重/g	穗粒数/粒	不孕小穗数/个	可孕小穗数/个	收获指数/%	穗长/cm	茎高/cm	穗茎节长/cm
蘖位×品种	5.76*	0.60	0.29	1.84	0.13	2.71	1.62	2.34	5.52*
密度×品种	5.90*	3.81	2.97	0.86	5.58*	0.96	4.66	2.81	0.69

注：* 表示 $P<0.05$；** 表示 $P<0.01$；*** 表示 $P<0.001$。

2.2 湖北稻茬小麦不同茎蘖的成穗率

湖北稻茬小麦蘖位、密度和品种对茎蘖成穗率的影响如图 1 所示，在主茎均能 100.00%成穗的情况下，分蘖成穗率随蘖位和密度的提高均呈下降趋势，大穗型小麦品种川麦 104 下降幅度明显高于多穗型小麦品种扬麦 15。如川麦 104 和扬麦 15 分蘖 1、分蘖 2 和分蘖 3 的平均成穗率分别为 76.44%、61.93%、42.63%和 81.68%、73.26%、54.48%，低密度、中密度、高密度下分别为 86.49%、67.17%、57.08%和 88.04%、76.04%、67.98%。

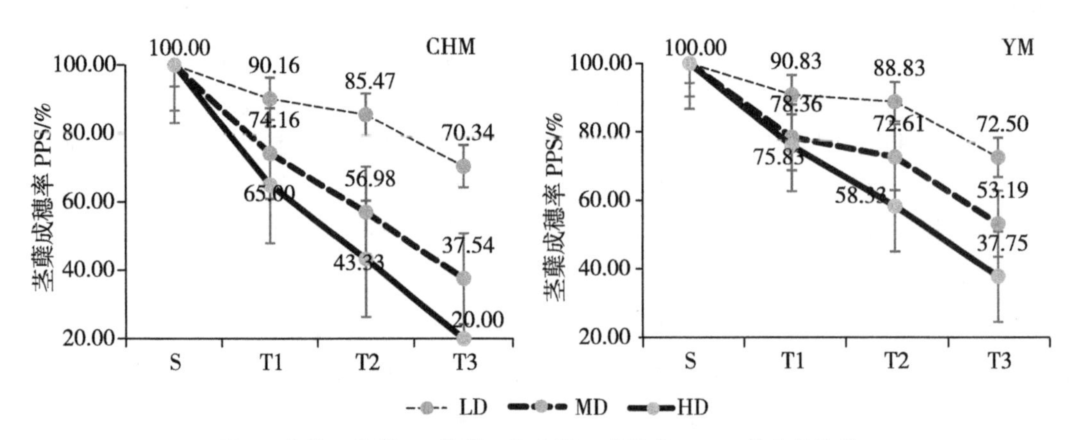

图 1 主茎、分蘖 1、分蘖 2 和分蘖 3 成穗率（%）的变化趋势

（CHM. 川麦 104；YM. 扬麦 15；LW. 低密度，135 万～165 万株/hm²；MD. 中密度，285 万～315 万株/hm²；HD. 高密度，435 万～465 万株/hm²；S. 主茎；T1. 分蘖 1；T2. 分蘖 2；T3. 分蘖 3。下同）

2.3 湖北稻茬小麦茎蘖的产量贡献率

主茎产量贡献率优势明显，且随密度的增加而增加；低密度下，川麦 104 的主茎优势略低于扬麦 15，而中、高密度下川麦 104 的主茎产量贡献率明显高于扬麦 15。分蘖 1 的产量贡献率稳定在 23.25%～25.50%，且两品种均为高密度>低密度>中密度。分蘖 2 和分蘖 3 的产量贡献率变异趋势与主茎正好相反，均随密度的增加呈下降趋势，且同等密度下扬麦 15 高于川麦 104（图 2）。

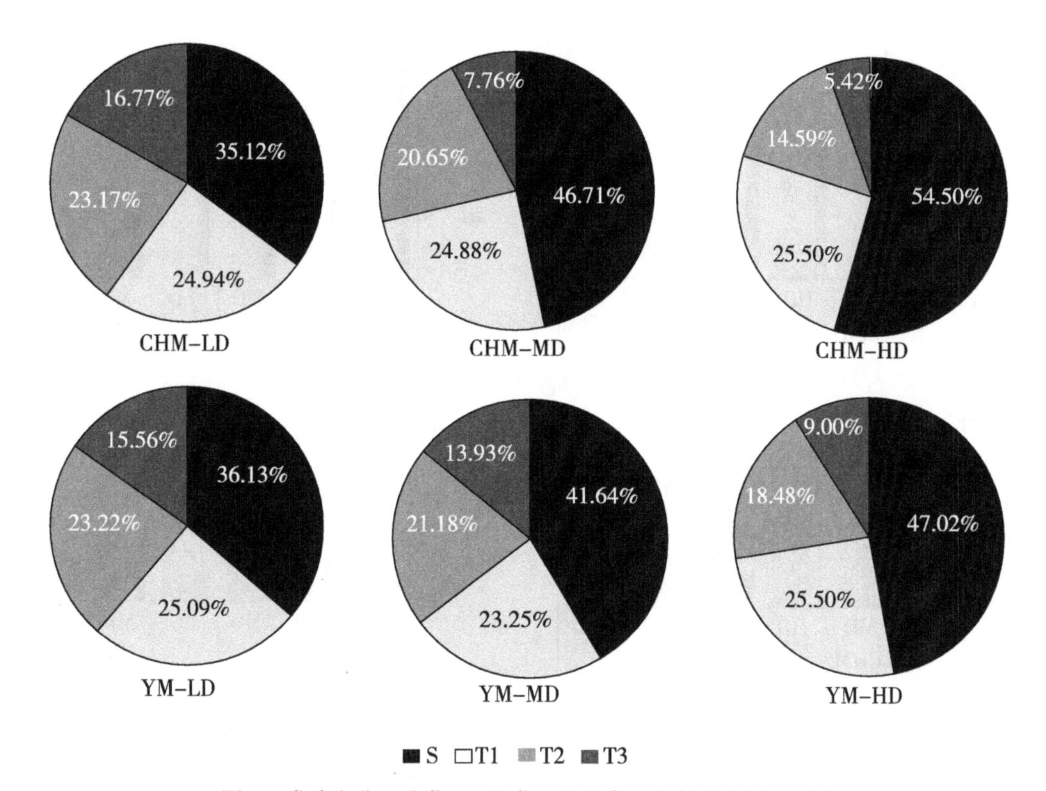

图2　成穗主茎、分蘖1、分蘖2和分蘖3籽粒产量的贡献率

2.4　湖北稻茬小麦成穗茎蘖主要农艺性状表现

小麦籽粒产量是由多个性状相互作用的结果，图3给出了川麦104和扬麦15三种密度下茎蘖穗粒数、穗粒重和可孕小穗数等性状表现。结果表明，穗粒数和穗粒重随蘖位的升高呈降低趋势；主茎与分蘖间的差异均达到了显著水平；分蘖1和分蘖2间的差异没有达到显著水平；而分蘖2和分蘖3间的差异，川麦104在中高密度下显著，扬麦15穗粒数在高密度下、穗粒重在低密度下差异显著。可孕小穗数与不孕小穗数的变异趋势相反，随蘖位的升高而降低，前者主茎、分蘖1和分蘖2间的差异不显著，但均与分蘖3差异显著；后者两个品种茎蘖间的差异正好相反，川麦104只有低密度下、扬麦15中高密度下主茎与分蘖间的差异呈显著性水平。穗长和茎高虽主茎优势明显，但川麦104仅在中高密度下，扬麦15仅有穗长在高密度下主茎、分蘖1和分蘖2与分蘖3间的差异显著。相比上述性状，收获指数与穗茎节长在茎蘖间的差异较小，主茎优势不明显，仅有川麦104在中密度和高密度下分蘖3显著低于其他茎蘖。

川麦104和扬麦15在湖北稻茬田的农艺性状值较低，明显低于高产群体[8-9]。如川麦104低密度下主茎穗粒数为44.13粒，其余均在40粒以下；扬麦15平均穗粒数（31.88）与川麦104（31.52）相差不大，也仅有主茎低、中密度下超过40粒。扬麦15穗长、穗茎节长和茎高分布相对集中，平均穗长7.55 cm，分布在6.84~8.19 cm；

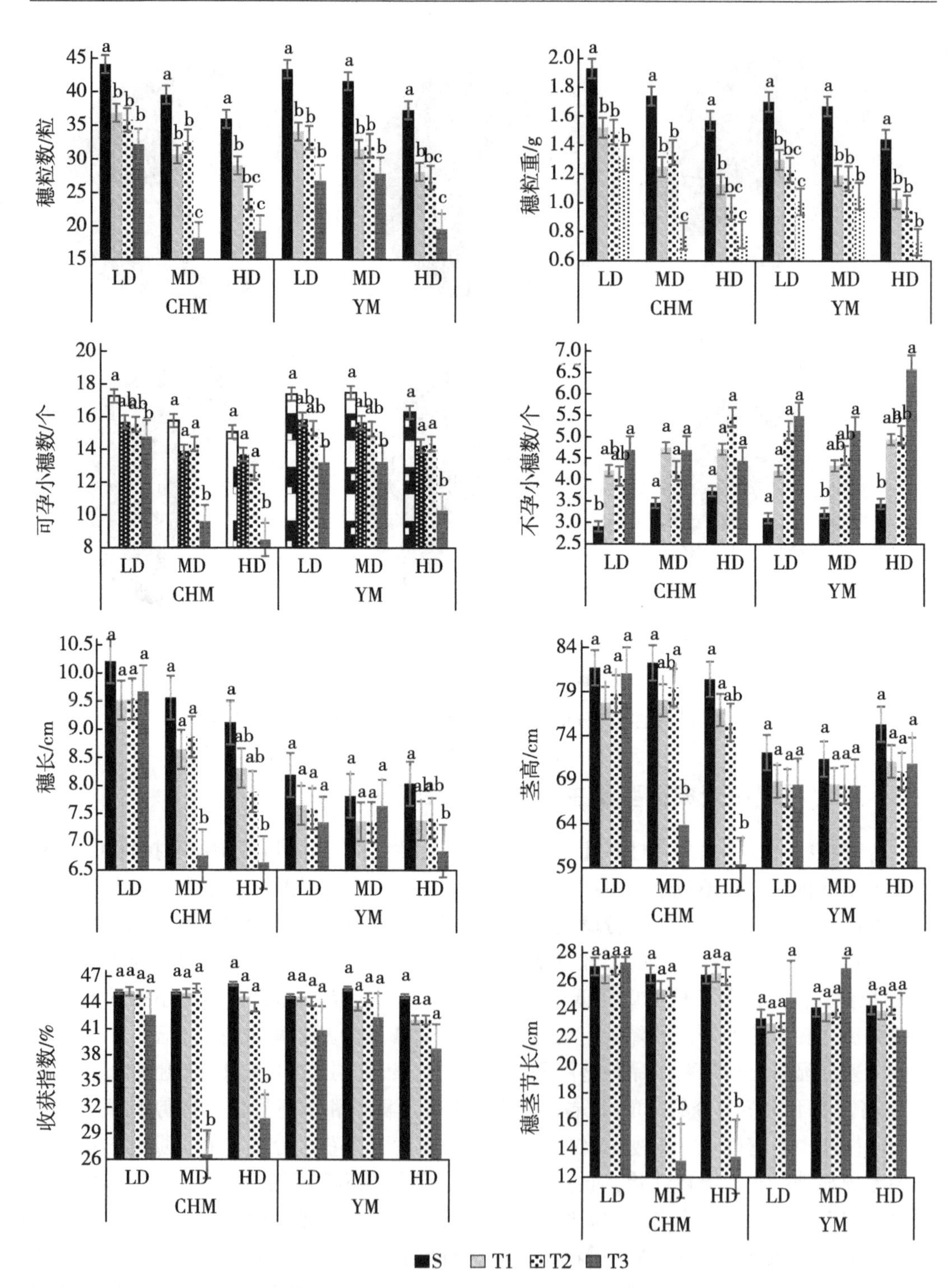

图 3　成穗主茎、分蘖 1、分蘖 2 和分蘖 3 的主要农艺性状表现

（不同小写字母表示在 0.05 水平上差异显著）

平均茎高 70. 15 cm，分布为 68. 14~75. 32 cm；穗茎节长平均为 24. 01 cm，分布为 22. 54~26. 93 cm。而川麦 104 平均穗长 8. 73 cm，分布在 6. 63~10. 21 cm；平均穗茎节长 24. 28 cm，分布在 13. 17~27. 30 cm；平均茎高 76. 29 cm，分布于 59. 48~82. 29 cm。

2. 5 湖北稻茬小麦成穗茎蘖的聚类分析

合理利用主茎和分蘖成穗，有助于湖北稻茬小麦的绿色高效生产。为指导生产，把上述成穗茎蘖的性状值用类平均法（UPGMA）进行聚类分析，结果如图 4 所示。在欧式距离 24. 22 处聚为三类。“主茎”和“低密度分蘖 1、分蘖 2”聚为一类，为产量的主要组成部分，称为“优势组”；“低密度分蘖 3”“中密度分蘖 1 和分蘖 2”“扬麦 15 中密度分蘖 3 和高密度分蘖 2”聚为一类，为产量的有效补充部分，称为“中势组”；“高密度分蘖 3”“川麦 104 中密度分蘖 3 和高密度分蘖 2”聚为一类，为可争取的产量组分，可称为“弱势组”。

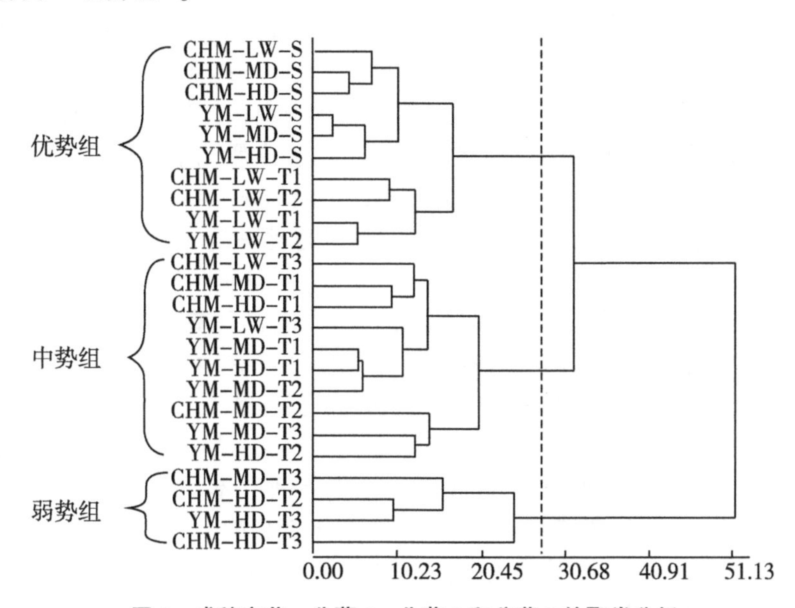

图 4 成穗主茎、分蘖 1、分蘖 2 和分蘖 3 的聚类分析

3 结论与讨论

本研究结果表明，湖北稻茬小麦穗粒重、穗粒数、穗长、穗茎节长等农艺性状值偏低，变异系数较高。与庄巧生[12]对大穗型、中间型和多穗型小麦品种划分标准不同，本研究中除穗长和茎高受品种的影响最大外，茎蘖成穗率、穗粒数、穗粒重、可孕小穗数、不孕小穗数、收获指数和穗茎节长等性状受影响程度均为蘖位>密度>品种。小麦分蘖是典型的数量遗传性状，基因型决定分蘖能力和分蘖发生顺序，而外部环境条件也对茎蘖成穗率、产量贡献率以及成穗茎蘖性状间有重要影响。除收获指数和穗茎节长外，其他测试性状主茎优势明显，茎蘖成穗率随蘖位和密度的升高而降低。主茎产量贡献率随密度增加而增加，分蘖 1 相对稳定，而分蘖 2 和分蘖 3 随密度的增加而减少，大穗型品种这种趋势更为明显。测定性状虽有随蘖位升高而变劣的趋势，但在分蘖 1 和分蘖 2 间、以及低密度下与分蘖 3 的差异均不显著，中高密度下大穗型品种川麦 104 分蘖 3 与其他茎蘖间的差异均达到显著水平，多穗型品种扬麦 15 性状在茎蘖间的变异较小。聚类分析把两品种三密度下的茎蘖分成三类，即所有的主茎、低密度下的分蘖 1 和分蘖 2 聚为“优势分蘖组”，高密度下分蘖 3、川麦 104 中密度下分蘖 3 和高密度下分蘖 2 聚为“弱势分蘖组”，其他聚为“中势分蘖组”。本研究中的穗茎节长[9,13]最大值以及收获指数[14]（由于湖北小麦冬季一直处于缓慢生长中，且在拔节期前后常遇连阴雨，无效分蘖及下部叶片易于泥土混杂腐烂，因此本研究中成熟期取样计算所得单茎的收获指数高于正常值）低于其他省份稻茬小麦高产群体，因此，穗茎节长较长、收获指数较高的小麦品种可能是今后湖北稻茬小麦选择和培育的方向，有待进一步分析。

合理的群体结构是小麦高产稳产的重要保障。已有研究表明，小麦群体质量受分蘖组成的影响，茎蘖间由于形成时间不同呈现不均一发育，其成穗机会和产量等性状存在明显的差异，低位蘖的生产能力优于高位蘖，具体表现在低位蘖拥有较多的可孕小穗数、穗粒数、穗粒重和较少的不孕小穗数[15-16]，这在本研究中也得到了证实。本研究还发现，主茎成穗率虽不受品种和密度的影响，均能 100%成穗，但产量贡献率随密度的增加而增加（35. 12%~54. 50%）。相反，分蘖的成穗率随蘖位和密度的升高而降低，这与李永庚等[17]研究结果相一致。本研究中分蘖 1 产量贡献率相对稳定在 25. 00%左右，受密度和品种的影响较小，为首次发现，这可能与品种基因型、种植密度或稻茬麦等不同生产条件下主茎与分蘖间的营养竞争及同化物分配有关，有待进一步分析。

合理的茎蘖组合是小麦绿色高效生产的基础。侯慧芝[6]等发现去除主茎增产的原因在于破坏了“顶端优势”，使植株能整齐地产生分蘖，从而缩小了个体间竞争差异。本研究是在主茎不受损的情况下，分析两个基因型品种在不同密度下成穗茎蘖的组成，发现川麦 104 和扬麦 15 低密度下均以主茎、分蘖 1 和分蘖 2 成穗为主体，分蘖 3 成穗为辅；中高密度下均以主茎成穗为主体，而辅助分蘖成穗则因品种而异，如川麦 104 中密度下分蘖 1 和分蘖 2 成穗为辅，高密度下以分蘖 1 成穗为辅；而扬麦 15 中密度下则以分蘖 1、分蘖 2 和分蘖 3 成穗为辅，高密度下以分蘖 1 和分蘖 2 成穗为辅。辅助分蘖发生成长期是无效分蘖开始期与有效分蘖终止期之间的重叠时期，是否成穗及成穗性状因外部环境条件变化很大。因此，湖北稻茬小麦生产中，依品种和密度，即低密度下分蘖 3，大穗型品种中密度下分蘖 1 和分蘖 2、高密度下分蘖 3，多穗型品种中密度下分蘖 1、分蘖 2 和分蘖 3，高密度下分蘖 1 和分蘖 2 等辅助分蘖发生成长期，注意排灌和追肥等，制定合理的栽培措施以促使分蘖成穗，有助于实现绿色高效生产。

致谢：感谢四川省农业科学院作物研究所汤永禄研究员、李朝苏副研究员和刘淼博士在试验设计、数据处理及论文撰写方面的指导！

参考文献

[1] 于振文.全国小麦高产高效栽培技术规程[M].济南：山东科学技术出版社，2015.

[2] SPINK J，SEMERE T，SPARKES D L，et al. Effect of sowing date on the optimum plant density of winter wheat [J]. Annals of Applied Biology，2000，137：179-188.

[3] 张晶，王姣爱，党建友，等.冬小麦主茎及分蘖籽粒产量和品质的差异[J].麦类作物学报，2010，30（3）：526-528.

[4] 齐新华，田奇卓，董庆裕，等.稻茬冬小麦分蘖成穗特性的研究[J].山东农业大学学报，1997，28（2）：167-172.

[5] 赵广才.小麦优势蘖利用超高产栽培技术研究[J].中国农业科技导报，2007，9（2）：44-48

[6] 侯慧芝，黄高宝.干旱灌区冬小麦分蘖冗余的研究[J].中国生态农业学报，2009，17（3）：522-526.

[7] 王思宇，吴舸，樊高琼，等.四川小麦分蘖冗余及理想群体构成研究[J].麦类作物学报，2017，37（2）：232-237.

[8] 李俊，万洪深，杨武云，等.小麦新品种‘川麦104’的遗传构成分析[J].中国农业科学，2014，47（12）：281-2291.

[9] 朱冬梅，马谈斌，程顺和，等.‘扬麦15’超高产群体特征及栽培技术[J].农技服务，2007，24（10）：6.

[10] 张宇庆，黄荣华，庄宗英，等.郑麦9023的高产群体结构及栽培技术[J].湖北农业科学，2005，3：31-32.

[11] 许甫超，李梅芳，董静，等.高产优质小麦新品种鄂麦006配套栽培技术研究[J].现代农业科技，2017，21：6-7，9.

[12]《庄巧生论文集》编委会.庄巧生论文集[M].北京：中国农业出版社，1999.

[13] 杜永，王艳，王学红，等.稻麦两熟区超高产小麦株型特征研究[J].麦类作物学报，2008，28（6）：1075-1079.

[14] 卢百关，杜永，李筠，等.黄淮地区稻茬小麦超高产群体特征研究[J].中国生态农业学报，2015，23（1）：43-51.

[15] LI Z K，PENG T，XIE Q G，et al. Mapping of QTL for tiller number at different stages of growth in wheat using double haploid and immortalized F2 populations [J]. Journal of Genetics，2010，89（4）：409-415.

[16] XU H C，CAI T，WANG Z L，et al. Physiological basis for the difference of productive capacity among tillers in winter wheat [J]. Journal of Integrative Agriculture 2015，14（10）：1958-1970.

[17] 李永庚，于振文，姜东，等.超高产冬小麦拔节期分蘖间^{14}C同化物分配及分蘖成穗特性的研究[J].作物学报，2001，27（4）：517-521.

湖北省小麦施肥现状及分析*

邹　娟，汤颢军，朱展望，刘易科，
佟汉文，陈　泠，张宇庆，高春保

摘　要：2013—2015 年对湖北省 1 218 个农户小麦施肥状况进行了调查，并分析施肥中存在的问题。结果表明，小麦种植中有机肥施用的比例仅占 6.24%；化肥品种中，尿素、碳铵和复合肥的施用比例分别为 73.89%、53.12%和 62.32%，而单质磷、钾肥及中微量元素肥料的施用比例较低；全省小麦氮、磷和钾平均总投入量分别为 136.5 kg/hm^2、54.7 kg/hm^2 和41.3 kg/hm^2，N：P_2O_5：K_2O 的平均比例为 1：0.40：0.30，化学氮磷钾肥投入量分别占养分投入总量的 96.26%、95.98%和 95.64%；施肥量分级结果显示，氮、磷和钾肥施用量不足的比例分别为 25.29%、34.32%和 43.02%，未施用钾肥的比例约占 1/3；随着施肥量的增加，小麦产量呈现增加趋势；肥料一次性基施的比例超过 1/3，基施氮肥用量平均占总氮量的 3/4 左右。因此，要进一步提高湖北省小麦产量水平及肥料利用效率，需加大有机肥投入，扩大秸秆还田面积；重视钾肥和中微量元素肥料的施用；增加施肥次数，调整基肥和追肥比例，减少前期氮肥用量；提倡机械施肥，基肥由撒施浅施改为深施。

关键词：小麦；养分管理；产量；施肥问题；湖北省

小麦是湖北省仅次于水稻的第二大作物，在全省粮食生产中具有举足轻重的地位[1,2]。近年来，湖北小麦生产稳步发展，是全省粮食连续增产的主要增长点，对全省粮食增产的贡献率超过 60%[2]。小麦播种面积和总产量均上升至全国第 8 位，单产亦呈逐年上升趋势[1]，并于 2015 年突破 4 000 kg/hm^2。但是，与小麦生产先进省及同生态区省份相比仍然存在较大差距，主要表现在单产偏低、生产条件差、栽培技术落后等方面[3]。已有研究显示，当前湖北省小麦生产仍采用粗放、统一的习惯施肥方式，存在施肥技术不够科学、肥效低等问题，制约湖北小麦单产及品质的进一步提升[2,4]。

然而，有关湖北省小麦施肥现状的研究鲜见报道，小麦施肥中的问题尚未明确。为此，本研究采用农户抽样调查的方法，在综合考虑各麦区的种植面积及生产力水平的情况下，确定农户调查样本数 1 218 户，调查各农户近年小麦的施肥状况。旨在利用大样本的调查数据，分析并阐明湖北省小麦施肥存在的问题，以期为当期生产条件下湖北省小麦高产、高效栽培中的科学施肥提供依据。

* 本文原载《湖北农业科学》，2015，54（23）：5848-5852。

1 材料与方法

1.1 研究区概况

根据气候、土壤、种植制度等因素，湖北省划分为6个麦区[5]：一是鄂中丘陵和鄂北岗地麦区（简称鄂中北），所辖县（市）有荆门市、随州市全部以及安陆、老河口、襄州、枣阳和宜城；二是鄂东北丘陵低山麦区（简称鄂东北），主要包括大悟、红安、麻城、罗田、英山；三是鄂西北山地麦区（简称鄂西北），包括十堰市全部以及南漳、谷城、保康、神农架；四是江汉平原麦区，包括武汉市、荆州市与鄂州市全部以及仙桃、天门、潜江、枝江、当阳、孝昌、云梦、应城、汉川、孝感市郊、嘉鱼、黄冈市郊、团风、蕲春、武穴、黄梅、浠水；五是鄂东南丘陵低山麦区（简称鄂东南），包括咸宁市（嘉鱼除外）与黄石市；六是鄂西南山地麦区（简称鄂西南），包括恩施自治州全部以及宜昌市的宜都、远安、兴山、秭归、长阳、宜昌、五峰、宜昌市郊。其中鄂中北和江汉平原小麦面积较大，播种面积分别占全省的45.3%和34.4%，总产占全省的58.6%和26.2%。

1.2 调查方法及内容

1.2.1 调查方法

本研究采用农户抽样调查的方法，于2013—2015年对湖北省农户近年的小麦施肥状况进行实地调查。综合考虑各麦区的种植面积及生产力水平，确定农户调查样本数。被调查农户在各麦区的分别情况为鄂中北371个样品，鄂东北155个样本，鄂西北196个样本，江汉平原356个样本，鄂东南76个样本，鄂西南64个样本，共计1 218个样本。各麦区调查农户在小麦产量、管理水平等方面均具有代表性。

1.2.2 调查内容

调查内容包括：种植小麦的面积、品种、产量和前茬作物；基肥施用有机、无机肥的种类、时间和施肥量；追肥的种类、时间、追肥量及追肥方法；其他与施肥相关的问题。

1.3 化肥和有机肥养分的计算

农户施用的氮（N）、磷（P_2O_5）、钾（K_2O）肥料养分含量，化肥以肥料包装袋上标明的养分量为准，有机肥养分含量参照文献《中国有机肥养分志》提供的数值计算[6]。试验数据采用Microsoft Excel进行数据处理和绘图。图表中的样本比例是以小麦种植户的样本个数进行计算的。

2 结果与分析

2.1 小麦施肥品种及比例

湖北省小麦施肥的品种及其比例如表1所示。99.10%的被调查农户在小麦生产中施用了肥料，其中施用有机肥的比例占6.24%，施用化肥的比例占98.28%，有机肥品种主要包括人粪尿、猪牛粪、沼渣、饼肥及秸秆，化肥品种为单质氮磷钾肥、复合肥及锌肥。在化肥品种中，复合肥的普及率相对较高，达到62.32%；单质氮肥尿素和碳铵的施用比例亦较高，分别是73.89%和53.12%，而单质磷、钾肥的施用比例较低，分别为27.67%和3.12%，施用微量元素锌肥的样本仅占0.74%。结果表明，湖北省小麦种植农户比较重视肥料的施用，但有机肥施用比例过低，且有机肥品种单一；主要的化肥品种为尿素、复合肥和碳酸氢铵，重氮肥而轻磷、钾及中微量元素肥料。

表1 湖北省小麦生产中肥料投入品种状况（n=1 218）

项目	肥料种类	样本数	占比例/%	施用量变幅/(kg/hm²)	平均用量/(kg/hm²)
有机肥	人粪尿	29	2.38	15 000~30 000	20 700
	猪牛粪	8	0.66	7 500~15 000	11 250
	沼渣	4	0.33	7 500~15 000	12 500
	饼肥	19	1.56	150~600	450
	秸秆	16	1.31	7 500~12 000	10 000
化肥	碳铵	647	53.12	60~1200	668
	尿素	900	73.89	37.5~225	112
	氯化铵	10	0.82	450~750	600
	过磷酸钙	337	27.67	225~750	498
	氯化钾	38	3.12	150~225	198
	复合肥	759	62.32	150~750	450
	锌肥	9	0.74	1.5~4.5	3
总计	未施肥	11	0.90		
	单施有机肥	10	0.82		
	单施化肥	1131	92.86		
	有机肥+化肥	66	5.42		

2.2 小麦施肥量及养分比例

小麦养分投入量统计结果表明（表2），从全省范围看，氮（N）、磷（P_2O_5）、钾（K_2O）变化幅度在0~373.8 kg/hm^2、0~222.0 kg/hm^{2}和0~254.3 kg/hm^2，平均施用量分别为136.5 kg/hm^2、54.7 kg/hm^{2}和41.3 kg/hm^2，其中由化肥提供的N、P_2O_5和K_2O分别是131.4 kg/hm^2、52.5 kg/hm^{2}和39.5 kg/hm^2。结果说明，当前小麦养分投入中化学肥料占主导地位，化学氮磷钾肥投入量分别占养分投入总量的96.26%、95.98%和95.64%。表2还反映出，不同麦区氮、磷、钾施用量存在一定差异，鄂中北麦区氮、磷施用量相对较高，平均施氮（N）、磷（P_2O_5）量为162.6 kg/hm^{2}和65.3 kg/hm^2；鄂西北麦区每公顷平均施钾（K_2O）60.0 kg，高于其他麦区。氮、磷和钾施用量较低的地区分别是鄂西南、江汉平原和鄂东南麦区，平均N、P_2O_5和K_2O用量仅105.9 kg/hm^2、45.0 kg/hm^{2}和28.6 kg/hm^2。

据农业部发布《2014年秋冬季主要作物科学施肥指导意见》和《长江中下游冬麦区春季科学施肥指导意见》（以下简称《指导意见》）[7,8]，长江中下游冬小麦产量水平4 500~6 000 kg/hm^{2}时，N、P_2O_5、K_2O推荐施用量123.3~163.8 kg/hm^2、51.0~67.5 kg/hm^{2}和40.8~54.0 kg/hm^2，N：P_2O_5：K_2O约为1：0.41：0.33。若以产量4 500~6 000 kg/hm^{2}为小麦生产目标，综合考虑养分用量及比例，则鄂中北麦区需增施钾肥，鄂东北及鄂西北麦区需增施磷肥并减少钾肥用量，江汉平原麦区氮、磷和钾肥用量均需增加，鄂东南麦区需增钾减磷，鄂西南麦区需增氮减磷。

表2　湖北省小麦主产区养分投入量及产量状况

产区	项目	N/(kg/hm^2)	P_2O_5/(kg/hm^2)	K_2O/(kg/hm^2)	产量/(kg/hm^2)
鄂中北（n=371）	变幅	0~358.5	0~127.5	0~168.8	900~9 750
	平均	162.6	65.3	35.0	4 924
	其中化肥	161.3	63.9	34.4	
	其中有机肥	1.3	1.3	0.6	
鄂东北（n=155）	变幅	36.0~297.0	0~120.0	0~148.5	1 995~6 600
	平均	142.5	52.1	49.5	3 220
	其中化肥	132.1	47.6	45.9	
	其中有机肥	10.4	4.5	3.6	
鄂西北（n=196）	变幅	0~373.8	0~144.0	0~190.2	1 500~7 500
	平均	126.0	48.4	60.0	4 075
	其中化肥	126.0	48.4	60.0	
	其中有机肥	0	0	0	

（续表）

产区	项目	N/（kg/hm²）	P_2O_5/（kg/hm²）	K_2O/（kg/hm²）	产量/（kg/hm²）
江汉平原（n=356）	变幅	0～371.0	0～210.0	0～254.3	1 500～9 300
	平均	120.5	45.0	36.2	3 884
	其中化肥	110.8	41.3	32.8	
	其中有机肥	9.6	3.6	3.4	
鄂东南（n=76）	变幅	22.8～233.3	0～112.5	0～120.0	900～4 650
	平均	124.3	60.7	28.6	3 191
	其中化肥	124.3	60.7	28.6	
	其中有机肥	0	0	0	
鄂西南（n=64）	变幅	0～360.0	0～222.0	0～240.0	350～7 500
	平均	105.9	66.4	43.7	3 112
	其中化肥	96.3	62.7	40.3	
	其中有机肥	9.6	3.6	3.4	
全省（n=1 218）	变幅	0～373.8	0～222.0	0～254.3	350～9 750
	平均	136.5	54.7	41.3	4 063
	其中化肥	131.4	52.5	39.5	
	其中有机肥	5.0	2.2	1.8	

2.3 小麦施肥量分级

分别对 1 218 户调查样本 N、P_2O_5、K_2O 施用量进行分段统计（图 1），结果显示，超过 50% 的农户小麦施氮（N）量在 120～180 kg/hm²、施磷（P_2O_5）量在 30～60 kg/hm²；施钾（K_2O）量在 30～60 kg/hm² 的比例最大，占 41.71%。若以《指导意见》[7,8] 小麦产量在 4 500～6 000 kg/hm² 时的最低推荐用量 N 123.3 kg/hm²、P_2O_5 51.0 kg/hm² 和 K_2O 40.8 kg/hm² 为临界值，则湖北省小麦氮、磷和钾肥施用量不足的比例分别为 25.29%、34.32% 和 43.02%。值得注意的是，约有 1/3 的农户在小麦生产中未施用钾肥，未施用氮和磷肥的比例分别占 1.23% 和 6.90%。

2.4 不同小麦产量水平肥料用量

对不同产量水平下小麦氮、磷和钾肥施用量进行统计（表 3），结果表明，随着施肥量（氮、磷、钾及施肥总量）的增加，小麦产量呈现逐渐增加的趋势，说明施肥可增加小麦产量，这与前人的研究结果一致[9-13]。此外，在低产条件下，当氮肥施用量变化不大时，增施磷、钾肥可明显增加小麦产量；而在高产条件下，当磷、钾肥施用量变

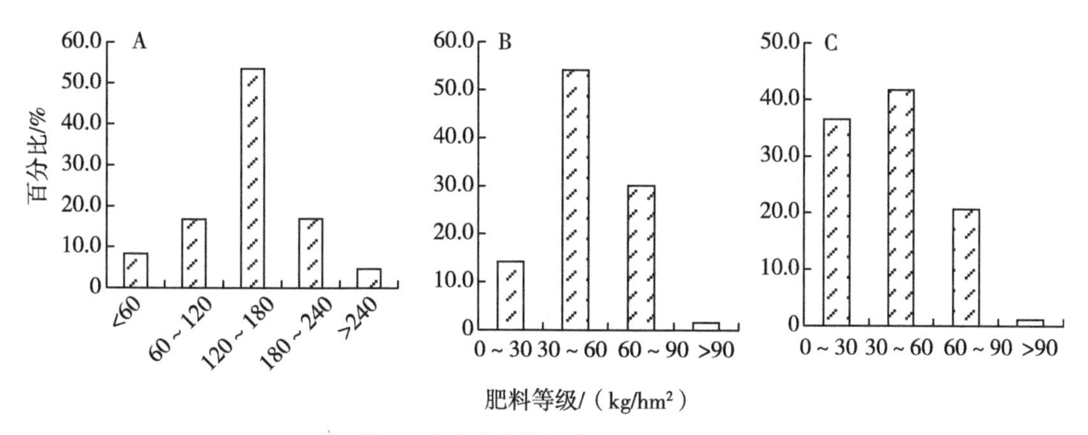

图 1　湖北省小麦氮磷钾施用量分级

（A. 施氮量分级；B. 施磷量分级；C. 施钾量分级）

化不大时，增施氮肥增产效果显著。

从表 3 中还可以看出，中低产（<4 500 kg/hm^2）样本比例占 53.61%，高产（>7 500 kg/hm^2）样本仅占 0.25%，这与山东、河南、河北等小麦高产省份差距较大（2013 年 3 个省份小麦平均产量分别为 6 011 kg/hm^2、5 950 kg/hm^2 和 5 550 kg/hm^2[14]）。调查统计结果显示，山东、河南、河北小麦农民习惯平均施肥量为 N 184~317 kg/hm^2、P_2O_5 42~161 kg/hm^2 和 K_2O 13~127 kg/hm^2[15]，肥料（尤其氮、磷）用量明显高于湖北小麦农民习惯施肥量（氮、磷和钾施用量平均 136.5 kg/hm^2、54.7 kg/hm^2、41.3 kg/hm^2），说明小麦生产中养分投入量不足可能是制约湖北小麦单产水平进一步提高的原因之一。

表 3　湖北省不同小麦产量水平肥料用量

产量水平 /(kg/hm^2)	平均产量 /(kg/hm^2)	样本比例 /%	平均施肥量/(kg/hm^2)			
			N	P_2O_5	K_2O	总量
<1 500	1 027.5	0.16	97.2	34.5	22.5	154.2
1 500~3 000	2 852.7	11.00	104.7	44.4	34.7	183.8
3 000~4 500	3 881.1	42.45	120.8	52.7	39.7	213.2
4 500~6 000	5 212.0	43.51	156.1	58.6	44.1	258.8
6 000~7 500	6 509.2	2.63	198.3	60.5	49.0	307.8
>7 500	8 577.9	0.25	223.4	62.5	50.4	336.3

与此同时，除小麦产量、肥料品种、各肥料用量等指标外，本研究还调查了各农户肥料施用方法（施用次数及各次施用量等），结果显示，磷、钾肥以基施为主，64.47%的农户将氮肥分两次或两次以上施用。进一步统计氮肥作基肥和追肥的用量及比例，表明在追施了氮肥的样本中追氮量平均占总氮量的 27.13%，其中追氮量不足总

氮量50%的样本比例占79.59%，说明湖北小麦施肥次数偏少，前期氮肥用量偏大，后期氮肥不足。

3 小结与讨论

2015年2月农业部正式启动“化肥零增长”行动，旨在减少农业面源污染和提高肥料利用率[16]。此外，研究表明当前生产条件下施肥对小麦产量的贡献率为48.6%[17]，小麦产量的提高必须依赖化肥的施用。如何平衡“施肥增产”和“化肥零增长”两者的关系？科学施肥是不二选择。根据2014年农业部发布的《2014年秋冬季主要作物科学施肥指导意见》，湖北小麦产量在4 500~6 000 kg/hm² 时，建议养分用量N 123.3 ~ 163.8 kg/hm²，P_2O_5 51.0 ~ 67.5 kg/hm²，K_2O 40.8 ~ 54.0 kg/hm²，N：P_2O_5：K_2O 养分比例约为1：0.41：0.33，此养分用量为化肥、有机肥及秸秆养分投入量。与《指导意见》施肥原则及推荐用量相比，目前湖北小麦施肥中存在问题如下。

3.1 有机肥投入不足，秸秆还田率低

施用有机肥和秸秆还田不仅能提供多种养分，还具有培肥土壤、改良土壤结构、增加产量的作用[18-20]，同时秸秆还田还能杜绝秸秆焚烧所造成的大气污染[20]。然而，本研究调查结果表明，湖北省小麦生产中施用有机肥或秸秆还田的样本比例仅占6.24%，有机肥品种单一，且施用量偏少。有机肥和秸秆还田中氮投入量仅占氮养分投入总量的3.74%，磷和钾分别占4.02%和4.36%。与小麦高产省份相比，湖北小麦生产中养分投入总量的不足主要是由于有机肥投入不够和秸秆还田率低下导致。

3.2 重视氮磷肥，轻视钾肥

钾在增加小麦产量、改善小麦品质、增强其抗逆性方面具有其他养分不可替代的作用[12,21-22]。随着高产品种的选用，氮、磷肥用量增加，作物单位面积产量不断提高，从土壤中带走钾量逐渐增大，但由于有机肥投入少和钾肥资源匮乏，钾肥投入不足，小麦主产区土壤缺钾面积有扩大的趋势[23]。尽管20世纪80—90年代以及近10年的研究也表明，湖北小麦施钾效果明显[12,24]，但施肥调查结果显示，约1/3的农户在小麦生产中未施用钾肥，即使施钾也是以复合肥的形式施用，单质钾肥使用率仅3.12%。在主产地鄂中北麦区、江汉平原麦区以及鄂东南麦区钾肥用量不足的现象更为突出，因此进一步提高湖北小麦单产必须重视钾肥的施用。

3.3 施肥次数偏少，基追比例失调

随着现代农业的发展和农村劳动力结构的变化，小麦生产全程机械化推广面积呈逐年扩大趋势[25]，肥料撒施或伴随旋耕、播种、镇压等生产环节一次性浅施，施肥深度浅、后期追肥次数减少、比例失调。调查结果显示，全省小麦平均基施氮肥量约占总氮量的3/4，同时超过1/3的农户氮肥全部基施，这与“养分供应与作物的养分需求相同

步”的施肥原则相左，不仅容易导致小麦生长后期脱肥早衰而且使氮肥利用率降低[26]。高产小麦养分需求的特征是“开花后氮素需求量增加”[13,27]，因此，提倡机械施肥，基肥由目前较大比例的撒施浅施改为深施，且控释肥尚未普及的条件下，结合各主产区小麦生育期降水量及土壤质地适当增加施肥次数、调整基追比例、减少前期氮肥是实现湖北小麦高产高效、提高肥料利用率的必要措施。

参考文献

[1] 《湖北农村统计年鉴》编辑委员会．湖北农村统计年鉴［M］．北京：中国统计出版社，2015.

[2] 郭子平，羿国香，汤颢军，等．大力提升湖北省小麦生产能力的建议［J］．湖北农业科学，2014，53（24）：5928-5930.

[3] 高春保，刘易科，佟汉文，等．湖北省“十一五”小麦生产概况分析及“十二五”发展思路［J］．湖北农业科学，2010，50（11）：2703-2705，2714.

[4] 鲍文杰，刘易科，朱展望，等．湖北省粮食生产现状分析与发展对策［J］．湖北农业科学，2012，51（24）：5549-5552.

[5] 敖立万．湖北小麦［M］．武汉：湖北科学技术出版社，2002.

[6] 全国农业技术推广服务中心．中国有机肥料养分志［M］．北京：中国农业出版社，1999，53-145.

[7] 农业部种植业管理司，全国农业技术推广服务中心，农业部测土配方施肥技术专家组．2014 年秋冬季主要作物科学施肥指导意见［N］．农民日报，2014-9-25（5）.

[8] 农业部测土配方施肥技术专家组．长江中下游冬麦区春季科学施肥指导意见［J］．中国农资，2015（10）：20.

[9] 王旭，李贞宇，马文奇，等．中国主要生态区小麦施肥增产效应分析［J］．中国农业科学，2010，43（12）：2469-2476.

[10] 余宗波，邹娟，肖兴军，等．湖北省小麦施氮效果及氮肥利用率研究［J］．湖北农业科学，2011，50（5）：911-914.

[11] 余宗波，邹娟，肖兴军，等．湖北省小麦施磷效果及磷肥利用率研究［J］．湖北农业科学，2011，50（7）：1338-1341.

[12] 余宗波，邹娟，鲁剑巍，等．湖北省小麦施钾效果及钾利用效率研究［J］．湖北农业科学，2011，50（8）：1526-1529.

[13] CHEN X，ZHENG F，RöMHELD V，et al. Synchronizing N supply from soil and fertilizer and N demand of winter wheat by an improved N_{min} method［J］. Nutrient Cycling in Agroecosystems，2006，74：91-98.

[14] 中华人民共和国国家统计局．中国统计年鉴 2014［M］．北京：中国统计出版社，2014.

[15] 串丽敏．基于产量反应和农学的小麦推荐施肥方法研究［D］．北京：中国农业科学院，2013.

[16] 农业部．到 2020 年化肥使用量零增长行动方案［R］．中华人民共和国农业部公报，2015，2：20-23.

[17] 王伟妮，鲁剑巍，李银水，等．当前生产条件下不同作物施肥效果和贡献率研究［J］．中

国农业科学，2010，43（19）：3997-4007.
[18] MAYER J，GUNST L，MÄDER P，et al. Productivity，quality and sustainability of winter wheat under longer-term conventional and organic management in Switzerland [J]. European Journal of Agronomy，2015，65：27-39.
[19] 罗照霞，杨志奇，俄胜哲. 长期施肥对冬小麦产量、养分吸收利用的影响 [J]. 麦类作物学报，2015，35（4）：1-7.
[20] YANG HAISHUI，YANG BING，DAI YAJUN，et al. Soil nitrogen retention is increased by ditch-buried straw return in a rice-wheat rotation system [J]. European Journal of Agronomy，2015，69：52-58.
[21] 刘晓燕，何萍，金继运. 钾在植物抗病性中的作用及机理的研究进展 [J]. 植物营养与肥料学报，2006，12（3）：445-450.
[22] 张慎举，郭振升，侯乐新. 豫东沙壤土区强筋小麦施钾增产保优效应研究 [J]. 中国农学通报，2013，29（3）：47-52.
[23] 王伟妮，鲁剑巍，鲁明星，等. 水田土壤肥力现状及变化规律分析：以湖北省为例 [J]. 土壤学报，2012，49（2）：319-330.
[24] 敖立万，鲁剑巍，张宜春. 麦田钾素状况与钾肥施用 [J]. 湖北农业科学，1998（6）：3-6.
[25] 杨帆，王林松. 湖北小麦生产全程机械化存在的问题及对策建议 [J]. 湖北农机化，2015（2）：22-23.
[26] 叶优良，黄玉芳，刘春生，等. 氮素实时管理对冬小麦产量和氮素利用的影响 [J]. 作物学报，2010，36（9）：1578-1584.
[27] 张福锁，陈新平，陈清. 中国主要农作物施肥指南 [M]. 北京：中国农业大学出版社，2009.

湖北省小麦施氮的增产和养分吸收效应及氮肥利用率研究*

邹　娟，李想成，张子豪，汤颢军，
王　鹏，严双义，张宇庆，高春保

摘　要：为从区域水平分析湖北省小麦施氮效果和氮肥利用率现状，为实现区域精准氮肥调控、提高湖北省小麦产量和氮肥利用率提供参考，本研究于 2015—2018 年在湖北省鄂中丘陵和鄂北岗地麦区、江汉平原麦区布置 32 个田间试验，设置不施肥（CK）、不施氮（N_0PK）和氮磷钾配合施用（NPK）3 个处理，成熟期测定小麦籽粒产量和茎叶生物量，分析各部位氮、磷和钾含量。结果表明，施氮后湖北省小麦平均增产 1 838 kg/hm^2，增产率为 58.2%，氮肥对小麦产量的贡献率是 36.8%，鄂中北麦区小麦施氮增产效果较江汉平原麦区明显；小麦地上部氮、磷和钾吸收量分别增加 72.97%、56.19%和 83.13%；氮吸收利用率、农学效率和生理利用率平均为 34.0%、10.2 kg/kg 和 33.0 kg/kg，鄂中北麦区高于江汉平原麦区；全省小麦百千克籽粒平均 N、P_2O_5 和 K_2O 需求量分别为 2.87 kg、1.02 kg 和 2.51 kg。说明在磷、钾肥基础上增施氮肥，能明显提高湖北省不同区域小麦地上部生物量和养分吸收量，进而增加小麦产量；同等产量水平下，江汉平原区氮、磷需求量高，而鄂中北麦区钾需求量高。

关键词：小麦；氮；产量；氮肥利用率；养分吸收

小麦是湖北省仅次于水稻的第二大作物，在全省粮食生产中具有举足轻重的地位。近年来，湖北小麦生产稳步发展，播种面积和总产均上升至全国第 8 位，是全省粮食连续增产的主要增长点，对全省粮食增产的贡献率超过 60%，但湖北小麦单产与同生态区的江苏、安徽等有较大差距[1]。单产水平的提高离不开小麦品种的改良及配套栽培技术的应用，其中氮肥的管理是栽培技术的关键环节之一[2-3]。小麦对氮肥的响应和氮肥利用率是评价氮肥施用是否合理的重要参数[4-5]。余宗波等[6]在湖北省的肥效试验结果表明，当氮肥用量为 180～240 kg/hm^2 时，每公顷平均增产 3 159 kg，氮素偏生产力和农学效率分别为 31.3 kg/kg 和 14.4 kg/kg；党建友等[7]报道了秸秆还田下施氮模式对冬小麦产量和肥料利用率的影响，结果显示增加基施氮肥比例可促进冬小麦对养分的吸收及向籽粒的转运，提高肥料当季利用率；王伟妮等[8]研究表明当前生产条件下，肥料对小麦产量的贡献率为 48.6%；张福锁等分别于 2008 年和 2013 年通过总结在全国小麦主产区大量田间试验结果指出，我国小麦氮肥当季利用率为 28.2%[9]和 32%[10]。鄂

* 本文原载《湖北农业科学》，2020，59（24）：51-55，62。

中丘陵和鄂北岗地麦区及江汉平原麦区作为湖北省小麦主产区，播种面积和总产均占全省70%以上，两区域在种植方式、生态环境等存在较大差异。在已有文献中，有关区域水平上湖北小麦养分吸收特点及氮肥利用率现状的报道较少。本研究在湖北省小麦主产区布置多年多点氮肥田间试验，探讨不同麦区养分吸收特点和氮肥利用率，并从养分吸收利用等方面分析小麦施氮增产的原因，以期实现区域精准氮肥调控，提高湖北省小麦产量和氮肥利用率。

1 材料与方法

1.1 试验材料

2015—2018年连续3个年度，在湖北省小麦主产区的鄂中丘陵和鄂北岗地麦区（简称鄂中北麦区）及江汉平原麦区进行32个氮肥田间试验，其中位于鄂中北麦区的襄阳、随州和荆门共21个试验点，位于江汉平原麦区的孝感、黄冈和荆州共11个试验点。

供试田块基础土壤理化性状见表1，供试小麦品种为当地主栽品种，包括襄麦25、襄麦55、鄂麦23、鄂麦596和郑麦9023等。试验前茬作物为水稻、玉米或棉花。

表1 湖北省不同小麦种植区域基础土壤养分状况

区域	试验数	pH值	氮肥用量/(kg/hm²)	有机质/(g/kg)	全氮/(g/kg)	碱解氮/(mg/kg)	有效磷/(mg/kg)	速效钾/(mg/kg)	土壤类型
鄂中北（CNH）	21	6.7±0.6	186±26	17.3±5.6	1.12±0.49	113.1±24.8	9.3±5.0	123.0±56.9	水稻土、黄棕壤
江汉平原（JP）	11	6.5±1.1	173±9	21.6±6.5	1.31±0.63	118.6±36.8	9.9±5.9	93.6±30.3	水稻土、潮土
总计	32	6.6±0.8	181±22	18.8±6.2	1.19±0.54	115.0±29.1	9.5±5.2	112.9±50.8	

注：CNH，鄂中北麦区；JP，江汉平原麦区。下同。

1.2 试验设计

试验设置3个处理，分别为不施肥（CK）、不施氮（N_0PK）、氮磷钾配合施用（NPK），每个处理3次重复，小区面积20 m^2。根据各地土壤养分差异、试验田可能获得的目标产量及农技人员的生产经验，NPK处理整个生育期养分施用量分别为N 128~210 kg/hm^2、P_2O_5 36~75 kg/hm^2、K_2O 30~90 kg/hm^2。

肥料施用量和施用比例为，磷肥和钾肥全部作基肥在播种前施用，氮肥分2次施用，基肥占70%，拔节肥占30%。供试肥料品种分别为尿素（含N 46%）、过磷酸钙（含P_2O_5 12%）、氯化钾（含K_2O 60%）。其他生产管理措施均采用当地常规管理方法。

1.3 分析方法

小麦成熟后，各小区随机取2个1 m长的样段混合后，沿根茎结合处剪掉根系，将地上部作为一个分析样品，待风干后分成籽粒和茎叶（含颖壳及穗轴），分别称重后，各取部分样，105℃杀青，65℃烘干至恒重，磨细过 0.5 mm 筛，供分析测定用。籽粒产量以各小区实收计量，茎叶产量由取样植株茎叶和籽粒的比例计算得出。小麦地上部各部分用浓 H_2SO_4-H_2O_2 消化后，SEAL AA3 流动注射分析仪测定全氮、全磷含量，火焰光度计测全钾含量。

基础土样用常规法测定，采用电位法（水土比 2.5：1）测 pH 值，重铬酸钾容量法测定有机质，浓硫酸消煮—半微量开氏法测全氮，碱解扩散法测碱解氮，0.5 mol/L $NaHCO_3$ 浸提—钼锑抗比色法测有效磷，1 mol/L NH_4Ac 浸提—火焰光度法测速效钾[11]。

1.4 计算参数及方法

氮素利用率及相关指标计算方法如下[12-13]。

氮肥贡献率（%）=（施氮区产量-不施氮区产量）/施氮区产量×100

百千克籽粒吸氮量（kg）= 地上部总吸氮量/籽粒产量×100

氮素内部利用效率（kg/kg）= 籽粒产量/地上部总吸氮量

氮肥吸收利用率（%）=（施氮区地上部总吸氮量-不施氮区地上部总吸氮量）/施氮量×100

氮肥农学效率（kg/kg）=（施氮区产量-不施氮区产量）/施氮量

氮肥偏生产力（kg/kg）= 施氮区产量/施氮量

氮肥生理利用率（kg/kg）=（施氮区产量-不施氮区产量）/(施氮区地上部总吸氮量-不施氮区地上部总吸氮量)

同理计算磷、钾利用率。

试验数据用 Microsoft Excel 2010 软件作图，采用 DPS 数据处理软件进行统计分析，结果均用 LSD 法检验 $P<0.05$ 水平上的差异显著性。

2 结果与分析

2.1 对小麦产量的影响

施肥增加了小麦籽粒及茎叶产量（表 2）。与 CK 处理相比，NPK 处理鄂中北麦区和江汉平原麦区籽粒增产量分别达到 2 537 kg/hm^2 和 2 227 kg/hm^2，全省平均增产 2 430 kg/hm^2，平均增产率 94.7%；与 N_0PK 处理相比，NPK 处理鄂中北麦区和江汉平原麦区籽粒增产量分别为 2 018 kg/hm^2 和 1 494 kg/hm^2，全省平均增产 1 838 kg/hm^2，平均增产率 58.2%，鄂中北麦区增施氮肥小麦籽粒增产效果较江汉平原麦区明显。根据籽粒产量结果进一步计算肥料贡献率，表明鄂中北及江汉平原麦区氮肥对籽粒产量的贡献率分别为 38.8%和 32.5%，全省氮肥平均贡献率为 36.8%；两麦区化肥对小麦籽粒产量的贡献率相近，全省平均贡献率为 48.6%。由表 2 还可看出，除籽粒产量外，NPK 处理茎叶生物量亦明显高于 CK 和 N_0PK 处理。而各处理小麦收获指数之间的差异不明显（$P>0.05$），说明氮素对小麦籽粒的增产作用主要表现为地上部生物产量的提高。

表 2　施肥对不同麦区小麦籽粒和茎叶产量及收获指数的影响

区域	籽粒产量/(kg/hm²)			茎叶生物量/(kg/hm²)			收获指数			增产量/(kg/hm²)	
	CK	N_0PK	NPK	CK	N_0PK	NPK	CK	N_0PK	NPK	NPK 与 CK 相比	NPK 与 N_0PK 相比
鄂中北	2 668±473c	3 187±566b	5 205±761a	3 255±686b	3 795±725b	6 400±814a	0. 46±0. 04a	0. 46±0. 02a	0. 45±0. 04a	2 537±535	2 018±682
江汉平原	2 373±515c	3 106±616b	4 600±616a	2 938±640c	3 838±605b	5 844±769a	0. 44±0. 06a	0. 44±0. 06a	0. 44±0. 05a	2 227±347	1 494±427
平均	2 567±484c	3 159±580b	4 997±709a	3 146±665c	3 810±684b	6 209±793a	0. 45±0. 05a	0. 45±0. 04a	0. 45±0. 04a	2 430±467	1 838±590

注：不同小写字母表示处理间差异显著（$P<0.05$），下同。

2.2 对小麦氮磷钾吸收的影响

小麦养分含量结果见表3，氮磷钾配合施用小麦籽粒和茎叶氮、钾含量呈现上升趋势。从平均水平看，NPK处理籽粒氮、钾含量分别为2.10%和0.46%，显著高于CK及N_0PK处理（$P<0.05$）；茎叶氮、钾含量分别为0.61%和1.31%，较CK及N_0PK处理高，但与N_0PK处理差异未达到显著水平（$P>0.05$）。NPK处理籽粒和茎叶磷含量分别为0.35%和0.07%，各处理磷含量差异不明显。

表3　施氮对不同麦区小麦籽粒和茎叶氮磷钾养分含量的影响

区域	处理	含氮量/%		含磷量/%		含钾量/%	
		籽粒	茎叶	籽粒	茎叶	籽粒	茎叶
鄂中北	CK	1.87±0.41b	0.52±0.12b	0.34±0.10a	0.07±0.02a	0.36±0.07ab	1.22±0.49b
	N_0PK	1.91±0.40b	0.55±0.15ab	0.35±0.10a	0.08±0.03a	0.34±0.13b	1.25±0.54b
	NPK	2.08±0.34a	0.58±0.13a	0.35±0.08a	0.07±0.03a	0.40±0.12a	1.40±0.52a
江汉平原	CK	1.97±0.15a	0.56±0.14b	0.40±0.10a	0.06±0.01a	0.43±0.09c	1.08±0.13b
	N_0PK	2.01±0.15a	0.61±0.15ab	0.37±0.07a	0.06±0.01a	0.51±0.09b	1.14±0.15a
	NPK	2.12±0.38a	0.67±0.17a	0.37±0.09a	0.07±0.01a	0.58±0.12a	1.14±0.19a
平均	CK	1.90±0.34b	0.53±0.13b	0.36±0.10a	0.07±0.02a	0.38±0.09b	1.17±0.41b
	N_0PK	1.94±0.34b	0.58±0.15ab	0.36±0.09a	0.07±0.03a	0.39±0.14b	1.22±0.45ab
	NPK	2.10±0.35a	0.61±0.15a	0.35±0.09a	0.07±0.02a	0.46±0.15a	1.31±0.45a

磷钾基础上增施氮肥显著提高各区域小麦地上部氮磷钾吸收量（$P<0.05$）（表4），全省NPK处理平均地上部N、P_2O_5、K_2O分别为144.43 kg/hm^2、51.06 kg/hm^{2}和126.18 kg/hm^2，较CK和N_0PK处理分别增加120.54%、94.14%、123.72%和72.97%、56.19%、83.13%。从不同区域看，尽管江汉平原各处理籽粒养分含量高于鄂中北区相应处理，但由于与鄂中北区小麦生物量上的差距，江汉平原区NPK处理小麦氮磷钾吸收量仍低于鄂中北区。

单位籽粒产量养分的需求量是施肥推荐时一个重要参数[14]。本研究中，全省NPK处理小麦百千克籽粒平均N、P_2O_5和K_2O需求量分别为2.87 kg、1.02 kg和2.51 kg，N和K_2O需求量显著CK及N_0PK处理（$P<0.05$）。无论施肥与否，江汉平原麦区百千克籽粒需氮、磷量均高于鄂中北区，说明江汉平原区生产等量的小麦需氮、磷量更高。从N、P_2O_5和K_2O需求比例看，鄂中北麦区NPK处理为1∶0.35∶0.91，江汉平原麦区为1∶0.35∶0.81，鄂中北麦区小麦需钾量相对较高，说明推荐施肥时需考虑不同区域间小麦养分需求的差异，因地制宜地指导小麦科学施肥。

表 4　施氮对不同麦区小麦籽粒和茎秆氮磷钾养分吸收量的影响

区域	处理	地上部养分吸收量/(kg/hm^2)			百千克籽粒养分需求/kg			养分吸收比例		
		N	P_2O_5	K_2O	N	P_2O_5	K_2O	N	P_2O_5	K_2O
鄂中北	CK	66. 24±13. 03c	25. 49±6. 31b	59. 60±23. 26b	2. 49±0. 47b	0. 97±0. 26a	2. 22±0. 82b	1. 00	0. 39	0. 89
	N_0PK	81. 40±14. 10b	32. 48±8. 90b	67. 82±29. 08b	2. 58±0. 48b	1. 01±0. 24a	2. 19±0. 87b	1. 00	0. 39	0. 85
	NPK	145. 98±24. 40a	51. 35±9. 27a	134. 04±30. 50a	2. 80±0. 45a	0. 99±0. 16a	2. 55±1. 02a	1. 00	0. 35	0. 91
江汉平原	CK	64. 07±18. 60c	27. 83±6. 89b	50. 28±18. 01c	2. 59±0. 19b	1. 10±0. 22a	2. 18±0. 29b	1. 00	0. 41	0. 81
	N_0PK	87. 52±25. 94b	33. 08±10. 30b	70. 96±19. 40b	2. 80±0. 29ab	1. 03±0. 14a	2. 37±0. 32ab	1. 00	0. 37	0. 85
	NPK	141. 47±34. 73a	50. 51±15. 34a	111. 19±26. 45a	3. 00±0. 53a	1. 06±0. 20a	2. 43±0. 27a	1. 00	0. 35	0. 81
平均	CK	65. 49±14. 62c	26. 30±6. 52b	56. 40±20. 96b	2. 56±0. 41b	1. 01±0. 25a	2. 20±0. 68b	1. 00	0. 39	0. 86
	N_0PK	83. 50±18. 47b	32. 69±9. 45b	68. 90±25. 87b	2. 66±0. 43b	1. 02±0. 21a	2. 25±0. 73b	1. 00	0. 38	0. 85
	NPK	144. 43±27. 81a	51. 06±11. 23a	126. 18±29. 04a	2. 87±0. 48a	1. 02±0. 17a	2. 51±0. 84a	1. 00	0. 36	0. 87

2.3　养分吸收量与小麦产量的关系

用一元二次方程拟合地上部养分吸收量和产量的关系（图 1），结果表明，氮磷钾施用同时提高小麦养分吸收量和籽粒产量，分别根据氮、磷和钾吸收量与产量的拟合方程计算，当 N、P_2O_5 和 K_2O 吸收量达到 261.3 kg/hm^2、99.5 kg/hm^2 和 229.6 kg/hm^2 时，小麦最高产量分别为 6 322 kg/hm^2、6 149 kg/hm^2 和 5 977 kg/hm^2。此后养分吸收量进一步增加，小麦产量则呈现平产甚至减产趋势，其中钾吸收量增加，小麦减产趋势更明显，其原因可能是小麦对钾吸收的调节能力弱，钾吸收过量时，与 Ca、Mg 等元素存在拮抗作用，造成 Ca、Mg 元素缺乏，进而减产[15]。

分别计算不同处理养分内部利用效率（IE，Internal nutrient use efficiency），表明 NPK 处理平均 N、P_2O_5 和 K_2O 养分内部利用效率分别是 35.86 kg/kg、101.57 kg/kg 和 43.34 kg/kg，较 CK 及 N_0PK 处理，IE 均有所降低，这可能与养分的稀释作用有关[3]。

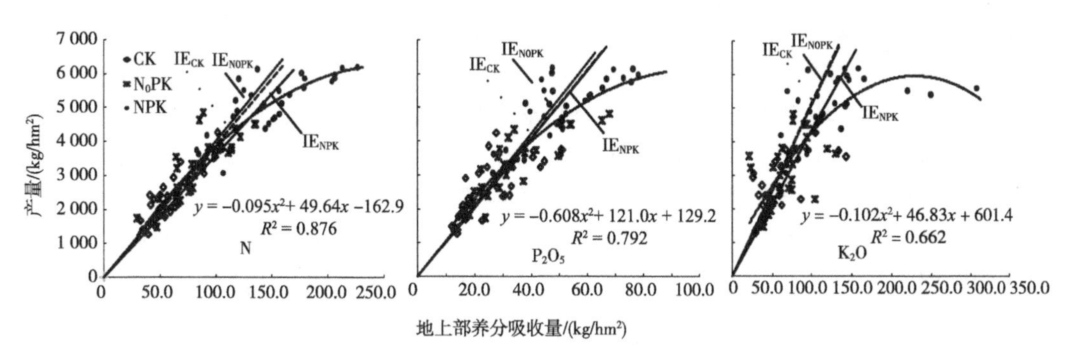

图 1　小麦地上部养分吸收量与产量的关系

2.4　施氮对小麦氮肥利用效率的影响

小麦氮吸收利用率、农学效率、生理利用率及氮磷钾偏生产力见表 5，结果显示，湖北省小麦氮吸收利用率、农学效率、生理利用率和偏生产力平均为 34.0%、10.2 kg/kg、33.0 kg/kg 和 27.8 kg/kg。同时，计算不同处理磷、钾肥偏生产力，表明 N_0PK 处理平均磷、钾偏生产力为 59.8 kg/kg 和 53.3 kg/kg，NPK 处理平均为 93.7 kg/kg 和 85.5 kg/kg，增施氮肥显著提高磷、钾肥偏生产力（$P<0.05$）。比较不同区域肥料利用率发现，除 N_0PK 钾肥偏生产力外，其他指标均表现为鄂中北麦区>江汉平原麦区。

表 5　不同区域小麦氮肥利用率

区域	氮吸收利用率（RE_N）/%	氮农学效率/(kg/kg)	氮生理利用率/(kg/kg)	氮偏生产力/(kg/kg)	磷偏生产力/(kg/kg)		钾偏生产力/(kg/kg)	
					N_0PK	NPK	N_0PK	NPK
鄂中北	35.1±15.8	11.0±5.0	34.0±14.4	28.3±4.1	60.9±21.4b	98.6±22.1a	52.5±10.6b	87.8±16.1a
江汉平原	31.7±15.6	8.7±3.0	31.3±14.2	26.9±7.7	57.8±28.5b	84.5±31.3a	55.0±29.7b	81.2±35.6a

（续表）

区域	氮吸收利用率（RE_N）/%	氮农学效率/(kg/kg)	氮生理利用率/(kg/kg)	氮偏生产力/(kg/kg)	磷偏生产力/(kg/kg)		钾偏生产力/(kg/kg)	
					N_0PK	NPK	N_0PK	NPK
平均	34.0±15.6	10.2±4.5	33.0±14.1	27.8±5.5	59.8±23.7b	93.7±26.1a	53.3±18.9b	85.5±24.2a

3 讨论

相同小麦品种的产量和养分吸收利用因栽培环境的改变而表现不同[16]。在两麦区供试品种基本相同的条件下，鄂中北麦区施氮处理平均产量较江汉平原麦区高600 kg/hm² 以上，氮肥吸收利用率高3.4个百分点，气候因子的影响是产生此差异的主要原因之一。试验年份，鄂中北麦区4—5月小麦灌浆期日照时数为320～350 h，气温日差9～10℃，比江汉平原麦区高1～2℃，有利于小麦的光合和干物质积累，且小麦全生育期降水量平均500 mm左右，总量基本满足小麦生长要求，而江汉平原麦区全生育期降水偏多，仅3—5月平均达350～450 mm，日照时数又相对不足，渍害及赤霉病的潜伏影响该区小麦产量潜力的发挥，进而影响肥料利用效率[17]。

本试验中，湖北省小麦 RE_N 平均为34%，这与2013年农业部发布的《中国三大粮食作物肥料利用率研究报告》中指出中国小麦施用氮肥当季平均利用率 RE_N32%接近[10]，但与柴彦君等[18]在鄂北岗地5个小麦品种的平均 RE_N 63.8%差距明显，一方面说明受土壤、水分、气候等多种条件的影响，肥料利用率大田试验结果相差较大，32个田间试验 RE_N 在6.9%～56.4%，因此区域范围的肥料利用率需要汇总大量试验结果[9]；另一方面也说明湖北小麦氮肥利用率仍有很大的提升潜力。

近年来，湖北省小麦单产在3 750 kg/hm² 左右徘徊，而在供试品种同当地主栽小麦品种的条件下，氮磷钾配施处理平均产量达到4 997 kg/hm²，显著高于当前湖北小麦单产水平，说明从栽培管理的角度，湖北小麦单产有较大的增产潜力。在一控二减三基本的前提下，实现湖北省小麦绿色丰产高效，可选用养分高效小麦品种[19-20]；根据小麦需肥规律，在充分利用土壤和环境养分基础上，合理施用氮磷钾及中微量元素肥料；肥料深施；氮肥后移；施用缓/控释肥；水肥综合管理等[5,9]，在不同麦区实际生产中哪些措施能兼顾经济效益、小麦丰产和资源高效，需要进一步田间试验加以验证。

4 结论

本研究结果表明，在磷钾基础上增施氮肥湖北省不同区域小麦产量及养分吸收量均显著增加，氮吸收利用率、农学效率和生理利用率平均为34.0%、10.2 kg/kg和33.0

kg/kg，鄂中北麦区高于江汉平原麦区。施氮后，湖北省小麦百千克籽粒平均 N、P_2O_5 和 K_2O 需求量分别为 2.87 kg、1.02 kg 和 2.51 kg，生产等量小麦籽粒，江汉平原区氮、磷需求量高，而鄂中北麦区钾需求量高。

参考文献

[1] 高春保，佟汉文，邹娟，等．湖北小麦“十二五”生产进展及“十三五”展望 [J]. 湖北农业科学，2016，55 (24)：6372-6376.

[2] 车升国，袁亮，李燕婷，等．我国主要麦区小麦氮素吸收及其产量效应 [J]. 植物营养与肥料学报，2016，22 (2)：287-295.

[3] CHUAN L M，HE P，JIN J Y，et al. Estimating nutrient uptake requirements for wheat in China [J]. Field Crops Research，2013，146：96-104.

[4] 王旭，李贞宇，马文奇，等．中国主要生态区小麦施肥增产效应分析 [J]. 中国农业科学，2010，43 (12)：2469-2476.

[5] 闫湘，金继运，何萍，等．提高肥料利用率技术研究进展 [J]. 中国农业科学，2008，41 (2)：450-459.

[6] 余宗波，邹娟，肖兴军，等．湖北省小麦施氮效果及氮肥利用率研究 [J]. 湖北农业科学，2011，50 (5)：911-914，920.

[7] 党建友，裴雪霞，张定一，等．秸秆还田下施氮模式对冬小麦生长发育及肥料利用率的影响 [J]. 麦类作物学报，2014，34 (11)：1552-1558.

[8] 王伟妮，鲁剑巍，李银水，等．当前生产条件下不同作物施肥效果和肥料贡献率研究 [J]. 中国农业科学，2010，43 (19)：3997-4007.

[9] 张福锁，王激清，张卫峰，等．中国主要粮食作物肥料利用率现状与提高途径 [J]. 土壤学报，2008，45 (5)：915-924.

[10] 张福锁．中国三大粮食作物肥料利用率研究报告 [R]. 北京：农业部全国农业技术推广中心，2013.

[11] 鲍士旦．土壤农化分析（第 3 版）[M]. 北京：中国农业出版社，2000.

[12] CASSMAN K G，PENG S，OLK D C，et al. Opportunities for increased nitrogen-use efficiency from improved resource management in irrigated rice systems [J]. Field Crops Research，1998，56：7-39.

[13] 邹娟，鲁剑巍，陈防，等．冬油菜施氮的增产和养分吸收效应及氮肥利用率研究 [J]. 中国农业科学，2011，44 (4)：745-752.

[14] 黄倩楠，王朝辉，黄婷苗，等．中国主要麦区农户小麦氮磷钾养分需求与产量的关系 [J]. 中国农业科学，2018，51 (14)：2722-2734.

[15] 李娟．植物钾、钙、镁素营养的研究进展 [J]. 福建稻麦科技，2007，25 (1)：39-42，30.

[16] 金欣欣，姚艳荣，贾秀领，等．基因型和环境对小麦产量、品质和氮素效率的影响 [J]. 作物学报，2019，45 (4)：635-644.

[17] 敖立万．湖北小麦 [M]. 武汉：湖北科学技术出版社，2002.

[18] 柴彦君，熊又升，黄丽，等．施氮对不同品种冬小麦氮素累积和运转的影响 [J]. 西北植

物学报，2010，30（10）：2040-2046.
[19] 徐晴，许甫超，董静，等. 小麦氮素利用效率的基因型差异及相关特性分析 [J]. 中国农业科学，2017，50（14）：2647-2657.
[20] 李瑞珂，汪洋，安志超，等. 不同产量类型小麦品种的干物质和氮素积累转运特征 [J]. 麦类作物学报，2018，38（11）：1359-1364.

氮肥后移对江汉平原小麦籽粒产量及氮肥偏生产力的影响*

王小燕，沈永龙，高春保，刘章勇，方正武

摘　要：为给江汉平原小麦高产栽培技术体系的建立提供理论依据，以小麦品种郑麦9023为试验材料，研究了氮肥后移对小麦籽粒产量、收获指数及氮肥偏生产力的影响。结果表明，施氮处理对小麦干物质积累量影响显著，其中底肥和追肥比例为3∶7、拔节期追肥处理的干物质积累量较大。底肥和追肥比例为7∶3，追肥时期由起身期后移至拔节期时，籽粒产量及氮肥偏生产力均显著提高；底肥和追肥比例为5∶5，追肥时期由拔节期后移至旗叶露尖期时，籽粒产量及氮肥偏生产力均显著降低，说明拔节期是追施氮肥的适宜时期。追肥时期同为拔节期时，底肥和追肥比例由7∶3调整至5∶5，再由5∶5调整至3∶7，籽粒产量、收获指数、氮肥偏生产力均显著升高。总之，在本试验条件下，总施氮量为180 kg/hm^2、底肥和追肥比例为3∶7、拔节期追肥的处理，成熟期籽粒产量最高，收获指数和氮肥偏生产力亦显著大于其他处理，是氮肥运筹的最优处理。

关键词：小麦；氮肥后移；产量；氮肥偏生产力

在小麦生产中，为了提高籽粒产量和改善品质，需要施用氮肥，但过量增施氮肥一方面导致氮肥利用率降低，另一方面会引起环境污染，危及人类生存[1-3]。因此，合理运筹氮肥是实现小麦高产高效和降低其对环境污染的重要措施。前人研究认为，增施氮肥促进植株对不同来源氮素的吸收，有利于提高旗叶叶绿素含量和籽粒产量[4-6]；开花后旗叶叶绿素含量随追施氮肥比例的增加而增加[7-8]。但也有研究指出，追施氮比例增加使小麦后期有贪青晚熟的趋势，不利于营养器官中积累的干物质向籽粒的转移，最终籽粒产量和经济系数均不高[9-11]。以上研究主要集中在黄淮海麦区进行，江汉平原地区相关研究尚不多见。江汉平原降水丰富，光照充足，适宜半冬性小麦生长[10,12]，但由于传统栽培模式氮肥运筹不合理，追肥比例较低甚至不施用追肥，籽粒产量及氮肥利用率均不高[10,12-13]。本试验设置了不同底肥和追肥比例、不同追肥时期处理，研究氮肥后移对籽粒产量及氮肥偏生产力的影响，以期为这一生态区小麦高产栽培技术体系的建立奠定理论基础。

* 本文原载《麦类作物学报》，2010，30（5）：896-899。

1　材料与方法

1.1　试验区自然概况

试验于2008—2009年在湖北省荆州市长江大学实验农场进行，试验点位于东经111°150′，北纬29°260′，属亚热带季风湿润气候区，太阳年辐射总量为435～460 kJ/cm^2，年平均气温15.9～16.6℃，年无霜期242～263 d，年均降水量为1 200 mm。2008—2009年小麦生育期间降水量：播种期至冬前期66.4 mm，冬前期至拔节期2.9 mm，拔节期至开花期180.5 mm，开花期至成熟期164.5 mm，生育期间总降水量为414.3 mm。

1.2　试验材料及设计

试验以小麦品种郑麦9023为供试材料。播种前0～20 cm土层含有机质11.00 g/kg，全氮1.00 g/kg，速效氮82.03 mg/kg，速效磷33.25 mg/kg，速效钾51.11 mg/kg。试验设置5个氮肥处理，处理一：氮肥70%作底肥，0%作追肥，追肥于小麦起身期（5～6叶）施用，记为T1；处理二：氮肥70%作底肥，0%作追肥，追肥于小麦拔节期（7～8叶）施用，记为T2；处理三：氮肥50%作底肥，0%作追肥，追肥于小麦拔节期（7～8叶）施用，记为T3；处理四：氮肥50%作底肥，0%作追肥，追肥于小麦旗叶露尖时（11～12叶）施用，记为T4；处理五：氮肥30%作底肥，0%作追肥，追肥于小麦拔节期（7～8叶）施用，记为T5。总施氮量为180 kg/hm^2。

试验小区面积为13.4 m^2（2 m×6.7 m），行距0.25 m，每小区9行，拉丁方设计。播前各处理相应底施氮肥，磷肥（P_2O_5 105 kg/hm^2）和钾肥（K_2O 135 kg/hm^2）均作为底肥施入；剩余氮肥于相应的追肥时期开沟追施；氮肥为尿素（含N 46%），磷肥为过磷酸钙（含P_2O_5 12%），钾肥为硫酸钾（含K_2O 47%）。2008年10月28日播种，叶期定苗，基本苗为210株/m^2。其他管理同一般高产田。

1.3　测定项目与方法

于冬前、拔节期、开花期、灌浆中期、成熟期取样，每次取5株，去掉地下部，将地上部洗净，并于70℃下烘至恒重，称取烘干重。于成熟期在每小区实收6.7 m^2，脱粒后于室外晾晒，籽粒含水量达12.5%时称重计产，据此换算每公顷籽粒产量。按如下公式计算氮肥偏生产力[5]。

氮肥偏生产力（kg/kg）=施氮处理产量（kg/hm^2）/施氮量（kg/hm^2）

试验数据用Microsoft Excel和DPS2000数据处理系统分析处理。

2 结果与分析

2.1 氮肥后移对小麦干物质积累量的影响

由表1可以看出，随着生育进程的进行，小麦单位面积干物质积累量逐渐增加。不同氮肥处理间比较，各处理干物质积累量差异达显著水平。其中，冬前期各处理间比较T1、T2显著大于其他处理，T5最小；拔节期各处理间比较，T1>T2>T3、T4>T5，T3、T4间差异未达显著水平，其余处理间差异显著；开花期各处理间比较结果为T5>T2>T4>T3>T1，灌浆中期至成熟期各处理间比较结果为T5>T3>T2>T4>T1，处理间差异均达显著水平。以上结果表明，在本试验条件下，开花期至成熟期，底追比例为3：7、追肥时期为拔节期的处理T5，干物质积累量较大，为最终获得较高籽粒产量奠定了物质基础。

表1 不同氮肥处理下小麦的生物产量

处理	冬前期	拔节期	开花期	灌浆中期	成熟期
T1	124.6 aA	474.4 aA	857.9 eC	1 112.6 eE	1 311.7 eE
T2	125.3 aA	408.1 bB	907.6 bB	1 183.7 cC	1 364.8 cC
T3	101.4 bB	354.2 cC	882.5 dB	1 232.2 bB	1 379.9 bB
T4	102.1 bB	365.0 cC	892.7 cB	1 146.8 dD	1 324.2 dD
T5	98.9 cC	336.5 dD	948.9 aA	1 273.1 aA	1 452.8 aA

注：T1为氮肥70%作底肥，30%作追肥，小麦起身期追肥；T2为氮肥70%作底肥，30%作追肥，小麦拔节期追肥；T3为氮肥50%作底肥，50%作追肥，小麦拔节期追肥；T4为氮肥50%作底肥，50%作追肥，小麦旗叶露尖（11~12叶）时追肥；T5为氮肥30%作底肥，70%作追肥，小麦拔节期（7~8叶）追肥。同列不同大小写字母分别表示处理间差异达1%和5%显著水平。下同。

2.2 氮肥后移对小麦籽粒产量及产量构成因素的影响

由表2可以看出，各处理间籽粒产量差异显著。其中底追比例为3：7、追肥时期为拔节期的处理T5，籽粒产量最高，达6 126.8 kg/hm^2；其次为处理T3；底追比例为7：3，追肥时期为起身期的处理T1，籽粒量最低，仅为4 807.1 kg/hm^2。相同底追比例，追肥时期不同的T1与T2处理及T3与T4处理间比较，籽粒产量、穗粒数均表现为：T1<T2，T3>T4；追肥时期相同，追肥比例不同的T2、T3、T5各处理间比较，底追比例为7：3的T2处理籽粒产量最低，底肥和追肥比例为3：7的处理T5籽粒产量最高。表明增加拔节期追肥比例有利于获得较高籽粒产量。

表2 氮肥处理对小麦籽粒产量及其构成因素的影响

处理	穗数/($\times10^4$ 穗/hm^2)	穗粒数	千粒重/g	籽粒产量/(kg/hm^2)
T1	685.2 aA	26.2 eC	41.3 d	4 807.1 eD

（续表）

处理	穗数/（×10^4 穗/hm^2）	穗粒数	千粒重/g	籽粒产量/（kg/hm^2）
T2	672. 2 bA	28. 7 dB	42. 4 c	5 190. 0 dC
T3	648. 6 cB	30. 9 bB	42. 6 b	5 591. 3 bB
T4	646. 6 cB	29. 5 cB	43. 4 a	5 287. 5 cC
T5	633. 5 dB	32. 4 aA	42. 2 c	6 126. 8 aA

2. 3　氮肥后移对收获指数的影响

由图 1 可以看出，各处理间收获指数差异达显著水平，其中底追比例为 7 ∶ 3 时，追肥时期为起身期的处理 T1，成熟期收获指数最低；底追比例为 3 ∶ 7 时，追肥时期定在拔节期的处理 T5，成熟期收获指数最高。相同底追比例下，追肥时期不同的各处理间比较，T1<T2，T3>T4，处理间差异显著，表明追肥时期由返青起身期延至拔节期（T1→T2），收获指数提高，由拔节期延至旗叶露尖期（T3→T4），收获指数降低；追肥时期相同时，追肥比例不同的 T2、T3、T5 各处理间收获指数比较，T2<T3<T5，处理间差异达显著水平。

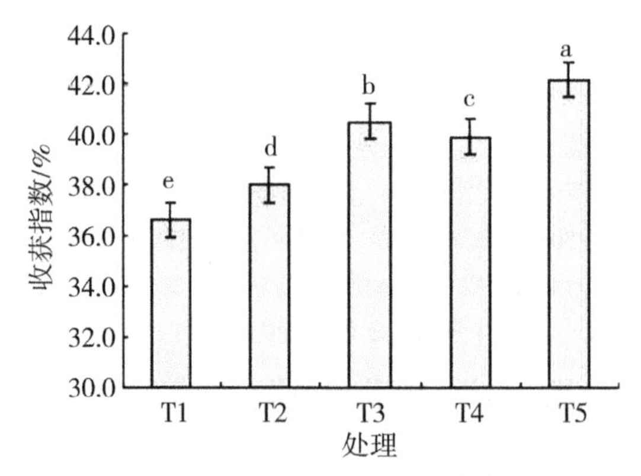

图 1　氮肥处理对小麦收获指数的影响

（各图柱上的字母不同表示处理间差异显著。下同）

2. 4　氮肥后移对小麦氮肥偏生产力的影响

由图 2 可以看出，各处理间氮肥偏生产力差异显著，其中 T5 最大，其次为 T3，T1 最小。底追比例相同、追肥时期不同的 T1 与 T2、T3 与 T4 间比较，T1<T2，T3>T4，处理间差异显著；追肥时期相同、追肥比例不同的 T2、T3、T5 各处理间比较，T2<T3<T5，处理间差异亦达显著水平。以上结果表明，在本试验条件下，追肥时期由起身期后移至拔节期，氮肥偏生产力提高，追肥时期由拔节期后移至旗叶露尖期氮肥偏生产力降低；追肥时期为拔节期，其追肥比例由 30%提高到 50%，由 50%提高至 70%均可显著提高氮肥偏生产力。

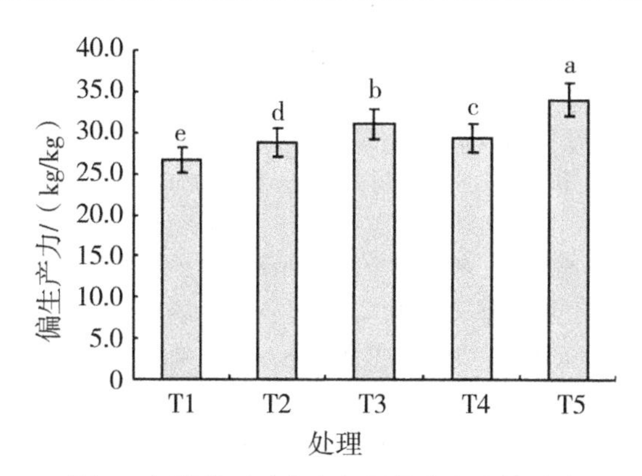

图 2　氮肥处理对小麦氮肥偏生产力的影响

3　讨论

前人研究表明，起身期追肥可促进小麦苗情转化，提高产量[14-15]。本研究结果则表明，在底肥和追肥比例较高，即底肥和追肥比例为 7：3 时，拔节期追肥比起身期追肥更有利于获得较高籽粒产量和较高的氮肥偏生产力，这表明在本试验条件下，与拔节期相比，起身期不宜追肥，这可能与起身期追肥促进无效蘖生长，过多消耗养分有关。这与前人研究结果一致，即拔节期小麦正处于雌雄蕊原基分化期，是小麦需肥临界期和关键期，这一时期氮肥运筹合理是提高穗粒数和籽粒产量的基础[16-19]。关于底肥和追肥比例，前人研究表明，总氮施用量为 168～240 kg/hm^2、底肥和追肥比例为 1：2 时，籽粒产量较高，是适宜的氮肥运筹模式[20]。但也有研究表明，在基础地力较高条件下，底肥和追肥比例为 0：1，追肥时期为拔节期，籽粒产量及籽粒蛋白含量均较高，成熟期土壤中积累的硝态氮含量亦较低，是适宜氮肥运筹处理[1]。本研究表明，追肥比例由 30%（T1、T2）增至 50%（T3、T4），由 50%增至 70%（T5），均可显著提高籽粒产量，即增大追肥比例有利于获得较高籽粒产量，这与前人研究结果一致。本研究进一步表明，相同底肥和追肥比例，追肥时期不同的 T1 与 T2，T3 与 T4 间比较，籽粒产量、收获指数、氮肥偏生产力均表现为：T1<T2，T3>T4，前者表明相同底肥和追肥比例条件下，追肥时期由返青期后移至拔节期，有利于获得较高的籽粒产量和氮肥利用率，最终籽粒产量亦较高；后者表明追肥时期由拔节期后移至旗叶露尖期，籽粒产量、收获指数显著降低，不利于氮肥利用率的提高。总之，在本试验条件下，处于雌雄蕊原基分化过程的拔节期是追施氮肥的关键时期，适宜底肥和追肥比例为 3：7。

参考文献

[1]　马兴华，于振文，梁晓芳，等. 施氮量和底追比例对土壤硝态氮和铵态氮含量时空变化的影响［J］. 应用生态学报，2006，17（4）：630-634.

[2]　SHUKLA A K，LADHA J K，SINGH V K，et al. Calibrating the leaf color chart for nitrogen man-

agement in different genotypes of rice and wheat in a system perspective [J]. Agronomy Journal, 2004, 96: 1606-1621.

[3] LLOVERAS J, LOPEZ A, FERRAN J, et al. Bread-making wheat and soil nitrate as affected by nitrogen fertilization in irrigated Mediterranean conditions [J]. Agronomy Journal, 2001, 93: 1183-1190.

[4] 杜金哲，李文雄，胡尚连，等．春小麦不同品质类型氮吸收/转化利用及籽粒产量和蛋白质含量的关系 [J]. 作物学报，2001，27 (2)：253-260.

[5] 马冬云，郭天财，王晨阳，等．施氮量对冬小麦灌浆期光合产物积累/转运/及分配的影响 [J]. 作物学报，2008，34 (6)：1027-1033.

[6] HOU Y L, BRIEN L O, ZHONG G R. Study on the dynamic changes of the distribution and accumulation of nitrogen in different plant parts of wheat [J]. Acta Agronomica Sinica, 2001, 27 (4): 493-499.

[7] 王月福，于振文，李尚霞，等．土壤肥力和施氮量对小麦氮素吸收运转及籽粒产量和蛋白质含量的影响 [J]. 应用生态学报，2003，14 (11)：1868-1872.

[8] 朱新开，盛海君，顾晶，等．应用 SPAD 值预测小麦叶片叶绿素和氮含量的初步研究 [J]. 麦类作物学报，2005，25 (2)：46-50.

[9] 张庆江，张立言，毕桓武．春小麦品种氮的吸收积累和转运特征及与籽粒蛋白质的关系 [J]. 作物学报，1997，23 (6)：712-718.

[10] 郭天财，宋晓，马冬云，等．施氮水平对冬小麦旗叶光合特性的调控效应 [J]. 作物学报，2007，33 (12)：1977-1981.

[11] 王东，于振文，李延奇，等．施氮量对济麦 20 旗叶光合特性和蔗糖合成及籽粒产量的影响 [J]. 作物学报，2007，33 (6)：903-908.

[12] 敖立万．湖北小麦 [M]. 武汉：湖北科学技术出版社，2002.

[13] 刘银秀，黄智敏．江汉平原阴湿天气对小麦产量的影响分析 [J]. 湖北气象，2000 (2)：30-31.

[14] 张克禄．两种不同穗型小麦的优质高产栽培技术 [J]. 安徽农业科学，2007，35 (16)：4785-4786.

[15] 孔东，晏云，段艳，等．不同水处理对冬小麦生长及产量的影响的田间试验 [J]. 农业工程学报，2008，24 (12)：36-40.

[16] 沈建辉，姜东．施氮量对专用小麦旗叶光合特性及籽粒产量和蛋白质含量的影响 [J]. 南京农业大学学报，2003，26 (1)：1-5.

[17] 康国章，王永华．氮素施用对超高产小麦生育后期光合特性及产量的影响 [J]. 作物学报，2003，29 (1)：82-86.

[18] GARRIDO-LESTACHE E, LOPEZ-BELLIDO R J, LOPEZ-BELLIDO L. Effect of rate, timing, splitting and N type on bread-making quality in hard red spring wheat under rainfed Mediterranean conditions [J]. Field Crops Research, 2004, 85: 213-236.

[19] AYOUB M, GUERTIN S, FREGEAUREID J, et al. Nitrogen fertilizer effect on breadmaking quality of hard red spring wheat in eastern Canada [J]. Crop Science, 1994, 34 (5): 1346-1352.

[20] 石玉，于振文，王东，等．施氮量和底追比例对小麦氮素吸收转运及产量的影响 [J]. 作物学报，2006，32 (12)：1860-1866.

长江中下游地区氮肥减施对稻麦轮作体系作物氮吸收利用与氮素平衡的影响*

杨　利，张建峰，张富林，范先鹏，杨俊诚，
杨永成，熊桂云，吴运明，余延丰，符家安

摘　要：通过连续两个轮作周期的稻麦轮作定位试验，研究了氮肥减施对作物氮素吸收、利用和土壤氮素平衡的影响。结果表明，在传统推荐施肥（小麦 N 195 kg/hm^2，水稻 N 210 kg/hm^2，均按底肥 40%、分蘖肥 30%、拔节肥 30%分 3 次施用）的基础上，氮量减施 20%，并配合综合调控技术措施，产量并没有降低，而且氮肥表观利用率、农学利用率、氮肥偏生产力和贡献率均得到提高。氮素在作物体内累积随着施量的提高而提高，土壤无机氮残留量和氮素表观损失也有相同的规律。生产相同数量的籽粒产量的需氮量小麦高于水稻，而氮素表观损失，则水稻高于小麦。

关键词：氮肥减施；稻麦轮作；氮素利用率；氮素平衡；无机氮

稻麦轮作是我国长江中下游粮食主产区一种主要的种植制度，对我国谷类作物生产的贡献率达 30%，其生产状况直接影响我国的粮食安全。近年来，水稻和小麦的单产和总产也均有大幅度的提高[1-7]。但是，这种提高大多是以高氮肥用量为代价的，由此可能导致大气、土壤及水的污染。合理氮肥用量对作物产量和品质以及对生态环境将产生非常大的影响[8-9]。协调好作物持续高产、氮肥高效利用和生态环境保护等之间的矛盾，一直是备受关注的焦点[10-14]。因此，科学合理施用氮肥作为稻麦轮作体系中一项重要农艺措施[15-17]，在农业生产中显得极其关键。

当前，农民习惯施肥存在一定的盲目性，过多的氮肥投入会加大土壤中氮素的积累，使土壤、水及大气环境压力增加[18-19]，闫德智[20]、李伟波[21]等研究认为随氮肥用量的增加，水稻植株含氮量和吸氮量也随之增加，高氮处理使植株在生育前期吸收氮素更多，但氮素从营养器官向籽粒的转移量却降低，氮肥利用率也降低。王宜庭[8]认为随着氮肥用量的增加，氮素农学生产力下降，在氮用量 225～295 kg/hm^2 的情况下水稻前期氮肥利用率较低，中、后期氮肥利用率较高。Peng 等[22]研究表明，在农民习惯施肥的基础上，减施氮肥 30%，作物产量不会降低，但氮肥农学利用率大大提高。唐浩等[12]研究认为，在农民习惯施肥的基础上减施氮肥 20%～30%，总氮的流失量可以减少 23. 66%～28. 53%，对控制农业面源污染具有积极意义。本研究通过了解不同氮肥用量和运筹条件下，稻麦轮作体系中土壤氮素供应、吸收与利用，探求氮素平衡特征，旨

* 本文原载《西南农业学报》，2013，26（1）：195-202。

在为长江中下游稻麦轮作体系合理氮肥利用管理提供科学依据。

1　材料与方法

1.1　试验材料

湖北省是全国重要的粮食主产区之一，近年来水稻面积稳定在 210 万 hm^2，小麦 100 万 hm^2，稻麦轮作作为全省最重要的轮作制度，占有相当的比重。全省稻麦轮作区主要分布在江汉平原、鄂北地区、和鄂中丘陵区三大区域，本研究选择以潜江市、宜城市、荆门市分别代表上述 3 个区域，试验在这 3 个实验点同时开展，试验采用大面积小区尺度进行，每个试验点面积 2 668 m^2，各试验点不设重复，以点位之间作为重复。各试验点基本情况及硝态氮、铵态氮初始状况分别见表 1、表 2。

表 1　各试验点基本情况

地点	土壤类型	地理位置	基础养分状况
潜江	潮土	浩口镇 N：30° 22′55″，E：112°37′13″	pH 值 7.0，有机质 24.01 g/kg，全氮 1.62 g/kg，速效氮 135.7 g/kg，速效磷 18.22 g/kg，速效钾 97.68 g/kg
宜城	黄棕壤	小河镇 N：31°25′1″，E：112°09′00″	pH 值 7.1，有机质 28.21 g/kg，全氮 1.51 g/kg，速效氮 116.6 g/kg，速效磷 17.72 g/kg，速效钾 103.2 g/kg
荆门	黄棕壤	麻城镇 N：30° 54′35″，E：112°17′00″	pH 值 6.7，有机质 18.37 g/kg，全氮 1.29 g/kg，速效氮 111.5 g/kg，速效磷 12.47 g/kg，速效钾 79.53 g/kg

表 2　各试验点硝态氮、铵态氮初始状况　　单位：kg/hm^2

地点	0~20 cm		20~40 cm		40~60 cm		60~80 cm		80~100 cm	
	NO_3^--N	NH_4^+-N	NO_3^--N	NH_4^+-N	NO_3^--N	NH_4^+-N	NO_3^--N	NH_4^+-N	NO_3^--N	NH_4^+-N
潜江	16.56	2.48	10.23	3.19	6.32	2.55	2.45	1.79	3.76	2.34
宜城	10.34	3.28	6.68	2.63	7.43	1.27	1.59	2.20	2.11	1.65
荆门	9.27	1.92	5.63	2.08	2.71	1.51	3.22	2.31	1.88	1.11

1.2　试验设计

试验设 4 个处理，处理 1，氮空白（N0）：不施氮肥。处理 2，习惯施肥（FP）：按当地农民习惯施肥。处理 3，推荐施肥（OPT）：综合以往研究结果平衡推荐。处理 4，减施氮肥+综合调控（80%OPT）：以处理 3 推荐施肥 OPT，氮量减少 20%，并配合综合调控技术措施。

小区面积：处理 1 为 50 m^2，处理 2 为 1 334 m^2，处理 3 为 617 m^2，处理 4 为 667 m^2。

施肥量与方法。小麦季：处理 1（N0），不施氮（N）肥，磷（P_2O_5）、钾（K_2O）分别 90 kg/hm^2、120 kg/hm^2，磷肥全部作底肥基施，钾肥分两次施用，按底肥、追肥各 50%。处理 2（FP），氮（N）225 kg/hm^2，按底肥 70%、分蘖肥 30%分两次施用，磷、钾肥的用量与用法同处理 1。处理 3（OPT），氮（N）195 kg/hm^2，按底肥 40%、分蘖肥 30%、拔节肥 30%分 3 次施用，磷、钾肥的用量与用法同处理 1。处理 4（80%OPT），包括氮量减施，并配合其他综合调控措施。即氮（N）按 OPT 处理的 80%投入，这 80%的总氮（N）由 30%化学 N、30%缓释 N、20%有机肥 N 组成，其中 30%化学 N 运筹为底肥 0%、分蘖肥 18%、拔节肥 12%；30%缓释 N 及 20%有机肥 N 全部基施。配合微量元素肥料，包括硼肥（持力硼）3 kg/hm^2，锌肥（大粒锌）3 kg/hm^2，硅肥（大粒硅）60 kg/hm^2。并在小麦播种后用 3 000 kg/hm^2 稻草覆盖。

水稻季：处理 1（N0），磷（P_2O_5）、钾（K_2O）分别 90 kg/hm^2、120 kg/hm^2，磷肥全部作底肥基施，钾肥分两次施用，按底肥、追肥各 50%。处理 2（FP），氮（N）240 kg/hm^2，按底肥 70%、分蘖肥 30%分两次施用，磷、钾肥的用量与用法同 N0 处理。处理 3（OPT），氮（N）为 210 kg/hm^2，按底肥 40%、分蘖肥 30%、拔节肥 30%分 3 次施用，磷、钾肥的用量与用法同 N0 处理。处理 4（80%OPT），包括氮量减施，并配合其他综合调控措施。即氮（N）按 OPT 处理的 80%投入，这 80%的总氮（N）由 30%化学 N、30%缓释 N、20%有机肥 N 组成，其中 30%化学 N 运筹为底肥 0%、分蘖肥 18%、拔节肥 12%；30%缓释 N 及 20%有机肥 N 全部基施。并配合科学水分管理，即采用好气控制灌溉：浅水插秧，寸水返青活棵，分蘖前 3~5 d 灌 1 次 1~2 cm的薄水层；当苗数达到 18 万~20 万株/hm^2 时，晒田 7~10 d；晒田后复水，拔节至抽穗始期浅水勤灌，干干湿湿，每次水层 2~3 cm，待落干后再进行下一次；孕穗至扬花期深水灌溉，水层 4~5 cm；灌浆期后至乳熟期湿润灌溉，每次灌 1 cm 左右的跑马水，干干湿湿，干湿交替，保持田面潮湿。黄熟期自然落干，直至收割前 5 d 彻底断水，准备收割。配合微量元素肥料，包括硼肥（持力硼）3 kg/hm^2，锌肥（大粒锌）3 kg/hm^2，硅肥（大粒硅）60 kg/hm^2。

试验按小麦、水稻在同一地块轮作进行，连续定位两年，从 2008 年 10 月至 2010 年 9 月，即两个轮作周期共 4 季作物，其中小麦、水稻各两季。

试验所用常规氮磷钾肥料分别为尿素（N 46%，中国石油化工股份有限公司湖北化肥分公司）、过磷酸钙（P_2O_5 12%，湖北洋丰股份有限公司）、氯化钾（K_2O 60%，德国钾盐公司），持力硼（B15%）由美国硼砂集团提供，大粒锌（Zn 30%）、大粒硅（Si 25%）由武汉高飞农业有限公司提供。缓释 N（N 43%）由江西省农业科学院土壤肥料与资源环境研究所试验工厂提供，有机肥（N 1.8%，P_2O_5 2.2%，K_2O 2.0%）由武汉合缘绿色生物工程有限公司提供。

试验水稻品种选用Ⅱ优 838，育苗移栽，栽插密度 16.5 cm×26.4 cm，合 22.5 基本苗万株/hm^2。小麦品种为郑麦 9023，播种量 150 kg/hm^2，采用条播的方式播种。试验田块的除草、施药及其他管理均按当地常规方法进行。

1.3 样品采集及测定

1.3.1 样品采集

土壤样品：分别于播前、收获后采集各小区 0～100 cm 土层样品，每 20 cm 一层，共 5 层。

植株样：于小麦、水稻成熟时采集各小区植株样品。

籽粒样品：于收获时采集籽粒样品。

1.3.2 样品测定

土壤风干样品测定速效氮磷钾养分含量，植株（包括籽粒）样品测定全氮、磷、钾的含量，测定方法见[23]。鲜土样用于测定土壤硝态氮和铵态氮，测定方法为：称取解冻后的鲜土样 10 g，用 50 mL 1 mol/L KCl 溶液浸提（水土比 5：1），震荡 45 min，定量滤纸过滤后，用流动注射分析仪 FIASTAR-5000 测定 $NO3^-$-N 和 $NH4^+$-N 含量，同时测定土壤含水量[24]相关计算式如下。

氮收获指数（NHI,%）= 籽粒吸氮量/植株总吸氮量×100

氮肥表观利用率（ARE_N,%）=（施氮区地上部分吸氮量-空白区地上部分吸氮量）/施氮量×100

氮肥农学利用效率（AE_N，kg_{grain}/kg_N）=（施氮区籽粒产量-空白区籽粒产量）/施氮量

氮肥贡献率（FCR_N,%）=（施氮区籽粒产量-空白区籽粒产量）/施氮区籽粒产量×100

氮肥偏生产力（PFP_N，kg_{grain}/kg_N）= 施氮区籽粒产量/施氮量

土壤无机氮（N_{min}）= 铵态氮（NO_3^--N）+硝态氮（NH_4^+-N）

土壤氮素表观净矿化量=不施氮肥区作物吸氮量+不施氮肥区土壤残留 N_{min}-不施氮肥区土壤初始 N_{min}

氮素表观损失量=施氮量+土壤初始 N_{min}+土壤氮素净矿化量-作物吸氮量-收获后土壤残留 N_{min}

1.4 数据处理

试验数据采用 Microsoft Excel 和 SAS 统计软件进行处理。

2 结果与分析

2.1 氮肥减施对稻麦产量的影响

减施氮肥，小麦和水稻的产量并未降低，配以综合的调控措施后，籽粒产量还有一定的增加。从表 3、表 4 可以看出，小麦 80%OPT 处理，与 OPT 处理相比，产量有一定变化，产量增幅在-0.7%～13.7%，两个轮作周期中，小麦平均增产分别为 4.4%和

8.6%。但相对于习惯施肥 FP 和不施氮肥 N0，80%OPT 处理均表现为极显著增产。水稻方面，80%OPT 处理，与 OPT 处理相比，增产量比较明显，增幅在 1.45%～16.2%，两个轮作周期中，80%OPT 处理，与 OPT 处理相比平均增幅分别为 8.9%和 2.4%，均达到显著或极显著水平，相比习惯施肥 FP 和不施氮肥 N0 处理，增产也均达到极显著水平。

综合轮作周期的结果，无论相对于 OPT 处理和 FP、N0 处理，80%OPT 处理增产均达到了极显著水平，两个轮作周期，增幅介于 4.6%～7.3%。这说明，在习惯施肥 FP 的基础上，减少施肥是可行的，即使在推荐施肥 OPT 的基础上，减施 20%的氮肥，再配以综合的调控措施后，也不会减少作物的产量，从而提高肥料的利用率。

表 3　稻、麦及轮作体系的籽粒产量　　单位：kg/hm²

处理	潜江			宜城			荆门			平均		
	小麦	水稻	轮作期	小麦	水稻	轮作期	小麦	水稻	轮作期	小麦	水稻	轮作期
第 1 轮作周期												
N0	2 025	4 815	6 840	2 535	4 665	7 200	2 400	4 875	7 275	2 320	4 785	7 105
FP	3 165	7 170	10 335	3 615	7 350	10 965	3 435	6 930	10 365	3 405	7 150	10 555
OPT	3 375	7 905	11 280	4 110	7 320	11 430	4 155	6 765	10 920	3 880	7 330	11 210
80%OPT	3 795	8 235	12 030	4 080	7 845	11 925	4 275	7 860	12 135	4 050	7 980	12 030
第 2 轮作周期												
N0	2 415	5 220	7 635	2 805	4 890	7 695	2 430	4 965	7 395	2 550	5 025	7 575
FP	3 975	7 485	11 460	4 035	7 245	11 280	3 870	7 425	11 295	3 960	7 385	11 345
OPT	4 140	7 725	11 865	4 305	7 605	11 910	3 945	7 350	11 295	4 130	7 560	11 690
80%OPT	4 245	7 830	12 075	4 725	7 755	12 480	4 485	7 635	12 120	4 485	7 740	12 225

表 4　稻、麦及轮作体系籽粒产量统计　　单位：kg/hm²

处理	籽粒产量		
	小麦	水稻	轮作周期
第 1 轮作周期			
N0	2 320±264c	4 785±108c	7 105±233d
FP	3 405±227b	7 150±211b	10 555±355c
OPT	3 880±438ab	7 330±570b	11 210±262b
80%OPT	4 050±241a	7 980±221a	12 030±105a
第 2 轮作周期			
N0	2 550±221c	5 025±173c	7 575±159c
FP	3 960±84b	7 385±125b	11 345±100b
OPT	4 130±180ab	7 560±192ab	11 690±343b
80%OPT	4 485±240a	7 740±98a	12 225±222a

注：不同字母表示差异达 5%显著水平。

2.2 氮肥减施对氮素利用状况的影响

减施氮肥，将有助于氮肥利用率的提高。从表5可以看出，氮收获指数，无论小麦或者水稻，不施氮肥的N0处理均最高，在67.9%~80.1%，平均73.7%~74.4%，与其他处理相比，差异均达到极显著水平；随着施氮量的增加，收获指数下降。总体上，有收获指数小麦高于水稻的趋势。

氮肥表观利用率的研究结果，氮肥施用量越少，则氮肥表观利用率越高，80%OPT处理的氮肥表观利用率最高，在33.1%~33.8%；习惯施肥FP处理的氮肥表观利用率最低，在22.4%~23.9%。与其他处理相比，除第2茬水稻达到显著水平外，其他均达到极显著水平。

氮肥农学利用率的研究结果，施氮量越少，则氮肥农学利用率越高，80%OPT处理的氮肥农学利用率最高，在11.1~19.0 kg/kg；习惯施肥FP处理的氮肥农学利用率最低，在4.8~9.9 kg/kg。OPT处理则介于两者之间；与其他处理相比，差异均达到极显著水平。同一处理相比，氮肥农学利用率水稻均高于小麦。

氮肥偏生产力的研究结果，也表现为施氮量越少，氮肥偏生产力水平越高，80% OPT处理的最高，在26.0~47.5 kg/kg；习惯施肥FP处理的氮肥偏生产力水平最低，在15.1~30.8 kg/kg。OPT处理则介于两者之间；与其他处理相比，差异均达到极显著水平。同一处理之间，水稻氮肥偏生产力水平明显高于小麦。

氮肥贡献率的研究结果，表现为施氮量越少，氮肥贡献率越高，80%OPT处理的最高，在35.1%~42.8%；习惯施肥FP处理的氮肥贡献率最低，在32.1%~35.6%。OPT处理则介于两者之间；但与其他处理相比，差异基本不显著。

表5 稻、麦及轮作体系的氮肥利用状况

处理	氮收获指数/%	氮肥表观利用率/%	氮肥农学利用率/(kg/kg)	氮肥偏生产力/(kg/kg)	氮肥贡献率/%
			第1茬小麦		
N0	79.2±6.8a	—	—	—	
FP	51.7±5.2c	22.4±1.5c	4.8±0.2c	15.1±1.0c	32.1±3.5b
OPT	54.4±4.7c	30.5±2.1b	8.0±1.0b	19.9±2.2b	40.2±2.0a
80%OPT	61.8±7.1b	33.8±1.8a	11.1±1.1a	26.0±1.5a	42.8±4.5a
			第1茬水稻		
N0	67.9±3.6a	—	—	—	
FP	51.1±6.8c	23.7±1.1c	9.9±1.3b	29.8±0.9c	33.0±3.4a
OPT	53.6±3.8c	30.2±2.5b	12.1±2.9b	34.9±2.7b	34.4±5.8a
80%OPT	59.8±8.1b	33.4±2.0a	19.0±1.3a	47.5±1.3a	40.0±1.8a

（续表）

处理	氮收获指数 /%	氮肥表观利用率/%	氮肥农学利用率/(kg/kg)	氮肥偏生产力 /(kg/kg)	氮肥贡献率 /%
			第 1 轮作周期		
N0	73. 7±7. 0a	—	—	—	
FP	51. 4±4. 2c	23. 1±1. 3c	7. 4±0. 7c	22. 7±0. 0c	32. 7±2. 5b
OPT	54. 2±3. 9c	31. 3±2. 0b	10. 1±1. 0b	27. 7±0. 5b	36. 6±3. 0a
80%OPT	60. 8±7. 1b	33. 7±1. 2a	15. 2±0. 7a	37. 1±0. 2a	40. 9±1. 9a
			第 2 茬小麦		
N0	80. 1±9. 0a	—	—	—	
FP	53. 7±4. 6c	23. 4±0. 8c	6. 3±0. 7c	17. 6±0. 4c	35. 6±4. 6a
OPT	58. 2±5. 3bc	30. 8±3. 1b	8. 1±0. 6b	21. 2±0. 9b	38. 3±3. 4a
80%OPT	63. 1±7. 1b	33. 6±1. 6a	12. 4±0. 7a	28. 8±1. 5a	43. 2±2. 6a
			第 2 茬水稻		
N0	68. 7±4. 4a	—	—	—	
FP	52. 8±3. 9c	23. 9±1. 5b	9. 8±0. 4c	30. 8±0. 5c	32. 0±1. 5a
OPT	55. 0±3. 6c	32. 6±2. 1ab	12. 1±0. 8b	36. 0±0. 9b	33. 5±1. 9a
80%OPT	61. 2±6. 2b	33. 1±1. 5a	16. 2±0. 8a	46. 1±0. 6a	35. 1±1. 8a
			第 2 轮作周期		
N0	74. 4±5. 2a	—	—	—	
FP	53. 4±4. 1d	23. 7±1. 6c	8. 1±0. 4c	24. 4±0. 2c	33. 2±1. 4b
OPT	56. 8±4. 2c	31. 7±2. 4b	10. 2±0. 5b	28. 9±0. 8b	35. 2±0. 6b
80%OPT	62. 3±2. 9b	33. 4±1. 7a	14. 4±0. 6a	37. 7±0. 1a	38. 0±1. 1a

注：不同字母表示差异达 5%显著水平。

2. 3　作物氮素吸收与累积

从表 6 可以看出，无论小麦，还是水稻，氮素积累的总体趋势均表现为随着施氮水平的提高而提高，各施氮处理氮素累积均显著高于不施氮的处理。吸氮量上，不施氮肥的 N0 处理，小麦高于水稻。

作物需氮量所反映的是每吨籽粒所需要的总氮量，表 6 表明，无论不施氮（N0）、还是施氮（80%OPT、OPT、FP）处理，100 kg 小麦籽粒的需氮量均高于 100 kg 稻谷的需氮量，说明耐肥特性上，小麦要高于水稻，这与易琼[16]、李伟波[21]等的研究结果一致。随着小麦施氮量增加，其籽粒产量和需氮量是同步增加的。当达到最高施肥量 225 kg/hm^{2}时，总需氮量也达到最高 185. 9 kg/hm^2，此时吸氮量也达最大，表明每生产 1 000 kg 小麦籽粒，需氮量最高为 54. 6 kg。水稻则是当达到最高施肥量 240 kg/hm^2 时，总需氮量也达到最高 189. 4 kg/hm^2，此时吸氮量也达最大，表明每生产 1 000 kg 稻谷，需氮量最高为 26.5 kg。

表 6　小麦和水稻总吸氮量与籽粒吸收特征

处理	小麦		水稻		麦—稻体系	
	吸氮量 /(kg/hm²)	籽粒需氮量 /(kg/t)	吸氮量 /(kg/hm²)	籽粒需氮量 /(kg/t)	吸氮量 /(kg/hm²)	籽粒需氮量 /(kg/t)
第 1 轮作周期						
N0	68.0c	29.3c	59.6d	12.5c	127.6c	18.0d
FP	185.9a	54.6a	189.4a	26.5a	375.3a	35.6a
OPT	179.6ab	46.3b	173.6b	23.7ab	353.2ab	31.5b
80%OPT	168.1b	41.5b	159.2c	19.9b	327.3b	27.2c
第 2 轮作周期						
N0	65.3c	25.6c	68.1c	13.6c	133.4c	17.6c
FP	205.1a	51.8a	194.6a	26.4a	399.7a	35.2a
OPT	191.6b	46.4b	173.4b	22.9b	365.0b	31.2b
80%OPT	189.3b	42.2b	163.1b	21.1b	352.4b	28.8b

注：不同字母表示差异达 5%显著水平。

2.4　氮肥减施对土壤氮素平衡的影响

关于氮素平衡，有许多学者进行过相关研究[17,25-29]，本试验根据土壤无机氮含量（N_{min}）及稻、麦氮素吸收，分别计算了 0~100 cm 范围内稻、麦及两个轮作周期的氮素吸收与平衡状况。由表 7 可以看出，每季栽培结束后，施氮处理（80% OPT、OPT、FP）较不施氮处理（N0）均有更多的无机氮残留；而施氮处理中，则表现为无机氮的残留量随着施氮量的增加而增加的趋势；两个轮作周期中，不施氮处理（N0），无机氮的残留变化不大，略有下降的趋势，而施氮处理中，无机氮表现为随着施氮量的增加残留更多，有 FP>OPT>80%OPT 的趋势。

氮表观损失方面，表现为 FP>OPT>80%OPT，说明高量的氮肥会促进更多的氮素损失，水稻与小麦相比，似乎表现为水稻氮素损失更为明显。

表 7　小麦—水稻轮作体系的氮素平衡

处理	氮输入			氮输出		氮表观损失
	施氮量	起始无机氮	净矿化氮	吸氮量	残留无机氮	
第 1 茬小麦						
N0	0	91.9	76.2	68.0c	100.1c	
FP	225	91.9	76.2	185.9a	137.7a	69.5a
OPT	195	91.9	76.2	179.6ab	130.9ab	52.6b
80%OPT	156	91.9	76.2	168.1b	115.2b	40.8c

（续表）

处理	氮输入			氮输出		氮表观损失
	施氮量	起始无机氮	净矿化氮	吸氮量	残留无机氮	
			第 1 茬水稻			
N0	0	100.1	62	59.6c	102.5c	0
FP	240	137.7	62	189.4a	178.7a	71.6a
OPT	210	130.9	62	173.6ab	173.9ab	55.4b
80%OPT	168	115.2	62	159.2b	146.8b	39.2c
			第 1 轮作周期			
N0	0	91.9	138.2	127.6c	102.5c	
FP	465	91.9	138.2	375.3a	178.7a	141.1a
OPT	405	91.9	138.2	353.2ab	173.9ab	108.0b
80%OPT	324	91.9	138.2	327.3b	146.8b	80.0c
			第 2 茬小麦			
N0	0	102.5	59.6	65.3c	96.8c	
FP	225	178.7	59.6	205.1a	176.9a	81.3a
OPT	195	173.9	59.6	191.6b	168.4ab	68.5b
80%OPT	156	146.8	59.6	189.3b	136.6b	36.5c
			第 2 茬水稻			
N0	0	96.8	67	68.1c	95.7c	
FP	240	176.9	67	194.6a	198.9a	90.4a
OPT	210	168.4	67	173.4b	188.4ab	83.6a
80%OPT	168	136.6	67	163.1b	158.8b	49.7b
			第 2 轮作周期			
N0	0	102.5	126.6	133.4c	95.7c	
FP	465	178.7	126.6	399.7a	198.9a	171.7a
OPT	405	173.9	126.6	365.0b	188.4ab	152.1ab
80%OPT	324	146.8	126.6	352.4b	158.8b	86.2b

注：不同字母表示差异达 5%显著水平。

3 讨论与结论

减施氮肥，无论小麦和水稻，产量均未降低，即使在传统推荐施肥（OPT）的基础上实行氮量减施。与 OPT 处理相比，两个轮作周期 3 个地点，小麦增幅在-0.7%~13.7%，除 2008 年宜城出现减产外，其他均表现为增产，小麦各分别平均增产 4.4%和 8.6%，而出现减产的那一点，经统计校验未达到显著差别。水稻则增幅在 1.45%~16.2%，两个轮作周期平均增幅分别为 8.9%和 2.4%，均达到显著水平。相比习惯施肥（FP）和不施氮肥（N0），增产更是均达到极显著水平。综合两个轮作周期的结果，在传统推荐施肥的基础上，减施 20%的氮肥也是可行的，但需配以综合的调控措施相补充，从而提高肥料的利用率。

减施氮肥，有助于提高氮肥利用率，包括氮肥表观利用率、农学利用率、氮肥偏生产力和贡献率均有提高。这与郭天财[17]、巨晓棠[25]、Zhang[28]等的结论是一致的。小麦与水稻相比，一致的观点是小麦的耐肥性普遍高于水稻[10,12,16]，本研究认为小麦的收获指数高于水稻，农学效率和片生产力则表现为水稻高于小麦，这也验证了上述观点。

氮素积累方面，施氮有助于氮素在作物体内积累，累积量随着施氮水平的提高而提高，各施氮处理氮素累积均显著高于不施氮的处理。在小麦和小麦水稻上均表现如此。同时本研究认为，生产相同数量的籽粒产量所需氮量（比如 100 kg），小麦高于水稻，这同样可以验证耐肥特性上，小麦要高于水稻这一观点。

氮素平衡方面，本研究按普遍的做法[15,25-29]，先假设了不施氮（N0）的处理没有氮素表观损失，研究结果表明施氮处理（80% OPT、OPT、FP）较不施氮处理（N0）均有更多的无机氮残留；而施氮处理中，则无机氮的残留量随着施氮量的增加而增加；两个轮作周期中，不施氮处理（N0），无机氮的残留变化不大，略有下降的趋势。氮表观损失方面，施氮量越高，表观损失越大，水稻与小麦相比，水稻氮素损失更为明显。本研究中，通过两个轮作周期的定位试验，土壤无机氮残留，不施氮（N0）处理有表现为逐步减少的趋势，这是否可以证明农田在无氮条件下的耕作有自然衰竭的可能？而施氮的处理中，均表现为无机氮残留增加，能否说明在传统推荐施肥的基础上减施 20%的氮量，是完全可行的，甚至还有更进一步的减施空间？或者这与灌溉水近年出现的 TN、NO_3^--N、NH_4^+-N[30-33]及水体富营养化程度有增加的趋势[34-36]有关，尚需要进一步的研究。

综上所述，在长江中下游地区稻—麦轮作体系中，在传统推荐施氮的基础上，减施 20%，然后再配合一些综合调控技术措施，如肥水偶合应变、不同氮肥形态组合、秸秆覆盖、中微量元素补充等，能保证作物补减产，并可减小环境风险。但本试验为两个轮作周期 3 个地点的定位结果，尚需进行更长时间和更多点位的校验，才能定论。

参考文献

[1] 高春保，刘易科，佟汉文，等．湖北省“十一五”小麦生产概况分析及“十一五”发展思路 [J]. 湖北农业科学，2010，49（11）：2703-2705，2714.

[2] 高春保，朱展望，刘易科，等．湖北省小麦增产潜力分析和 2009 年小麦秋播的主要技术措施 [J]. 湖北农业科学，2009，48（10）：2374-2376.

[3] 费震江，董华林，武晓智，等．湖北省水稻生产发展策略及科技需求分析 [J]. 湖北农业科学，2010，49（12）：3224-3226.

[4] 游艾青，陈亿毅．湖北省水稻生产发展战略思考 [J]. 湖北农业科学，2008，47（11）：1361-1364.

[5] 曹凑贵，蔡明历，张似松，等．湖北省水稻生产现状及技术对策 [J]. 湖北农业科学，2004，4：28-30.

[6] 柯利堂，汤颢军．加快湖北省小麦产业发展的思考［J］．湖北农业科学，2006，45（6）：681-682.

[7] 申建波，张福锁．水稻养分资源管理理论与实践［M］．北京：中国农业出版社，2006：2-5.

[8] 王宜庭．氮肥运筹对水稻产量和氮素吸收利用的影响［J］．河北农业科学，2008，12（4）：56-57.

[9] 吴文革，阮新民，施伏芝．不同施氮水平对中籼稻氮素吸收利用及产量的影响［J］．安徽农业科学，2007，35（5）：1403-1405.

[10] 黄明蔚，刘敏，陆敏，等．稻麦轮作农田系统中氮素渗漏流失的研究［J］．环境科学学报，2007，27（4）：629-636.

[11] 王红，张瑞芳，周大迈．氮肥引起的面源污染问题研究进展［J］．北方园艺，2011，5：201-203.

[12] 唐浩，邱卫国，周翾，等．稻麦轮作条件下氮素流失特性及控制对策研究［J］．人民黄河，2010，32（6）：64-66，68.

[13] 杨仁朋，王德科，刘长庆，等．冬小麦夏玉米轮作体系优化施氮对土壤硝态氮的影响［J］．中国农学通报，2006，22（12）：369-372.

[14] 宋歌，孙波．县域尺度稻麦轮作农田土壤无机氮的时空变化［J］．农业环境科学学报，2008，28（2）：636-642.

[15] 崔振岭，石立委，许久飞，等．氮肥施用对冬小麦产量、品质和氮素表观损失的影响研究［J］．应用生态学报，2005，16（11）：2071-2075.

[16] 易琼，张秀芝，何萍，等．氮肥减施对稻麦轮作体系作物氮素吸收、利用和土壤氮素平衡的影响［J］．植物营养与肥料学报，2010，16（5）：1069-1077.

[17] 郭天财，宋晓，冯伟，等．高产麦田氮素利用、氮平衡及适宜施氮量［J］．作物学报，2008，34（5）：886-892.

[18] CUI Z L, CHEN X P, MIAO Y X, et al. On-farm evaluation of winter wheat yield response to residual soil nitrate - N in North China Plain [J]. Agronomy Journal, 2008, 100 (6): 1527-1534.

[19] ALAM M M, LADHA J K, FOYJUNNESSA, et al. Nutrient management for increased productivity of rice - wheat cropping system in Bangladesh [J]. Field Crops Research, 2006, 96: 374-386.

[20] 闫德智，王德建，林静慧．太湖地区氮肥用量对土壤供氮、水稻吸氮和地下水的影响［J］．土壤学报，2005，42（3）：440-446.

[21] 李伟波，吴留松，廖海秋．太湖地区高产稻田氮肥施用与作物吸收利用的研究［J］．土壤学报，1997，34（1）：67-72.

[22] PENG S B, BURESH R J, HUANG J L, et al. Strategies for overcoming low agronomic nitrogen use efficiency in irrigated rice systems in China [J]. Field Crops Research, 2006, 96: 37-47.

[23] 鲁如坤．土壤农业化学分析方法［M］．北京：中国农业科技出版社，2000.

[24] LIU X J, JU X T, ZHANG F S, et al. Nitrogen recommendation for winter wheat using N_{min} test and rapid plant tests in North China plain [J]. Communications in Soil Science and Plant Analysis, 2003, 34 (17-18): 2539-2551.

[25] 巨晓棠，刘学军，张福锁．冬小麦与夏玉米轮作体系中氮肥效应及氮素平衡研究［J］．中

国农业科学，2002，35（11）：1361-1368.
[26] HAWKINS J A，SAWYER J E，BARKER D W，et al. Using relative chlorophyll meter values to determine nitrogen application rates [J]. Agronomy Journal，2007，99：1034-1040.
[27] 周顺利，张福锁，王兴仁．土壤硝态氮时空变异与土壤氮素表观盈亏研究Ⅰ．冬小麦 [J]. 生态学报，2001，21（11）：1782-1789.
[28] ZHANG J，BLACKMER A M，ELLSWORTH J W，et al. Sensitivity of chlorophyll meters for diagnosing nitrogen deficiencies of corn in production agriculture [J]. Agronomy Journal，2008，100：543-550.
[29] 刘学军，巨晓棠，张福锁．减量施氮冬小麦—夏玉米种植体系中氮利用与平衡的影响 [J]. 应用生态学报，2004，15（3）：458-462.
[30] 袁珍丽，木志坚．三峡库区典型农业小流域氮磷排放负荷研究 [J]. 人民长江，2010，41（14）：84-98.
[31] 王静，郭熙盛，王允青，等．保护性耕作与平衡施肥对巢湖流域稻田氮素径流损失及水稻产量的影响研究 [J]. 农业环境科学学报，2010，29（6）：1164-1171.
[32] 谢迎新，熊正琴，赵旭，等．富营养化河水灌溉对稻田土壤氮磷养分贡献的影响——以太湖地区黄泥土为例 [J]. 生态学报，2008，28（8）：3618-3625.
[33] 尹炜，史志华，雷阿林．丹江口库区生态环境保护的实践与思考 [J]. 人民长江，2011，42（2）：59-63.
[34] 张维理，武淑霞，冀宏杰，等．中国农业面源污染形势估计及控制对策Ⅰ.21世纪初期中国农业面源污染的形势估计 [J]. 中国农业科学，2004，37（7）：1008-1017.
[35] 许其功，刘鸿亮，沈珍瑶，等．三峡库区典型小流域氮磷流失特征 [J]. 环境科学学报，2007，27（2）：326-331.
[36] 段永惠，张乃明，张玉娟，等．施肥对农田氮磷污染物径流输出的影响研究 [J]. 土壤，2005，37（1）：48-51.

湖北省稻茬麦区秸秆还田替代钾肥效果*

邹 娟，高春保，董 凡，朱展望，
刘易科，佟汉文，陈 泠，张宇庆

摘 要：2014—2015 年，在湖北省鄂中丘陵和鄂北岗地麦区、江汉平原麦区的 9 个县（市）布置稻茬麦秸秆还田配施钾肥效果田间试验。共设置 NP、NPK、NP+S、NP+1/2K+S、NP+3/4K+S 和 NPK+S 共 6 个处理，其中 N、P、K 和 S 分别表示氮、磷、钾和秸秆还田。结果表明，与 NP 处理相比，施钾和秸秆还田均能不同程度增加小麦产量、植株钾素含量及钾素吸收量；秸秆还田条件下，鄂中北麦区产量随钾肥用量的增加而增加，江汉平原麦区产量表现先增加后降低趋势；秸秆还田处理稻茬麦区土壤钾素表观平衡处于盈余状态；结合产量及经济效益，秸秆还田条件下湖北省稻茬小麦钾肥推荐用量为 30～45 kg/hm^2。

关键词：稻茬小麦；秸秆还田；钾肥替代；产量

湖北省稻茬麦面积超过 60 万 hm^2，占全省小麦面积的 60%左右[1]。湖北省稻茬麦生产中存在的主要问题是中低产田比例较大，而农田钾素亏缺是限制稻茬麦产量提升的限制因素之一[2]。随着农业部“一控两减三基本”的实施及湖北人民代表大会常务委员会“秸秆禁烧决定”的出台，作物秸秆还田率势必呈增加趋势。秸秆还田不仅能够改善土壤环境，其释放的养分还可供作物吸收利用进而提高产量[3-5]，其中钾素含量大、释放快，较易被作物吸收利用，是一种速效性的钾素资源[6]。为从区域尺度研究秸秆还田和钾肥配施对稻茬小麦的影响，在湖北省不同麦区布置田间试验，以期探明秸秆还田替代不同用量钾肥的效果，为湖北省稻茬小麦的钾肥合理配置及调控提供依据。

1 材料与方法

1.1 试验地概况

2014—2015 年，在湖北省不同稻茬麦区开展小麦季秸秆还田钾肥替代研究，其中鄂中丘陵和鄂北岗地麦区（简称鄂中北麦区）试验点 5 个，分别是京山、随县、老河口、宜城和南漳；江汉平原区试验点 4 个，分别为应城、孝昌、潜江和洪湖。各试验点供试土壤均为水稻土，供试土壤的基础理化性状见表 1。

* 本文原载《湖北农业科学》，2016，55（24）：6398-6401，6417。

各试验点均为稻—麦两熟轮作，小麦于2014年10月播种，种植密度为每公顷225万~255万株基本苗，条播，2015年5月收获。小麦品种为鄂麦596、郑麦9023、襄麦25、襄麦55等当地主栽品种。

表1　不同稻茬麦区土壤基础理化性状

麦区	pH值	有机质/(g/kg)	全氮/(g/kg)	有效磷/(mg/kg)	速效钾/(mg/kg)	缓效钾/(mg/kg)
鄂中北（n=5）	6.5±0.7	23.58±6.56	0.99±0.25	10.16±3.99	138.3±38.0	492.1±173.4
江汉平原（n=4）	7.5±0.3	30.97±6.31	1.28±0.27	10.28±2.62	141.3±38.2	642.3±355.3
全省（n=9）	6.9±0.8	26.86±7.18	1.12±0.29	10.21±3.25	139.7±35.6	558.8±262.0

注：n表示不同稻茬麦区的试验点数。下同。

1.2　试验设计

本试验共设置6个处理（表2）。氮肥分次施用，基肥与分蘖肥比例为7∶3；磷、钾肥作为基肥一次性施用。供试肥料品种分别为尿素（含N 46%）、过磷酸钙（含P_2O_5 12%）、氯化钾（含K_2O 60%）。各试验点还田秸秆与秸秆腐熟剂（30 kg/hm^2）一起翻压还田。鄂中北麦区和江汉平原麦区各试验点平均秸秆钾（K_2O）投入量分别为206 kg/hm^2、163 kg/hm^2。各处理设置3次重复，小区面积50 m^2。其他生产管理措施均采用当地常规管理方法。

表2　试验处理及肥料、秸秆用量　　单位：kg/hm^2

处理	氮（N）	磷（P_2O_5）	钾（K_2O）	水稻秸秆
不施钾（NP）	150	60	0	0
施钾肥（NPK）	150	60	60	0
施秸秆（NP+S）	150	60	0	6 000
秸秆还田+1/2钾肥（NP+1/2K+S）	150	60	30	6 000
秸秆还田+3/4钾肥（NP+3/4K+S）	150	60	45	6 000
秸秆还田+全量钾肥（NPK+S）	150	60	60	6 000

1.3　取样及测定方法

小麦成熟后，各小区随机取3个1 m长的样段混合后，沿根茎结合处剪掉根系，将地上部作为一个分析样品，待风干后分成籽粒和秸秆，分别称重后，各取部分样，于65 ℃烘干至恒重，磨细过0.5 mm筛，供分析测定用。籽粒产量以各小区实收计量，秸秆产量由取样植株秸秆和籽粒的比例计算得出。小麦地上部各部分用浓H_2SO_4-H_2O_2消化后，SEAL AA3流动注射分析仪测定全氮含量[7]。

基础土样pH值采用电位法测定（水土比2.5∶1），有机质含量采用油浴加热—重铬酸钾容量法测定，全氮含量用浓硫酸消煮—半微量开氏法测定，有效磷含量用 0.5 mol/L $NaHCO_3$ 浸提—钼锑抗比色法测定，速效钾含量用 1 mol/L NH_4Ac 浸提—火焰光度法测定，缓效钾含量用 1 mol/L 热 HNO_3 浸提—火焰光度法测定[7]。

1.4 数据处理

钾（K_2O）素吸收量（kg/hm^2）= 植株地上部干物质量（kg/hm^2）×钾素含量（%）×1.2[8]；

土壤钾（K_2O）素表观平衡量（kg/hm^2）= 钾素投入总量-作物带走钾素总量[9]。

试验数据用 Microsoft Excel 软件处理，采用 DPS 数据处理软件进行统计分析，结果均用 LSD 法检验 $P<0.05$ 水平上的差异显著性。

2 结果与分析

2.1 施钾和秸秆还田对稻茬小麦产量的影响

鄂中北麦区及江汉平原麦区 NP 处理平均产量分别为 5 025 kg/hm^2、3 259 kg/hm^2（表 3），施钾和秸秆还田或二者配合施用均能使小麦增产，其中鄂中北地区各施钾或秸秆还田处理平均增产 591～1 155 kg/hm^2，增产率为 9.1%～18.6%；江汉平原地区平均增产量在 461～769 kg/hm^2，增产率为 12.7%～20.8%。从全省平均水平看，6 个处理籽粒产量表现为 NP+3/4K+S> NPK+S> NP+1/2K+S> NP+S> NPK> NP，茎秆产量表现为 NPK+S> NP+3/4K+S> NP+S> NP+1/2K+S> NPK> NP。秸秆还田条件下，鄂中北麦区籽粒产量随钾肥用量的增加而增加，江汉平原麦区籽粒产量随钾肥用量的增加呈现先增加后降低的趋势。收获指数即籽粒产量与地上部生物量的比值，由表 3 可以看出，施钾或秸秆后小麦收获指数略有降低，但各处理间差异不显著。

表 3 施钾和秸秆还田对稻茬小麦产量及收获指数的影响

麦区	处理	生物量/（kg/hm^2）		收获指数	籽粒增产	
		籽粒	茎秆		单产/（kg/hm^2）	百分率/%
鄂中北（$n=5$）	NP	5 025±1 318 d	5 778±1 925 c	0.47±0.03 a	—	—
	NPK	5 703±1 560 bc	6 915±2 488 b	0.46±0.03 a	678±328	13.3±5.4
	NP+S	5 616±1 975 c	6 978±2 506 ab	0.45±0.02 a	591±405	9.1±6.5
	NP+1/2K+S	6 033±1 867 abc	7 050±2 676 ab	0.47±0.03 a	1 008±615	17.1±6.8
	NP+3/4K+S	6 075±1 667 ab	7 509±2 743 ab	0.45±0.02 a	1 050±451	17.2±5.4
	NPK+S	6 180±1 705 a	7 578±2 338 a	0.45±0.02 a	1 155±619	18.6±9.8

（续表）

麦区	处理	生物量/(kg/hm²)		收获指数	籽粒增产	
		籽粒	茎秆		单产/(kg/hm²)	百分率/%
江汉平原（n=4）	NP	3 259±769 b	4 343±1 268 b	0.43±0.04 a	—	—
	NPK	3 758±622 a	4 954±1 156 a	0.43±0.03 a	499±249	17.2±8.5
	NP+S	3 720±666 a	5 325±791 a	0.41±0.03 a	461±198	12.7±6.1
	NP+1/2K+S	3 754±628 a	5 074±969 a	0.43±0.02 a	495±276	14.2±7.5
	NP+3/4K+S	4 028±706 a	5 254±885 a	0.43±0.03 a	769±419	20.8±10.5
	NPK+S	3 821±693 a	5 460±1 266 a	0.41±0.05 a	563±258	14.6±7.4
全省（n=9）	NP	4 240±1 399 c	5 140±1 740 d	0.45±0.04 a	—	—
	NPK	4 838±1 554 b	6 043±2 160 c	0.45±0.03 a	598±325	15.0±7.0
	NP+S	4 773±1 765 b	6 243±2 033 abc	0.43±0.03 a	533±361	10.7±6.3
	NP+1/2K+S	5 020±1 826 ab	6 172±2 240 bc	0.45±0.03 a	780±563	15.8±7.0
	NP+3/4K+S	5 165±1 655 a	6 507±2 339 ab	0.44±0.02 a	925±436	18.8±7.8
	NPK+S	5 132±1 783 a	6 637±2 140 a	0.43±0.04 a	892±560	16.8±8.6

注：不同小写字母表示处理间差异显著（P<0.05）。下同。

2.2 施钾和秸秆还田对稻茬小麦钾吸收的影响

与不施钾对照处理（NP）相比，施钾和秸秆还田或二者配施均提高了小麦籽粒和秸秆钾含量（表4），其中全省籽粒钾绝对含量增加0.01%～0.03%，但各处理间差异不显著；茎秆施钾或秸秆还田对茎秆钾含量的影响较籽粒显著，秸秆钾绝对含量增加0.23%～0.42%，秸秆还田后，鄂中北麦区和江汉平原麦区茎秆钾含量均随钾肥用量的增加而增加。此外，相同处理时鄂中北麦区籽粒及茎秆钾含量均高于江汉平原麦区。

表4 施钾和秸秆还田对稻茬小麦不同部位钾含量的影响

处理	籽粒钾含量/%			茎秆钾含量/%		
	鄂中北（n=5）	江汉平原（n=4）	全省（n=9）	鄂中北（n=5）	江汉平原（n=4）	全省 D（n=9）
NP	0.44±0.11 a	0.37±0.05 a	0.41±0.09 a	1.70±0.35 b	1.17±0.42 c	1.46±0.46 c
NPK	0.47±0.05 a	0.37±0.05 a	0.42±0.07 a	2.06±0.27 a	1.48±0.47 ab	1.80±0.46 ab
NP+S	0.46±0.09 a	0.39±0.05 a	0.42±0.08 a	1.99±0.47 ab	1.31±0.48 bc	1.69±0.57 b
NP+1/2K+S	0.45±0.08 a	0.40±0.05 a	0.43±0.07 a	2.13±0.45 a	1.46±0.31 ab	1.83±0.51 ab
NP+3/4K+S	0.48±0.05 a	0.39±0.06 a	0.44±0.07 a	2.17±0.30 a	1.50±0.34 a	1.87±0.46 a
NPK+S	0.47±0.05 a	0.39±0.06 a	0.43±0.07 a	2.16±0.38 a	1.53±0.51 a	1.88±0.53 a

根据钾含量及生物量计算小麦钾吸收量。由表5可知，较NP处理，其余5个处理鄂中北麦区小麦地上部钾（K_2O）吸收量增加51.8～85.9 kg/hm^2，增幅达35.7%～63.2%；江汉平原麦区地上部钾吸收量增加25.7～44.3 kg/hm^2，增幅达37.5%～62.9%；全省钾吸收量平均增加40.2～66.1 kg/hm^2，增幅36.5%～63.1%。不同处理间地上部钾吸收量的变化顺序与其生物量趋势一致。此外，不同部位钾吸收量差异显著，全省平均各处理茎秆钾吸收量占地上部总钾吸收量的81.9%～85.1%。

表5　施钾和秸秆还田对稻茬小麦不同部位钾素吸收量的影响

麦区	处理	钾（K_2O）吸收量/(kg/hm^2)			地上部钾（K_2O）吸收增加	
		籽粒	茎秆	地上部	/(kg/hm^2)	/%
鄂中北(n=5)	NP	25.7±5.9 c	118.7±45.9 c	144.4±49.7 c	—	—
	NPK	32.0±7.6 ab	171.5±66.9 ab	203.6±74.3 ab	59.2±31.7	41.9±15.7
	NP+S	29.3±4.4 bc	166.8±67.7 b	196.2±71.4 b	51.8±25.1	35.7±9.9
	NP+1/2K+S	31.4±3.9 ab	183.6±85.7 ab	215.0±88.9 ab	70.7±45.5	47.5±21.3
	NP+3/4K+S	34.3±7.7 a	196.0±75.0 a	230.3±82.4 a	85.9±37.4	61.3±20.2
	NPK+S	34.3±7.2 a	193.7±56.7 ab	228.0±63.5 a	83.7±22.9	63.2±25.3
江汉平原(n=4)	NP	14.6±4.0 b	63.8±34.6 c	78.4±37.9 c	—	—
	NPK	16.6±3.9 ab	90.8±43.5 ab	107.4±47.0 ab	28.9±17.1	43.3±29.7
	NP+S	17.4±4.6 ab	86.8±43.0 b	104.2±45.7 b	25.7±18.6	37.5±21.3
	NP+1/2K+S	18.4±5.0 a	89.9±30.8 ab	108.3±34.2 ab	29.9±14.5	50.8±37.0
	NP+3/4K+S	19.2±5.6 a	96.9±38.5 ab	116.0±42.1 ab	37.6±23.1	61.2±42.7
	NPK+S	17.9±5.3 ab	104.9±54.2 a	122.7±54.8 a	44.3±23.3	62.9±30.5
全省(n=9)	NP	20.8±7.6 c	94.3±48.4 d	115.1±54.6 c	—	—
	NPK	25.1±10.1 ab	135.7±69.0 bc	160.8±78.5 b	45.7±29.4	42.6±21.3
	NP+S	24.0±7.6 b	131.3±69.0 c	155.3±75.4 b	40.2±25.2	36.5±14.8
	NP+1/2K+S	25.6±8.0 ab	142.0±80.4 abc	167.6±86.9 ab	52.5±39.7	49.0±27.3
	NP+3/4K+S	27.6±10.3 a	151.9±78.1 ab	179.5±87.7 a	64.4±39.3	61.3±29.8
	NPK+S	27.0±10.6 a	154.2±70.0 a	181.2±78.9 a	66.1±29.9	63.1±25.9

2.3　施钾和秸秆还田对土壤—作物系统钾素表观平衡的影响

小麦收获后，全省农田钾素表观平衡量表现为NPK+S>NP+3/4K+S>NP+1/2K+S> NP+S>NPK>NP（表6），秸秆不还田的NP及NPK处理农田土壤钾素处于亏缺状态，而秸秆还田的4个处理农田钾素均呈现盈余状态，可见前茬水稻秸秆还田与否是小麦季农田土壤钾素表观平衡盈亏的关键因子之一。

表 6　施钾和秸秆还田对土壤—作物系统钾（K_2O）表观平衡的影响　单位：kg/hm^2

处理	钾投入				钾支出			农田钾素表观平衡		
	化学钾	秸秆钾			地上部吸钾量					
		鄂中北（n=5）	江汉平原（n=4）	全省（n=9）	鄂中北（n=5）	江汉平原（n=4）	全省（n=9）	鄂中北（n=5）	江汉平原（n=4）	全省（n=9）
NP	0	0	0	0	144.4	78.4	115.1	-144.4	-78.4	-115.1
NPK	60	0	0	0	203.6	107.4	160.8	-143.6	-47.4	-100.8
NP+S	0	206	163	185	196.2	104.2	155.3	9.8	58.8	29.7
NP+1/2K+S	30	206	163	185	215.0	108.3	167.6	21.0	84.7	47.4
NP+3/4K+S	45	206	163	185	230.3	116.0	179.5	20.7	92.0	50.5
NPK+S	60	206	163	185	228.0	122.7	181.2	38.0	100.3	63.8

3　小结与讨论

在施用氮、磷肥的基础上，鄂中北麦区和江汉平原麦区施钾和秸秆还田均能不同程度增加小麦产量、植株钾素含量及钾吸收量。施钾处理（NPK）籽粒产量略高于秸秆还田处理（NP+S），但二者间差异不显著；秸秆还田条件下，随着钾肥用量的增加，鄂中北麦区籽粒产量呈增加趋势，而江汉平原麦区籽粒产量表现先增加后降低，钾肥用量 45 kg/hm^2 时产量最高，不同麦区秸秆还田后钾肥的增产效果因土壤供钾能力、土壤地力水平及当地生产力水平差异而表现不同[8,10]。

稻麦轮作是湖北省重要种植制度，保证土壤—作物系统养分表观平衡，维持或提高土壤地力水平是稻麦周年持续丰产的必要条件之一。水稻收获后农田土壤钾素均处于亏缺状态[8]，本试验结果表明，秸秆还田条件下稻茬麦农田土壤钾素均有盈余，且随钾肥用量的增加盈余量增加，说明小麦季秸秆还田和施钾肥能使土壤—作物系统的钾素向收支平衡的方向转化，缓解水稻季土壤钾素亏损状态，进而有利于稻麦两季的周年丰产。

秸秆作为速效性钾素资源，可与传统钾肥起到相同作用[11]，水稻季秸秆还田可适当减少钾肥用量[10,12]。本研究中，结合稻茬麦产量及农田土壤养分表观平衡结果，并考虑钾肥的经济效益，秸秆还田条件下湖北省稻茬小麦钾肥推荐用量为 30~45 kg/hm^2。

参考文献

[1]《湖北农村统计年鉴》编辑委员会．湖北农村统计年鉴 [M]．北京：中国统计出版社，2015.

[2] 邹娟，汤颢军，朱展望，等．湖北省小麦施肥现状及分析［J］．湖北农业科学，2015，54（23）：5849-5852.

[3] 黄婷苗，郑险峰，侯仰毅，等．秸秆还田对冬小麦产量和氮、磷、钾吸收利用的影响［J］．植物营养与肥料学报，2015，21（4）：853-863.

[4] LEMKE R L，VANDENBYGAART A J，CAMPBELL C A，et al. Crop residue removal and fertilizer N：Effects on soil organic carbon in a long-term crop rotation experiment on an Udic Boroll［J］. Agriculture，Ecosystems & Environment，2010，135：42-51.

[5] MURUNGU F S，CHIDUZA C，MUCHAONYERWA P，et al. Decomposition，nitrogen and phosphorus mineralization from winter-grown cover crop residues and suitability for a smallholder farming system in South Africa［J］. Nutrient Cycling in Agroecosystems，2011，89：115-123.

[6] 戴志刚，鲁剑巍，李小坤，等．不同作物还田秸秆的养分释放特征试验［J］．农业工程学报，2010，26（6）：272-276.

[7] 鲍士旦．土壤农化分析（第三版）［M］．北京：中国农业出版社，2000.

[8] 刘秋霞，戴志刚，鲁剑巍，等．湖北省不同稻作区域秸秆还田替代钾肥效果［J］．中国农业科学，2015，48（8）：1548-1557.

[9] 王志勇，白由路，杨莉苹，等．低土壤肥力下施钾和秸秆还田对作物产量及土壤钾素平衡的影响［J］．植物营养与肥料学报，2012，18（4）：900-906.

[10] 李继福，鲁剑巍，任涛，等．稻田不同供钾能力条件下秸秆还田替代钾肥效果［J］．中国农业科学，2014，47（2）：292-302.

[11] YU C J，QIN J G，XU J，et al. Straw combustion in circulating fluidized bed at low-temperature：Transformation and distribution of potassium［J］. Canadian Journal of Chemical Engineering，2010，88（5）：874-880.

[12] 黄科延，张爱武，曹芯，等．稻草还田条件下施钾量对晚稻产量和钾素吸收的影响［J］．湖南农业科学，2011（7）：57-60.

长期秸秆还田对水稻—小麦轮作制作物产量和养分吸收的影响*

刘冬碧，夏贤格，范先鹏，杨　利，
张富林，夏　颖，熊桂云，吴茂前

摘　要：利用10年定位试验研究了长期秸秆还田对湖北省江汉平原水稻—小麦轮作制作物产量和养分吸收的影响。结果表明：在配施氮、磷、钾肥的基础上，10年20季作物连续秸秆还田，水稻和小麦的籽粒年均增产量分别为584 kg/hm^{2}和264 kg/hm^2，增产幅度分别为7.37%和8.15%；秸秆年均增产量分别为398 kg/hm^{2}和611 kg/hm^2，增产幅度分别为6.50%和15.44%。秸秆还田还在一定程度上提高作物籽粒中氮的含量和秸秆中钾的含量。秸秆还田显著提高作物氮、钾吸收量，但对磷吸收量影响不显著，其中水稻年均氮、磷、钾吸收量分别提高9.59%、3.95%和9.94%，小麦分别提高12.7%、7.39%和29.9%。秸秆还田对提高作物产量和促进养分吸收的效应表现为小麦>水稻，钾>氮>磷。此外，在本试验条件下，作物产量和养分吸收的年度变异大于小区变异，其中小麦的变异大于水稻。在不施肥条件下，水稻比小麦更能维持较高的产量和养分吸收量。

关键词：秸秆还田；产量；养分含量；养分吸收量；水稻—小麦轮作制

秸秆还田作为秸秆利用的一种主要方式，是“肥料—土壤—作物”系统中移出农田的养分再次回到农田的重要途径。秸秆还田不仅被作为替代化学钾肥、减少对进口钾肥依赖的有效手段[1-4]，而且是实现化肥“零增长”的主要措施之一[5]。大量研究结果证实，秸秆还田在提高作物产量[1-2,6-11]、促进作物养分吸收[11-14]、改善土壤理化性状，尤其是维持土壤钾平衡[1,3,6-10,15-16]等方面均有良好的效果。但全国不同生态类型区土壤和气象条件各异，种植模式和生产条件千差万别，总体上看，不同种植模式和生产条件下秸秆还田对作物产量和养分吸收方面的基础性数据仍然有限。

湖北省是农业大省，作物秸秆资源丰富，但秸秆还田技术及效果方面的研究报道并不多。戴志刚等[7,16]研究了鄂东“稻稻油”轮作体系下秸秆翻耕和免耕还田对作物产量和土壤理化性质的影响，李继福等[2]、刘秋霞等[4]分别报道了湖北省不同供钾能力稻田、不同稻作区秸秆还田替代钾肥的效果，李继福等[17]还利用3年6季定位试验研究了江汉平原区水稻—油菜轮作模式下秸秆还田替代钾肥的效应，张维乐等[11]则报道了湖北省水稻—油菜（或小麦）轮作体系秸秆还田与氮肥运筹对作物产量及养分吸收利用的影响，但上述研究均是多个试验点1年、1个轮作周期或短期定位试验结果，且研

* 本文原载《湖北农业科学》，2017，56（24）：4731-4736。

究内容各有侧重，相关的长期定位试验研究未见报道。本文介绍了湖北省江汉平原区水稻—小麦轮作体系下连续10年20季秸秆还田对作物产量和养分吸收的影响，以期与其他学者之间的研究结果相互印证和补充，为完善湖北及类似地区水稻—小麦轮作体系下的秸秆还田技术提供理论依据。

1　材料与方法

1.1　试验设计

试验地点为湖北省潜江市浩口镇柳洲村，位于江汉平原腹地。地形地貌为冲积平原，土壤类型为河流冲积物母质发育的潮土，土层深厚，质地轻壤，种植制度为水稻—小麦轮作。定位试验从2005年6月水稻季开始，持续至2015年5月小麦收获，共10年20季。设置4个处理：两季作物不施肥、秸秆不还田（CK）；两季作物不施化学肥料，每季秸秆还田量为6 000 kg/hm^2（M），其中水稻季还田麦秆，小麦季还田稻草，为保证小区间的一致性，还田的秸秆均来自附近的同一田块；两季作物只施化学肥料（NPK），其中水稻N、P_2O_5、K_2O为150 kg/hm^2、90 kg/hm^2、90 kg/hm^2、小麦N、P_2O_5、K_2O为120 kg/hm^2、75 kg/hm^2、60 kg/hm^2；化学肥料+秸秆还田（NPK+M）。试验小区面积20 m^2，4次重复，随机区组排列。小区间用田埂隔开，区组间有固定的排灌沟，沟宽40 cm，每个小区可独立排灌。试验开始前采集基础土样（0～20 cm），用常规方法分析土壤属性及养分含量[18]，结果见表1。

表1　供试土壤基本理化性状

pH值	有机质 /(g/kg)	全氮 /(g/kg)	全钾 /(g/kg)	碱解氮 /(mg/kg)	有效磷 /(mg/kg)	速效钾 /(mg/kg)	缓效钾 /(mg/kg)	容重 /(g/cm^3)
7.1	20.6	1.53	19.1	121	19.2	59.1	636	1.20

试验氮、磷、钾肥分别用尿素（含N 46%）、过磷酸钙（含P_2O_5 12.1%）和氯化钾（含K_2O 60%）。2011年及以前水稻和小麦均为氮肥60%作底肥、40%作分蘖肥；自2012年起水稻氮肥60%作底肥、20%作分蘖肥、20%作穗肥，小麦氮肥施用时期不变。磷、钾肥全部作底肥施用。秸秆还田方法：水稻季将试验地附近田块的小麦秸秆用粉碎机粉碎，浇水充分润湿，按秸秆量5%的比例加酵素菌及适量红糖、尿素、米糠，和秸秆混合均匀，盖上彩条布堆腐约2周，插秧前将秸秆均匀地撒在已整好的田面后栽秧；小麦季将试验地附近田块的稻草切成6～10 cm小段，同上述方法操作，堆腐3～4周，条播小麦后将秸秆均匀地撒在田面。还田秸秆前采集样本，测定秸秆含水量，计算试验小区所需秸秆量，分析养分含量，计算还田秸秆带入的养分量。

作物收获记录实产，收获前采集代表性植株样品，用常规方法[18]分析籽粒和秸秆养分含量，计算作物养分吸收总量。

1.2 数据处理

所有数据均用 Microsoft Excel 2007 进行处理和计算，采用 DPS 软件的单因素 LSD 检验法进行统计分析。作物产量和养分吸收量分别用两种方式进行统计，一是先计算每个小区 10 季水稻（或小麦）产量和养分吸收量之和，然后计算每个小区作物年均产量和年均养分吸收量，将不同处理的 4 次重复年均数据进行统计，所得结果为“小区”产量和养分吸收量统计值，它消除了年际间的变异，反映了不同处理的重复之间变异，即空间变异；二是先分别对每个年度、每个处理的作物产量和养分吸收量进行平均值计算，再将 10 次重复（10 季）的数据进行统计，所得结果为“年度”产量和养分吸收量统计值，它消除了重复之间的变异，反映了不同处理年际间的变异，即时间变异。作物籽粒和秸秆的养分含量，则先求出每年每处理 4 个重复的平均值，再以年份数（10）作为重复数进行统计分析。

2 结果与分析

2.1 长期秸秆还田对作物产量的影响

从 2005 年 6 月至 2015 年 5 月共收获 10 季水稻和 10 季小麦，历年水稻和小麦籽粒产量见表 1。结果表明，不施肥条件下实行秸秆还田，水稻仅 2011 年显著增产，小麦在 2010 年之后开始有 4 季显著增产；施氮磷钾肥条件下实行秸秆还田，水稻在 2008—2011 年有 4 季显著增产，小麦从 2010 年开始 5 季作物均连续显著增产。在绝大多数年份，水稻和小麦处理间作物产量均表现为 NPK+M>NPK>M>CK。同时还可看出，小麦产量的年际波动较大，与试验区域小麦产量受气象条件影响较大有关。

作物年均籽粒产量和秸秆产量列于表 2。结果表明，在 10 个水稻—小麦轮作周期，秸秆还田对水稻、小麦的籽粒和秸秆产量的影响有所不同：不施肥条件下实施长期秸秆还田，水稻和小麦的籽粒分别平均增产 380 kg/hm^2 和 133 kg/hm^2，增产幅度分别为 6.04%和 7.28%，增产不显著；施氮磷钾肥基础上实施长期秸秆还田，水稻和小麦的籽粒分别平均增产 584 kg/hm^2 和 264 kg/hm^2，增产幅度分别为 7.37%和 8.15%，达显著水平；秸秆产量的变化趋势与籽粒相似，不施肥条件下增产不显著，施氮磷钾肥基础上秸秆年均增产量分别为 398 kg/hm^2 和 611 kg/hm^2，增产幅度分别为 6.50%和 15.44%，达显著水平。由此可见，无论是绝对增产量还是增产幅度，配施化肥基础上的效果均较好。秸秆还田对作物的增产效应为小麦大于水稻，其中水稻籽粒的效应大于秸秆，小麦籽粒的效应又小于秸秆。从作物产量的变异系数看，作物“年度”产量的变异（平均 20.43%）明显高于“小区”产量的变异（平均 4.31%），即年际变异大于小区空间变异，并以小麦产量的表现更甚。在不同作物部位之间，产量的变异均表现为秸秆>籽粒。

综上所述，只有在配施一定量化学肥料的基础上，秸秆还田才能发挥出较好的增产效果，其对小麦的增产效果优于水稻，但小麦产量的年际变异也较大。

表 1　10 年秸秆还田对作物籽粒产量的影响　　单位：kg/hm^2

作物	处理	年份									
		2005 年	2006 年	2007 年	2008 年	2009 年	2010 年	2011 年	2012 年	2013 年	2014 年
水稻	CK	6 813 b	6 938 b	6 347 b	5 413 c	6 364 b	6 755 c	5 030 d	7 139 b	5 815 b	6 289 b
	M	6 550 b	7 313 b	7 017 b	5 888 c	6 291 c	7 444 c	5 969 c	7 154 b	6 026 b	7 048 b
	NPK	7 575 a	8 088 a	8 194 a	6 925 b	6 858 ab	8 718 b	7 426 b	8 718 a	7 273 a	9 463 a
	NPK+M	8 013 a	8 500 a	8 597 a	7 950 a	7 556 a	9 811 a	8 143 a	9 054 a	7 752 a	9 706 a
小麦	CK	2 238 b	2 136 b	3 045 b	2 135 b	1 328 b	1 911 d	1 700 c	1 438 d	1 473 d	881 d
	M	1 794 c	2 147 b	3 116 b	2 246 b	1 556 b	2 372 c	1 918 c	1 702 c	1 699 c	1 056 c
	NPK	3 213 a	3 186 a	4 519 a	3 016 a	3 544 a	4 721 b	3 291 b	3 019 b	2 391 b	1 512 b
	NPK+M	3 175 a	3 209 a	4 513 a	3 152 a	3 745 a	5 310 a	3 573 a	3 287 a	3 017 a	2 067 a

注：同一年份同一作物不同字母表示在 0.05 水平上差异显著（LSD 法）。

表 2　10 年秸秆还田对作物年均籽粒和秸秆产量的影响

作物	部位	处理	产量/(kg/hm^2)		产量相对值	变异系数/%		秸秆还田增产/(kg/hm^2)	秸秆还田增产/%
			小区	年度		小区	年度		
水稻	籽粒	CK	6 290±403 c	6 290±685 c	79.4	6.40	10.9	—	—
		M	6 670±314 c	6 670±595 c	84.2	4.71	8.9	380	6.04
		NPK	7 924±152 b	7 924±860 b	100.0	1.91	10.9	—	—
		NPK+M	8 508±181 a	8 508±789 a	107.0	2.13	9.3	584	7.37
	秸秆	CK	4 297±353 c	4 297±737 c	70.1	8.21	17.1	—	—
		M	4 498±269 c	4 498±671 c	73.4	5.97	14.9	201	4.68
		NPK	6 127±205 b	6 127±715 b	100.0	3.35	11.7	—	—
		NPK+M	6 525±349 a	6 525±680 a	107.0	5.35	10.4	398	6.50
小麦	籽粒	CK	1 828±83 c	1 828±604 b	56.4	4.51	33.0	—	—
		M	1 961±48 c	1 961±554 b	60.5	2.44	28.3	133	7.28
		NPK	3 241±63 b	3 241±927 a	100.0	1.94	28.6	—	—
		NPK+M	3 505±69 a	3 505±883 a	108.0	1.98	25.2	264	8.15
	秸秆	CK	2 394±157 c	2 394±767 b	58.4	6.57	32.1	—	—
		M	2 640±182 c	2 640±848 b	64.5	6.90	32.1	246	10.28
		NPK	3 956±154 b	3 956±1 082 a	100.0	3.88	27.3	—	—
		NPK+M	4 567±126 a	4 567±1 198 a	112.0	2.76	26.2	611	15.44

注：同一作物同一指标下不同字母表示在 0.05 水平上差异显著（LSD 法），下同。

2.2　长期秸秆还田对植株不同部位养分含量的影响

表 3 结果表明，秸秆还田对作物籽粒和秸秆氮、磷、钾含量的影响有增有减，大多数情况下增减幅度均小于 10%，影响不显著。不施肥条件下秸秆还田对作物不同部位磷含量的影响均表现为略有增加或不变，施氮磷钾肥条件下则均表现为略有降低；无论

施肥与否，秸秆还田对作物籽粒氮、秸秆钾含量的影响均表现为增加，其中水稻籽粒氮和秸秆钾含量分别提高了0.96%~4.61%和2.38%~7.54%，小麦籽粒氮和秸秆钾含量则分别提高了4.46%~5.21%和7.42%~19.64%，表明秸秆还田对籽粒氮和秸秆钾含量的正效应为钾大于氮，同时小麦又大于水稻。从养分含量的年际间变异来看，不同作物、不同部位均表现为：氮和磷的变异秸秆>籽粒，钾的变异籽粒>秸秆，其中小麦的变异又大于水稻（仅秸秆钾含量除外），由此可见，养分含量较低的部位其年度变异相对较大，而小麦又比水稻对年际间条件的变化更加敏感。

表3　10年秸秆还田对作物籽粒和秸秆养分含量的影响

部位	处理	水稻						小麦					
		平均值/(g/kg)			变异系数/(%)			平均值/(g/kg)			变异系数/%		
		N	P	K	N	P	K	N	P	K	N	P	K
籽粒	CK	9.54 b	2.79 a	2.95 a	9.7	12.6	27.1	17.85 b	4.20 a	5.08 a	15.7	16.6	39.0
	M	9.98 b	3.14 a	3.23 a	11.1	21.7	40.2	18.78 a	4.29 a	5.28 a	14.6	16.1	38.8
	NPK	11.45 a	3.10 a	3.22 a	11.4	11.2	34.6	19.74 a	4.44 a	5.07 a	14.8	15.4	34.9
	NPK+M	11.56 a	3.00 a	3.02 a	13.7	13.2	32.4	20.62 a	4.37 a	5.00 a	14.2	15.2	36.7
秸秆	CK	5.12 a	0.79 a	24.79 a	22.1	28.3	18.7	3.95 b	0.62 a	10.38 b	25.0	51.6	28.5
	M	5.44 a	0.79 a	26.66 a	23.4	27.8	20.3	3.89 b	0.74 a	11.15 b	23.1	43.0	23.9
	NPK	5.97 a	0.92 a	25.18 a	18.6	34.7	21.4	5.49 a	0.82 a	12.27 ab	38.4	55.0	13.1
	NPK+M	6.37 a	0.90 a	25.78 a	25.4	45.5	23.2	5.36 a	0.78 a	14.68 a	35.4	43.0	17.0

2.3　长期秸秆还田对作物养分吸收量的影响

作物养分吸收量是不同部位产量和养分含量共同作用的结果。10年20季作物的年均养分吸收量结果列于表4，结果表明，在不施肥条件下，秸秆还田对水稻氮、小麦磷和钾吸收量的增加不显著（10.5%~15.2%），但显著提高水稻磷、钾和小麦氮的吸收量（13.0%~17.3%）；在施氮磷钾肥基础上，秸秆还田对水稻和小麦磷吸收量的影响均不显著，提高的幅度分别为3.95%和7.39%，但显著增加了水稻和小麦的氮、钾吸收量，其中水稻氮和钾吸收量分别提高了9.59%和9.94%，小麦分别提高了12.7%和29.9%，不仅如此，秸秆还田还使水稻和小麦钾吸收总量中秸秆钾的占比分别提高了1.2个和4.4个百分点，达显著水平。可见，在施氮磷钾肥基础上，秸秆还田对作物养分吸收的效应表现为钾>氮>磷，其中小麦又大于水稻。作物养分吸收量的变异系数，其变化趋势与产量基本一致，即年际变异大于小区空间变异，其中小麦大于水稻，不同养分的变异又表现为磷>钾>氮。

比较表2、表3和表4中结果可以发现，由于作物产量和养分含量的双重作用，在施氮、磷、钾肥条件下，秸秆还田对水稻和小麦产量和养分吸收量的效应均表现为钾>氮>籽粒产量>磷。此外，以单施化肥为参照，在不施肥条件下，水稻籽粒和秸秆的相对产量分别为 79.4 和 70.1，氮、磷、钾的相对吸收量分别为 63.1、68.4 和 68.2；小麦籽粒和秸秆的相对产量分别为 56.4 和 58.4，氮、磷、钾的相对吸收量分别为 48.6、54.0 和 51.1，因此不施肥条件下养分吸收比作物产量更加敏感，其敏感程度为氮>钾>磷，小麦>水稻。从另一个角度来说，在不施肥条件下，水稻比小麦更能维持较高的产量和养分吸收量。

表 4　10 年秸秆还田对水稻和小麦养分吸收量的影响

作物	养分	处理	吸收量/(kg/hm^2)		变异系数/%		吸收量相对值	秸秆还田增加/(kg/hm^2)	秸秆还田增加/%	秸秆吸收养分占比/%
			小区	年度	小区	年度				
水稻	N	CK	81.6±7.6 c	81.6±15.6 c	9.35	19.2	63.1	—	—	25.7±1.4 b
		M	90.1±7.3 c	90.2±17.0 c	8.09	18.8	69.7	8.5	10.50	25.6±0.8 b
		NPK	129.3±4.6 b	129.3±25.6 b	3.55	19.8	100.0	—	—	29.3±1.1 a
		NPK+M	141.7±4.6 a	141.8±33.2 a	3.25	23.4	110.0	12.4	9.59	30.4±0.8 a
	P	CK	20.8±2.0 c	20.8±3.2 b	9.77	15.6	68.4	—	—	15.6±0.8 b
		M	24.4±2.1 b	24.4±6.0 b	8.56	24.6	80.3	3.6	17.30	14.1±0.7 c
		NPK	30.4±2.3 a	30.4±5.0 a	7.59	16.4	100.0	—	—	19.4±0.9 a
		NPK+M	31.6±0.7 a	31.6±6.3 a	2.18	19.9	104.0	1.2	3.95	19.3±0.3 a
	K	CK	123.4±7.9 d	123.4±33.6 c	6.43	27.2	68.2	—	—	84.7±0.6 c
		M	142.7±11.2 c	142.7±42.4 b	7.87	29.7	78.8	19.3	15.60	84.8±0.5 c
		NPK	181.0±7.2 b	181.0±46.0 ab	3.95	25.4	100.0	—	—	85.8±0.3 b
		NPK+M	199.0±7.1 a	199.0±57.7 a	3.58	29.0	110.0	18.0	9.94	87.0±0.4 a
小麦	N	CK	41.6±1.3 d	41.6±14.9 b	3.11	35.9	48.6	—	—	22.2±0.9 b
		M	47.0±0.8 c	47.0±15.9 b	1.79	33.8	54.9	5.4	13.00	21.4±1.6 b
		NPK	85.6±2.5 b	85.6±28.9 a	2.97	33.8	100.0	—	—	24.7±0.8 a
		NPK+M	96.5±1.2 a	96.5±28.3 a	1.24	29.4	113.0	10.9	12.70	24.8±1.0 a
	P	CK	9.5±0.6 b	9.5±5.2 b	6.72	55.4	54.0	—	—	15.3±1.3 b
		M	10.6±0.7 b	10.6±4.6 b	6.90	43.5	60.2	1.1	11.60	18.3±2.6 a
		NPK	17.6±1.4 a	17.6±6.9 a	7.95	39.4	100.0	—	—	17.8±1.8 a
		NPK+M	18.9±0.4 a	18.9±6.4 a	2.15	33.6	107.0	1.3	7.39	18.5±1.4 a
	K	CK	33.5±3.4 c	33.5±10.7 c	10.10	32.0	51.1	—	—	72.5±1.6 c
		M	38.6±1.9 c	38.6±10.7 c	4.83	27.8	58.9	5.1	15.20	73.9±1.2 b
		NPK	65.5±3.4 b	65.4±19.7 b	5.14	30.2	100.0	—	—	74.8±0.8 b
		NPK+M	85.1±4.4 a	85.1±26.8 a	5.20	31.5	130.0	19.6	29.90	79.2±1.5 a

为了进一步探讨秸秆还田对作物养分吸收量的影响因素，暂不考虑其他养分来源，将配施氮磷钾肥基础上秸秆还田处理（NPK+M）中，还田秸秆所带入的年均养分量及其占年均养分施用总量（即化肥养分+秸秆养分）的比例列于表 5，从表 5 中结果可以看出，秸秆养分占比为钾>氮>磷，且小麦>水稻。相关分析表明，施氮磷钾肥基础上秸秆还田增加作物养分吸收量的幅度与其所含养分量在养分施用总量中的比例呈显著正相

关（$r=0.874^*$，$n=6$）。在本试验中，M 和 NPK+M 两个处理还田的秸秆均来自附近同一地块，水稻季还田的为麦秆，小麦季还田的是稻草，用量均为 6 000 kg/hm^2。稻草中氮、磷和钾的含量均高于麦秆，尤其是稻草中钾的含量平均约为麦秆的 2 倍，且小麦季化肥氮磷钾施用量均低于水稻，因此小麦季秸秆养分尤其是钾在养分施用总量的比例均高于水稻季。由此可见，本试验中小麦季秸秆还田对提高作物产量和促进养分吸收的效果优于水稻，在很大程度上可能与还田秸秆中所带入的养分量及其比例较高有关。

表 5　配施氮磷钾肥基础上年均还田秸秆养分量及其占养分施用总量的比例

作物	养分量/(kg/hm^2)			比例/%		
	N	P	K	N	P	K
水稻	30.2	4.51	74.7	16.8	10.3	49.9
小麦	36.8	5.26	146.0	23.5	13.8	74.5

3　讨论

秸秆还田后，通过自身腐解提供养分、改善土壤物理、化学、生物学性状等方式，为作物生长提供一个良好的生态环境，并通过增加产量、促进养分吸收等形式表达出来。谭德水等[1]研究表明，在施氮磷肥基础上小麦秸秆连续全量还田，河北辛集市小麦和玉米年均分别增产 3.0%和 6.8%，山西临汾市小麦年均增产 5.0%。王志勇等[8]在河北廊坊市的 3 年定位试验结果表明，施氮磷肥基础上秸秆还田小麦和玉米分别增产 2.38%和 3.93%，进一步增施钾肥基础上秸秆还田分别增产 6.44%和 4.99%。刘禹池等[10]在四川广汉市的 7 年定位试验表明，水稻—油菜轮作体系下实施连续秸秆还田，水稻和油菜年均分别增产 6.1%和 5.8%。陆强等[13]在江苏常熟的两年定位试验结果表明，秸秆全量还田水稻年均增产 6.0%，小麦年均增产 8.8%。综上所述，尽管生态区域不同、试验条件各异，不同学者报道的秸秆还田增产幅度通常在 10%以内。Takahashi 等[12]通过短期和长期定位试验比较，发现年限是影响秸秆还田效果的一个重要因素。Huang 等[19]分析了全国水稻秸秆还田试验数据，指出秸秆还田后水稻的平均增产率为 5.2%，并认为秸秆还田的增产效果受到年均气温、土壤养分状况、还田年限以及施肥等因素的影响。戴志刚等[7,16]的研究还表明，秸秆翻耕还田的增产效果显著优于免耕还田。可见，还田方式也是影响其秸秆增产效果的重要因素。综合各种文献报道，可认为秸秆还田增产效应的影响因素主要有以下几个方面。

3.1　秸秆种类、还田量与还田方式

不同种类的秸秆其养分含量差异较大，不同生态区同一种类的作物秸秆其养分含量也有所不同，甚至差异很大[2]。不同作物秸秆其腐解的难易、养分释放的快慢也

不一样[20,21]。因此，在一定生态区域和生产条件下，秸秆种类、还田量与还田方式共同决定了秸秆能为作物提供养分的数量、速率与方式，并最终影响产量结果。

3.2 土壤肥力状况、施肥量及其运筹方式

暂不考虑大气沉降、灌溉等因素[3]，作物所需养分主要由土壤、还田秸秆和当季其他肥料共同提供。陆强等[13]的研究表明，江苏常熟水稻—小麦轮作体系中，在习惯化肥用量减少 30%的基础上，配施 3 000 kg/hm^2 牛粪堆肥与秸秆全量还田，可获得较高的产量和氮肥利用率。有机肥中养分的有效性与化肥不同，磷、钾的有效性比化肥高而氮的有效性比化肥低[22]，水稻、小麦和油菜秸秆中养分释放速率均为 K>P>C>N[20]，因此作物秸秆还田条件下，不仅需要调整化肥的配比（如增加氮的比例、降低钾的比例），还要调整化肥的运筹方式，如氮肥前移[11]、钾肥后移等，以保证养分的均衡供应。

3.3 生态气候条件等区域性因素

气温、降雨、土壤微生态环境等影响秸秆腐解速率及养分释放的因素，都会在一定程度上影响秸秆还田效果。水分条件被认为是秸秆在土壤中腐解转化的决定性因子之一，最佳土壤水分状况通常为接近最大田间持水量[23]。武际等[24]的研究表明，节水栽培（无水层）模式下小麦秸秆还田腐解率和养分释放率、土壤有机碳和养分含量提高的效应均显著高于常规栽培（浅水层）。目前相关的研究文献报道较少。

3.4 田间管理措施

秸秆还田的增产效果最终是秸秆还田技术与其他各项配套农艺措施综合作用的结果。无论是在田间试验研究，还是农业生产过程中，只有在配套合理耕作、水分管理、病虫草害防治的基础上，秸秆还田的增产效果才能最大限度地发挥出来。

参考文献

[1] 谭德水，金继运，黄绍文，等．长期施钾与秸秆还田对华北潮土和褐土区作物产量及土壤钾素的影响［J］．植物营养与肥料学报，2008，14（1）：106-112.

[2] 李继福，鲁剑巍，任涛，等．稻田不同供钾能力条件下秸秆还田替代钾肥效果［J］．中国农业科学，2014，47（2）：292-302.

[3] 夏颖，刘冬碧，张富林，等．湖北省主要种植制度农田生态系统钾平衡状况［J］．生态学杂志，2014，3（9）：2395-2401.

[4] 刘秋霞，戴志刚，鲁剑巍，等．湖北省不同稻作区域秸秆还田替代钾肥效果［J］．中国农业科学，2015，48（8）：1548-1557.

[5] 童军．全面推进秸秆还田是实现农药化肥“零增长”的关键措施［J］．湖北植保，2016（2）：1-2，7.

[6] SUREKHA K，KUMARI A P P，REDDY M N，et al. Crop residue management to sustain soil fer-

tility and irrigated rice yields [J]. Nutrient Cycling in Agroecosystems, 2003, 67 (2): 145-154.
[7] 戴志刚，鲁剑巍，余宗波，等．不同耕作模式下秸秆还田对作物产量及田间养分平衡的影响 [J]. 中国农技推广，2011 (12): 39-41.
[8] 王志勇，白由路，杨俐苹，等．低土壤肥力下施钾和秸秆还田对作物产量及土壤钾素平衡的影响 [J]. 植物营养与肥料学报，2012，18 (4): 900-906.
[9] 武际，郭熙盛，鲁剑巍，等．连续秸秆覆盖对土壤无机氮供应特征和作物产量的影响 [J]. 中国农业科学，2012，45 (9): 1741-1749.
[10] 刘禹池，曾祥忠，冯文强，等．稻—油轮作下长期秸秆还田与施肥对作物产量和土壤理化性状的影响 [J]. 植物营养与肥料，2014，20 (6): 1450-1459.
[11] 张维乐，戴志刚，任涛，等．不同水旱轮作体系秸秆还田与氮肥运筹对作物产量及养分吸收利用的影响 [J]. 中国农业科学，2016，49 (7): 1254-1266.
[12] TAKAHASHI S, UENOSONO S, ONO S. Short- and long-term effects of rice straw application on nitrogen uptake by crops and nitrogen mineralization under flooded and upland conditions [J]. Plant and Soil, 2003, 251 (2): 291-301.
[13] 陆强，王继琛，李静，等．秸秆还田与有机无机肥配施在稻麦轮作体系下对籽粒产量及氮素利用的影响 [J]. 南京农业大学学报，2014，37 (6): 66-74.
[14] 李录久，王家嘉，吴萍萍，等．秸秆还田下氮肥运筹对白土田水稻产量和氮吸收利用的影响 [J]. 植物营养与肥料学报，2016，22 (1): 254-262.
[15] 劳秀荣，吴子一，高燕春．长期秸秆还田改土培肥效应的研究 [J]. 农业工程学报，2002，18 (2): 49-52.
[16] 戴志刚，鲁剑巍，周先竹，等．不同耕作模式下秸秆还田对土壤理化性质的影响 [J]. 中国农技推广，2012 (3): 46-48.
[17] 李继福，薛欣欣，李小坤，等．水稻-油菜轮作模式下秸秆还田替代钾肥的效应 [J]. 植物营养与肥料学报，2016，22 (2): 317-325.
[18] 鲍士旦．土壤农化分析（第三版）[M]. 北京：中国农业出版社，2007.
[19] HUANG S, ZENG Y J, WU J F, et al. Effect of crop residue retention on rice yield in China: A meta-analysis [J]. Field Crops Research, 2013, 154: 188-194.
[20] 戴志刚，鲁剑巍，李小坤，等．不同作物还田秸秆的养分释放特征试验 [J]. 农业工程学报，2010，26 (6): 272-276.
[21] 南雄雄，田霄鸿，张琳，等．小麦和玉米秸秆腐解特点及对土壤中碳、氮含量的影响 [J]. 植物营养与肥料学报，2010，16 (3): 626-633.
[22] 蔡祖聪，钦绳武．作物 N、P、K 含量对于平衡施肥的诊断意义 [J]. 植物营养与肥料学报，2006，12 (4): 473-478.
[23] DAVIDSON E A, VERCHOT L V, CATTANIO J H, et al. Effect of soil water content on soil respiration in forests and cattle pastures of eastern Amazonia [J]. Biogeochemistry, 2000, 48: 53-69.
[24] 武际，郭熙盛，鲁剑巍，等．不同水稻栽培模式下小麦秸秆腐解特征及对土壤生物学特性和养分状况的影响 [J]. 生态学报，2013，33 (2): 565-575.

襄阳市襄州区小麦倒伏情况调查研究*

郭光理，李春华，李轩智，赵文革，张会芳，
邹　娟，朱展望，高春保

摘　要：倒伏是制约小麦生产的重要因素之一。2017 年襄阳市襄州区小麦收获面积 10.1 万 hm^2，受连续降雨和大风影响，小麦倒伏面积达 0.67 万 hm^2。调查结果表明，倒伏小麦平均每株穗粒数减少 3.82 粒，减幅为 12.75%；千粒重减少 3.78 g，减幅为 8.78%。倒伏致小麦减产 861.00 kg/hm^2，减产幅度为 12.84%。分析了引起小麦大面积倒伏的原因，并提出防止小麦倒伏的技术措施。

关键词：小麦；倒伏；技术措施；襄阳市襄州区

小麦是湖北省第二大粮食作物，常年种植面积 100 万 hm^2 以上。2016 年夏收，湖北省小麦面积达 111.8 万 hm^2，单位面积产量 3 862.5 kg/hm^2，总产量达到 428.2 万 t。湖北省 103.3 万 hm^2 小麦列入国家粮食生产功能区和重要农产品生产保护区规划，发展小麦生产对于保障湖北省粮食安全、促进湖北省社会经济稳定持续发展具有重要意义[1]。

鄂北岗地是湖北省小麦主产区，生态条件比较适合发展小麦生产，是湖北省小麦单位面积产量最高的区域，也是湖北省优质专用小麦生产基地[2]。近年来，当地农业技术部门结合农业农村部小麦高产创建活动，试验示范了小麦规范化播种、小麦测土配方施肥、氮肥后移、病虫害统防统治集成高产栽培技术[3]等，提高了小麦生产水平，先后小面积创造了 7 705.50 kg/hm^2、7 957.95 kg/hm^2 和 8 143.50 kg/hm^2 的湖北省小麦高产新纪录，揭示了该地区小麦生产的产量潜力[4]。

然而，随着单产水平的提高，该地区小麦生产出现了诸如倒伏等一些新问题。当小麦单位面积产量达到较高水平时，倒伏是进一步提高产量的主要制约因素之一。随着单产水平的提高，群体数量增大，茎秆承载能力变差，籽粒产量提升茎秆负荷变大，小麦易发生倒伏。小麦倒伏后，一般减产 20%~30%，严重的可达 50%[5]。更重要的是，当前小麦机械化收获普及，且多数地区小麦收获主要依靠联合收割机的跨区作业，如果小麦发生倒伏，将会给收获带来极为不利的影响。

小麦是襄阳市襄州区第一大粮食作物，2017 年收获面积 10.1 万 hm^2，其中水田小麦 3.43 万 hm^2，旱地小麦 6.67 万 hm^2。2017 年 4 月 8—9 日，小麦正处于抽穗扬花期，该地区出现了强降雨伴随大风天气，降水量达到 45 mm 以上，最大风力达到 12.8 m/s，

* 本文原载《湖北农业科学》，2018，57（23）：41-44。

造成几十年不遇的小麦扬花前倒伏。经调查，襄州区零星倒伏小麦田块占 50%，倒伏面积达 50%以上的田块占 40%，倒伏严重田块占 10%，绝对倒伏面积达 0.67 万 hm^2，给小麦生产造成了较大的损失。为评估倒伏对小麦生产的影响程度，对湖北省襄阳市襄州区黄龙镇等 9 个镇农户 2016—2017 年度种植的小麦倒伏情况进行了调查，分析了倒伏对小麦穗粒数、千粒重以及籽粒产量的影响，为将来该地区小麦防倒伏提供参考。

1 材料与方法

1.1 材料

试验材料来自湖北省襄阳市襄州区黄龙镇、黄集镇、古驿镇、朱集镇、峪山镇、石桥镇、张家集镇、程河镇和龙王镇等 9 个镇农户 2016—2017 年度种植的小麦品种。

1.2 调查取样方法

1.2.1 产量结构和理论产量调查取样

选取有代表性的 6 个小麦主产镇，于同一小麦品种、同一田块内，分别从茎基部割取 1 m^2 倒伏小麦和未倒伏小麦，进行总茎蘖数、无效茎蘖数、有效穗数、穗粒数、千粒重的调查和理论产量计算，分析倒伏对小麦产量结构的影响。

1.2.2 籽粒产量调查取样

选取北部的古驿镇、东部的程河镇、西部的龙王镇和夹河套的张家集镇 4 个镇进行取样，于同一小麦品种、同一田块内，选有代表性的倒伏和未倒伏小麦各 20 m^2，从茎基部割取，脱粒后晒干称重，最后折算单位面积产量，分析倒伏对小麦产量影响。

2 结果与分析

2.1 倒伏对穗粒数和千粒重的影响

产量结构调查取样涉及 6 个镇，7 个小麦品种，共计 20 对样本，其中西农 979 样本 6 个、郑麦 9023 样本 6 个、衡观 35 样本 4 个、襄麦 35、良星 99、金皖 999、西农 585 各 1 个。

所有调查样本中，倒伏后穗粒数均表现为减少，20 对样本中未倒伏小麦平均穗粒数为 29.97，倒伏小麦平均穗粒数为 26.15，倒伏小麦平均穗粒数减少 3.82 粒，减幅为 12.75%。所有调查样本，倒伏后千粒重均表现为减少，20 对样本中未倒伏小麦平均千粒重为 43.06 g，倒伏小麦平均千粒重为 39.28 g，倒伏小麦平均千粒重减少 3.78 g，减幅为 8.78%。除第 9 对和第 20 对样本外，其余样本倒伏小麦单位面积理论产量均降低，20 对样本未倒伏小麦平均单位面积理论产量为 7 042.65 kg/hm^2，倒伏小麦为 6 228.60 kg/hm^2，倒伏小麦每公顷产量减少 814.05 kg，减幅为 11.56%（表 1）。

比较发现，倒伏小麦每公顷总茎蘖数、无效穗数和有效穗数分别比未倒伏小麦高100.05万穗、37.20万穗、62.40万穗，说明群体偏大是这次小麦大面积倒伏发生的重要原因之一。

表1　倒伏小麦的产量结构

编号	地点	品种	倒伏情况	总茎蘖数/(万穗/hm²)	无效茎蘖/(万穗/hm²)	有效穗/(万穗/hm²)	穗粒数	千粒重/g	理论产量/(kg/hm²)
1	黄龙镇	西农979	倒伏	705.00	90.00	615.00	28.10	40.35	6 973.05
			未倒伏	618.45	16.05	602.40	33.10	42.05	8 384.55
2	黄集镇	郑麦9023	倒伏	649.50	10.50	549.00	25.30	46.52	6 461.55
			未倒伏	514.50	15.00	499.50	27.30	47.62	6 493.65
3	黄集镇	西农979	倒伏	853.50	48.00	805.50	23.20	38.30	7 157.40
			未倒伏	651.00	12.00	639.00	28.90	40.38	7 456.95
4	古驿镇	衡观35	倒伏	511.50	33.00	559.50	32.00	35.61	6 375.60
			未倒伏	501.00	10.50	490.50	33.40	39.72	6 507.15
5	古驿镇	衡观35	倒伏	886.50	222.00	664.50	25.40	43.09	7 272.90
			未倒伏	666.00	58.50	607.50	30.20	45.63	8 371.50
6	古驿镇	衡观35	倒伏	777.00	90.00	687.00	29.40	32.95	6 655.20
			未倒伏	646.50	36.00	610.50	30.80	40.39	7 594.65
7	古驿镇	郑麦9023	倒伏	696.00	50.10	646.50	27.90	42.60	7 683.90
			未倒伏	652.50	40.50	627.00	31.00	45.70	8 882.70
8	古驿镇	郑麦9023	倒伏	640.50	39.00	601.50	24.93	44.20	6 627.90
			未倒伏	597.00	3.00	594.00	27.90	46.50	7 706.25
9	古驿镇	襄麦35	倒伏	505.50	33.00	472.50	29.40	40.60	5 640.00
			未倒伏	393.00	13.50	379.50	32.60	42.30	5 233.20
10	朱集镇	西农979	倒伏	696.00	42.00	654.00	23.70	33.10	5 130.45
			未倒伏	588.00	13.05	574.95	30.00	44.54	7 682.55
11	朱集镇	郑麦9023	倒伏	475.50	43.50	432.00	24.80	41.38	4 433.25
			未倒伏	444.00	4.05	439.95	27.70	46.67	5 687.55
12	峪山镇	郑麦9023	倒伏	457.50	40.05	417.45	23.90	37.81	3 772.35
			未倒伏	417.00	12.00	405.00	26.60	41.22	4 440.60
13	峪山镇	西农979	倒伏	762.00	30.00	732.00	25.10	26.15	4 804.65
			未倒伏	669.00	9.75	659.25	30.20	31.53	6 277.35
14	石桥镇	良星99	倒伏	614.40	47.40	567.00	29.40	40.13	6 689.55
			未倒伏	479.55	22.05	457.50	36.70	43.69	7 335.60
15	石桥镇	郑麦9023	倒伏	673.35	41.85	631.50	24.90	40.97	6 442.20
			未倒伏	590.85	14.85	576.00	27.00	44.51	6 922.20

（续表）

编号	地点	品种	倒伏情况	总茎蘖数/(万穗/hm²)	无效茎蘖/(万穗/hm²)	有效穗/(万穗/hm²)	穗粒数	千粒重/g	理论产量/(kg/hm²)
16	石桥镇	金皖 999	倒伏	787.65	33.15	765.00	21.30	39.75	6 477.00
			未倒伏	768.60	14.10	754.50	23.40	42.36	7 478.85
17	石桥镇	西农 585	倒伏	769.50	64.50	705.00	25.00	41.52	7 317.90
			未倒伏	641.40	24.90	616.50	30.50	44.31	8 331.75
18	石桥镇	衡观 35	倒伏	615.90	59.40	556.50	27.40	41.34	6 303.60
			未倒伏	559.50	21.00	538.50	27.50	44.29	6 558.75
19	石桥镇	西农 979	倒伏	657.15	63.15	594.00	26.00	39.10	6 038.55
			未倒伏	577.50	31.50	546.00	34.40	43.60	8 189.10
20	石桥镇	西农 979	倒伏	647.70	40.20	607.50	25.90	40.14	6 315.75
			未倒伏	406.05	7.05	399.00	30.10	44.27	5 316.75
平均			倒伏	669.15	56.10	613.20	26.15	39.28	6 228.60
			未倒伏	569.10	18.90	550.80	29.97	43.06	7 042.65

2.2 倒伏对小麦籽粒产量的影响

倒伏对小麦籽粒产量的影响见表 2。由表 2 可知，4 对调查样本倒伏小麦籽粒产量均降低，降幅为 5.72%~22.19%。倒伏小麦平均产量为 5 846.7 kg/hm²，未倒伏小麦平均产量为 6 708.00 kg/hm²，倒伏致小麦减产 861.00 kg/hm²，减产幅度为 12.84%。

表 2　倒伏对小麦籽粒产量的影响

编号	地点	品种	倒伏小麦产量/(kg/hm²)	未倒伏小麦产量/(kg/hm²)	减产/(kg/hm²)	减产幅度/%
1	程河镇	西农 979	6 205.50	6 582.00	376.50	5.72
2	古驿镇	西农 979	6 403.20	8 229.00	1 825.80	22.19
3	龙王镇	镇麦 9 号	5 460.30	6 190.50	730.20	11.79
4	张家集	西农 979	5 317.50	5 827.50	510.00	8.75
平均			5 846.70	7 158.00	861.00	12.84

3 讨论

3.1 大面积倒伏的原因

一是小麦基本苗偏多，会造成小麦群体结构不合理。襄阳市襄州区 2016 年秋播后降雨充足，土壤墒情好，田间出苗率高，加上该地区播种量偏大，造成小麦基本苗偏多20%左右。本次调查的20对样本中倒伏小麦总茎蘖数、无效穗数和有效穗数每公顷分别比未倒伏小麦高100.05万穗、37.20万穗和62.40万穗。基本苗偏多、中后期群体偏大，造成小麦个体不壮、茎秆软弱，抗倒性差，是此次小麦倒伏的主要原因[6]。

二是部分品种抗倒性不强。小麦品种之间抗倒性差异明显，种植了抗倒性差的品种，会加大倒伏发生的风险[7]。

三是小麦生长中后期强降雨伴随大风天气往往造成倒伏[8]。2017年4月8—9日，襄阳市襄州区降雨量达到45 mm以上，并伴有大风，最大风力达到12.8 m/s。强降雨伴随大风天气是造成此次小麦严重倒伏的主要外部因素。

四是此外，播种质量差、田间管理粗放、肥料运筹不合理、纹枯病较重、前期土壤湿度大等原因导致小麦根系发育较差，也是导致此次小麦倒伏的因素。

3.2 倒伏对小麦生产的影响

襄阳市襄州区全区0.67万 hm^2 倒伏小麦按全区平均单产6 300 kg/hm^2，12%的减产幅度来算，2017年小麦倒伏造成襄州区小麦总减产0.50万t，占全区小麦总产量的0.79%。小麦倒伏给机械收获带来了严重影响，将增加小麦机械收割费用，进一步降低小麦生产效益。倒伏小麦千粒重降低，籽粒饱满度差，影响小麦商品外观性状和加工品质，也会降低小麦的销售价格。

3.3 防止小麦倒伏的技术措施

3.3.1 选用抗倒伏品种

利用小麦品种本身的抗倒伏能力，是防止和减轻小麦倒伏最经济有效的技术途径[9,10]。建议科研和技术推广部门开展品种抗倒性试验，筛选出适合当地的抗倒伏品种。

3.3.2 推广机械精量播种技术

播种量调控在187.5 kg/hm^2 左右，基本苗稳定在 3×10^6 株/hm^2 左右，为建立合理的小麦群体打好基础。加大镇压技术的应用，培育冬前壮苗、促进根系发育，增强小麦抗倒伏能力[11]。

3.3.3 合理氮肥运筹

根据品种产量潜力、地力水平和产量目标确定合理的肥料用量，坚持科学配方施肥，一般情况下纯氮量控制在225 kg/hm^2 以内，实行氮肥后移技术。

3.3.4 加强田间管理

重视提高麦田沟厢质量，降低田间含水量，为小麦根系发育创造良好的土壤环境，增强小麦自身的抗倒伏能力。根据植保情报，做好小麦病害综合防治。

参考文献

[1] 高春保，刘易科，佟汉文，等．湖北省“十一五”小麦生产概况分析及“十二五”发展思

路 [J]. 湖北农业科学，2010，49（11）：2703-2705.

[2] 敖立万. 湖北小麦 [M]. 武汉：湖北科学技术出版社，2002.

[3] 高春保. 小麦高产高效栽培新技术 [M]. 武汉：湖北人民出版社，2010.

[4] 阮吉洲，王文建，任生志，等. 鄂北岗地小麦 7500 kg/hm² 主要技术措施 I. 鄂北岗地小麦高产成因分析 [J]. 湖北农业科学，2013，52（23）：5689-5691.

[5] 刘和平，程敦公，吴娥，等. 黄淮麦区小麦倒伏的原因及对策浅析 [J]. 山东农业科学，2012，44（2）：55-56.

[6] 冯盛烨，王光禄，王怀恩，等. 种植密度与施肥量对小麦抗倒伏性能的影响 [J]. 山东农业科学，2016，48（6）：50-53.

[7] 胡昊，李莎莎，华慧，等. 不同小麦品种主茎茎秆形态结构特征及其与倒伏的关系 [J]. 麦类作物学报，2017，37（10）：1-6.

[8] 田保明，杨光圣，曹刚强，等. 农作物倒伏及其影响因素分析 [J]. 中国农学通报，2006，22（4）：163-167.

[9] PIÑERA-CHAVEZ F J，BERRY P M，FOULKES M J，et al. Avoiding lodging in irrigated spring wheat. I. Stem and root structural requirements [J]. Field Crops Research，2016，196：325-336.

[10] PIÑERA-CHAVEZ，F J，BERRY P M，FOULKES M J，et al. Avoiding lodging in irrigated spring wheat. II. Genetic variation of stem and root structural properties [J]. Field Crops Research，2016，196：64-74.

[11] 邹娟，高春保，汤颢军，等. 小麦倒伏原因及其对产量和产量构成因子影响的分析 [J]. 湖北农业科学，2017，7（8）：570-577.

小麦倒伏原因及其对产量和产量构成因子影响的分析*

邹　娟，高春保，汤颢军，羿国香，王　鹏

摘　要：本文通过多点调查的方法对 2017 年 4—5 月湖北省小麦发生的大面积倒伏的原因及其对小麦产量和产量构成因子的影响进行了分析，并提出了湖北省不同生态区域防止小麦倒伏的技术策略和措施。

关键词：小麦；倒伏；产量构成；湖北

1　引言

小麦倒伏是小麦生产中普遍存在的问题之一[1]。解决好小麦生产中的倒伏问题，对于实现小麦优质、高产、高效、绿色、安全生产具有重要意义[2]。2017 年小麦春季生长发育期间，湖北省大部地区多时段连阴雨伴大风天气，造成小麦不同时段、不同程度的倒伏，尤其以 4 月 11 日前后小麦倒伏最为严重。主产区小麦倒伏程度之重、时间之早、造成的损失之大，均为历史少见。为分析和找出小麦倒伏的深层次原因，更好地解决制约湖北省小麦优质高产高效绿色生产的关键技术问题，湖北省农业科学院粮食作物研究所与湖北省农业技术推广总站联合在湖北省小麦主产区和小麦倒伏严重的地区，与当地农业技术人员一起开展了小麦倒伏原因及对产量影响的田间系统调查，目的是通过对调查数据进行分析，明确小麦倒伏的主要原因以及倒伏对小麦产量和构成因子的影响，提出防止湖北省小麦倒伏的技术策略的主要措施。

2　材料与方法

2.1　调查地点

调查地点选在湖北省安陆市、襄州区、枣阳市、南漳县、宜城市、天门市等 6 个县市（区）的共 19 个乡镇，其中安陆、襄州、枣阳和宜城隶属鄂中丘陵和鄂北岗地麦区，年平均气温为 15.1～16.0℃，无霜期为 230～250 d，年降水量为 900～1 100 mm，小麦全生育期降水量为 500 mm 左右，年均日照时数 1 900～2 200 h；南漳县隶属鄂西

* 本文原载《农业科学》，2017，7（8）：570-577。

北山地麦区，年平均气温15.0℃，无霜期220~300 d，年降水量760~960 mm，小麦全生育期降水量为400 mm左右，年均日照时数为1 600~2 000 h；天门市隶属江汉平原麦区，该区无霜期日数为240~270 d，年平均降水量1 100~1 200 mm，小麦全生育期降雨偏多，达700 mm以上，年均日照时数1 850~2 100 h。此6个县市（区）的小麦种植面积40万公顷左右，占湖北省小麦种植面积1/3左右，具有较好的代表性。

2.2 调查方法

参照NY/T 1301—2007[3]进行倒伏程度划分标准观察记载，1级：不倒伏；2级：倒伏角度≤30°；3级：倒伏角度30°~45°（含45°）；4级：倒伏角度45°~60°（含60°）；5级：倒伏角度> 60°。调查方法是在小麦成熟期选择倒伏严重的田块（区）和同一地点的非倒伏田块（区）作为调查点，共选择确定了19个调查点。每个调查点倒伏区和非倒伏区各收获不少于20 m^{2}的小麦样本进行脱粒测产，同时调查小麦单位面积穗数、穗粒数和千粒重等小麦产量构成因子。

2.3 数据处理

采用Microsoft Excel 2010建立数据库，用DPS软件进行数据计算、统计分析。

3 结果分析

3.1 小麦倒伏时间、面积和程度

据调查结果，2017年的小麦倒伏时间早、面积大、程度重，均为湖北省小麦生产历史上少见。4月8—9日湖北省襄阳、孝感、随州、荆门、黄冈等地市出现了强降雨和大风天气，小麦发生倒伏。时值小麦抽穗、扬花期，小麦倒伏的时间早，对小麦产量影响很大。据各地统计，湖北省2017年小麦倒伏面积达到23.90万hm^2，倒伏面积超过历史最高水平。其中襄阳市、随州市、孝感安陆市倒伏面积较大，是倒伏重灾区。

2017年小麦倒伏程度之重，也是历史上少见的。据调查统计，在发生倒伏的小麦面积中，2级倒伏的小麦面积占40%左右，多为零星倒伏；3~4级倒伏的小麦面积占50%左右；5级倒伏的小麦占10%左右。如重灾区襄州区的龙王镇1.67万hm^{2}小麦，发生4~5级倒伏面积0.13万多hm^2；唐白河河套的朱集镇0.49万hm^{2}小麦，4~5级倒伏面积0.19万hm^2；襄阳市原种场600 hm^{2}小麦，4~5级倒伏面积133.33 hm^{2}以上。一般来讲，在小麦抽穗杨花期，发生4~5级的严重倒伏，会造成小麦严重减产。

3.2 不同类型茬口小麦倒伏的差别

2017年小麦倒伏的一个明显的现象是不同类型茬口的小麦倒伏程度差别很大。据调查，小麦倒伏主要集中在沿河谷地、岗地、洼地等。旱地小麦倒伏情况普遍比水田要严重。这可能与旱地小麦播期早、出苗早、基本苗多、长势较好有关。据安陆市调查统

计，安陆市北部及东、西部稻茬麦基本没发生倒伏，而南部的巡店、辛榨、南城沙壤土旱地小麦倒伏严重，比例在20%~25%，严重倒伏达1/3。襄州区6.67万hm^2旱地小麦有0.67万hm^2小麦完全倒伏，占10%。枣阳市的太平、杨垱、七方、环城等乡镇以旱地小麦为主，倒伏面积超过65%；吴店、兴隆、琚湾、熊集、南城等乡镇以水田小麦为主，倒伏面积不足35%。

3.3 小麦倒伏对产量构成因子影响

3.3.1 对小麦有效穗的影响

对襄州区、南漳县、枣阳市、宜城市、天门市、安陆市等地小麦成熟期抽样调查的32个有效样本分析结果表明，倒伏小麦有效穗大于未倒伏的有23个样本，占71.88%，未倒伏小麦的有效穗高于倒伏小麦的有8个样本，仅占25.00%，还有一个样本倒伏小麦有效穗与未倒伏持平。由此说明小麦倒伏对有效穗的影响不明显，但两者有一定的关系，即由于小麦群体大，穗数偏多，容易受大风雨的影响而发生倒伏。此外，由于此次倒伏发生在抽穗期前后，导致灌浆期小麦植株间和穗间养分竞争程度加剧，部分可能成穗的分蘖由于倒伏，茎秆弯曲、折伤、功能叶片荫蔽无法正常进行光合作用等原因，成为无效分蘖，有效穗降低，无效穗增多。如在襄州区黄龙镇和朱集镇调查的结果表明，两个调查品种的倒伏小麦无效分蘖明显多于未倒伏对照（表1）。

表1 2017年襄州区小麦倒伏与未倒伏的产量三要素比较

地点	品种	倒伏情况	总茎蘖数/（万穗/667 m^2）	无效茎蘖/（万穗/667 m^2）	有效穗/（万穗/667 m^2）	穗粒数/粒	千粒重/g
黄龙镇	西农979	倒伏	47.0	6.0	41.0	32.1	40.4
		未倒伏	46.17	1.067	45.16	37.1	42.1
朱集镇	郑麦9023	倒伏	31.7	2.9	28.8	24.8	41.4
		未倒伏	29.6	0.27	29.33	27.7	46.7

3.3.2 对小麦穗粒数的影响

在30个穗粒数调查的有效样本中，倒伏小麦比未倒伏小麦穗粒数减少的有29个样本，占96.67%，倒伏小麦穗粒数减少0.1~28粒，平均减少4.73粒，减少15.54%，说明小麦倒伏对小麦穗粒数影响很大。

3.3.3 对小麦千粒重的影响

在25个千粒重调查的有效样本中，倒伏小麦比未倒伏小麦千粒重下降的有24个样本，占96%，倒伏小麦千粒重下降0.3~17.22 g，平均千粒重下降5.27 g，降低12.71%，说明小麦倒伏对小麦千粒重影响很大。

3.4 倒伏对小麦产量的影响

全省6个县市（区）共有19个进行了测产。其中襄州区5个，枣阳市4个，南漳县3个，宜城市3个，安陆市3个，天门市1个。19个样本中有18个样本表现为倒伏区比未倒伏区减产，减幅度13.0～309.3 kg/667 m^2，减产幅度为3.6%～57.7%，平均减产110.1 kg/667 m^2，平均减产幅度为26.52%。枣阳市有1个倒伏样本表现不减产，主要原因与对照未倒伏小麦长势较差有关。

表2 多点小麦倒伏与未倒伏实产比较

地区	倒伏产量/(kg/667 m^2)	未倒伏产量/(kg/667 m^2)	减产/(kg/667 m^2)	减幅/%
襄州	413.7	438.8	25.1	5.7
	426.9	548.6	121.7	22.2
	364.0	412.7	48.7	11.8
	354.5	388.5	34.0	8.8
	317.7	432.1	114.4	26.5
枣阳	201.9	363.8	161.9	44.5
	421.8	394.1	-27.7	-7.0
	293.9	325.5	31.6	9.7
	221.5	367.7	146.2	39.8
南漳	313.0	361.0	48.0	13.3
	318.0	372.0	54.0	14.5
	351.0	364.0	13.0	3.6
宜城	300.0	432.0	132.0	30.6
	291.0	462.0	171.0	37.0
	300.0	450.0	150.0	33.3
安陆	300.3	468.0	167.7	35.8
	199.7	424.7	225.0	53.0
	226.7	536.0	309.3	57.7
天门	182.0	348.0	166.0	47.7
平均	305.1	415.2	110.1	26.5

3.5 小麦倒伏原因分析

3.5.1 气候因素

小麦倒伏主要原因是受异常气候的影响[4]。2017年4月8—10日，时值小麦抽穗、扬花期，湖北省自西向东、自北向南遭遇了一次强对流天气，大风伴随着雷暴大雨，很多地区单日降水量达到大雨标准，如南漳县 4 月 9 日降水量 35.5 mm、宜城市 4 月 8—9 日降水量 50.8 mm、枣阳市 4 月 8—9 日降水量 49.6 mm。在大雨的同时出现大风天气是此次小麦倒伏的主要原因，安陆市 4 月 8 日瞬时风速 8.7 m/s，9 日瞬时风速 15.9 m/s，枣阳市 4 月 9 日瞬时风速 14.7 m/s，宜城市 4 月 9 日瞬时风速 14.6 m/s。在 4 月 8—9 日风雨天气过程后，田间土壤持水量较大，小麦抗倒伏能力降低，部分地区出现了二次倒伏，加重了小麦倒伏造成的产量损失。如宜城市 4 月 19—21 日再次出现大风天气，瞬时风速达 14.2 m/s，枣阳在 4 月下旬至 5 月 23 日多次发生 6 级以上的大风天气，均造成了小麦发生二次倒伏。

此外，本年度自 2016 年秋播至 3 月底期间，全省大范围连续降雨天气明显多于常年，土壤湿度一直偏高，导致小麦根系严重发育不良，同时有利于小麦纹枯病侵染、扩展与为害，造成茎秆软弱和抗倒性降低。

3.5.2 播种量偏大，造成小麦群体结构不合理

2016 年秋播期间，由于播种期间土壤墒情不足，商品小麦种子发芽率较往年偏低，农民根据经验普遍加大播种量，一般超过 15 kg/667 m^2，多的达到 20 kg/667 m^2 以上。10 月下旬，小麦播种后不久就降雨，土壤墒情充足，田间出苗率高，造成小麦基本苗普遍偏多两成左右。据宜城市农业技术人员调查，该市小麦每 667 m^2 平均基本苗 24.7 万株，比上年增加 19.90%。南漳县调查倒伏田块每 667 m^2 播种量多在 20 kg 以上，有的甚至达 25 kg；枣阳市调查，小麦平均播种量达每 667 m^2 17.5 kg，个别田块达 22.5 kg以上，小麦基本苗达每 667 m^2 25 万株以上。安陆市调查，每 667 m^2 播种量 12.5~15.0 kg 的雷公镇王台村、王义贞镇汝南村均无倒伏，而每 667 m^2 播种量达到 20 kg的巡店镇桃李村和沙洲村均发生 1/4 倒伏。襄州区调查的 7 个品种 6 个乡镇共计 20 个样本中倒伏小麦每 667 m^2 总茎蘖数、无效穗数和有效穗数分别比未倒伏小麦高 3.34 万穗、3.29 万穗、4.84 万穗。上述调查结果表明，播种量过大、群体结构不合理，造成小麦个体不壮、茎秆软弱，抗倒性降低，是此次小麦倒伏的一个重要原因[5]。

3.5.3 播期偏早

近年来，湖北省小麦主产区秋播时多遇旱灾，墒情不足严重影响小麦出苗，农民普遍习惯抢墒播种。正常情况下，主产区襄阳市小麦适宜播种在 10 月 22 日霜降前后，但实际情况是农民从寒露就已开始播种小麦，10 月 19 日已播种的比率达 95%，播期较正常提早 7~10 d，导致小麦冬前过度生长，群体过大，降低了小麦群体抗倒伏的能力。调查中发现，南漳县九集镇温畈村农户夏家会种植小麦面积 16.0 hm^2，在相同播种量、相同管理情况下，3.3 hm^2 在 10 月 17 日播种的小麦均有不同程度的倒伏，而 12.7 hm^2 在 11 月 3—7 日播种的却没有倒伏。

3.5.4 播种质量不高

播种质量不高表现在小麦播种后不镇压、沟厢不配套。目前湖北省小麦播种方式多为机械旋耕播种，播种后不镇压，造成小麦土壤孔隙度大，根系与土壤结束不紧实，造成小麦根系不能深扎，生长不发达，抗倒伏能力降低。沟厢不配套，造成田间排水不畅，土壤水多而冗，造成根系严重发育不良，抗倒性减低。

3.5.5 施肥不科学，氮肥偏多

据襄州、南漳、枣阳、宜城、天门、安陆等县市（区）调查，30%的小麦倒伏是因施肥不科学造成的，表现在3个方面：一是“一炮轰”（即所有肥料一次性作为底肥）的施肥模式仍占一定比例，小麦生育前期肥料偏多，小麦生长偏旺；二是氮肥总量偏大，肥料结构不合理。据调查，小麦主产区多数农户每667 m^2 施纯氮量超过12 kg,甚至达15 kg，而五氧化二磷用量不足4 kg、氧化钾用量不足3 kg，造成氮磷钾施用结构不协调、不合理，造成小麦地上地下生长不平衡，头重脚轻，抗倒性差；三是氮肥后移技术落实不到位，中后期尿素用量偏大，造成植株贪青迟熟，遇风雨天气极易倒伏[6]。

3.5.6 小麦化控措施落实不到位

据枣阳市调查，在小麦拔节期前是否采取化控措施与倒伏程度密切相关，采取化控措施能使小麦节间茎秆粗壮和节间缩短，抗倒伏性强[7,8]。倒伏小麦与没倒伏小麦相比，前者第一节茎秆直径细0.59~1.15 mm、第一节间长0.68~2.8 cm。

3.5.7 品种因素

小麦品种之间抗倒性有明显差异，株高、重心高度、基部节间长度和小维管束数目与抗倒伏指数均呈极显著负相关，茎秆第2节间粗度和壁厚与抗倒伏指数呈极显著正相关[9-10]。选用小麦品种不当，也会加大倒伏程度。据襄州、南漳、枣阳、宜城、天门、安陆等县市（区）调查统计，这次发生倒伏较严重的品种有郑麦9023、西农979等，不仅倒伏面积大，而且倒伏程度重。据枣阳市、安陆市小麦品种大区示范展示结果，兰考198、襄麦25、鄂麦170、鄂麦596无倒伏或零星倒伏，其他品种如郑麦9023、扶麦1228、宁麦13、鄂麦352、襄麦35均有不同程度的倒伏，倒伏比例在25%以上。

4 防止和减轻小麦倒伏的技术策略和措施

4.1 技术策略

利用小麦品种本身的抗倒伏能力，是小麦生产中防止和减轻小麦倒伏最经济有效的技术策略[11,12]。通过多点多年份品种比较试验和示范，筛选出适合湖北省不同生态区域的抗倒伏品种，是实现小麦优质、高产、高效的基础。在此基础上根据不同生态区的生态条件和生产条件，研究与抗倒伏品种配套的栽培技术，加大示范推广力度，有利于发挥品种的抗倒伏能力和优质高产潜力。

4.2 技术措施

4.2.1 科学选择品种

根据湖北省主产区的产量水平和生产条件，选择农艺性状较优、适应性较强、具有较强抗倒伏能力较强的品种。

4.2.2 适期播种

根据小麦品种、小麦生产区特点，确认主推小麦品种的合适播期，在抢墒和抢季节上要合理协调好，既不能为抢墒而提前过早播种，也不能因抢季节而放弃适墒播种，两者都不利达到小麦绿色、安全、高效生产目的[13]。

4.2.3 推广机械精量播种技术

播种量调控在 12.5 kg/667 m^2 左右，稳定基本苗在 20 万株/667 m^2 左右，为建立合理的小麦群体结构打好基础。强化镇压技术的应用，培育冬前壮苗、促进根系发育，增强小麦抗到抗逆能力。

4.2.4 科学配方施肥，合理氮肥运筹

根据品种产量潜力、地理和产量目标确定合理的肥料运筹技术，坚持科学配方施肥，氮肥适量后移。

4.2.5 提高麦田沟厢质量，加强小麦病虫草害综合防治

在小麦全生育期，重视提高麦田的沟厢质量，为小麦根系发育创造良好的土壤环境，增强小麦自身的抗倒伏和抗逆能力。根据植保病虫草害情报，抢抓机遇搞好小麦病虫草害综合防治，大大降低小麦因病虫草害造成倒伏。

4.2.6 利用化学药剂调控，控旺促壮

根据小麦苗情及时合理采取化学药剂调控技术，控旺促壮。特别是对旺长小麦，要在小麦 3 叶 1 心至 5 叶 1 心阶段抓好化控措施落实到位，调控好小麦第一节间长度，增强小麦抗倒伏能力。

5 小结

湖北省 2017 年小麦倒伏面积达到 23.90 万 hm^2，在发生倒伏的小麦面积中，2 级倒伏的小麦面积占 40%左右，多为零星倒伏；3~4 级倒伏的小麦面积占 50%左右；5 级倒伏的小麦占 10%左右，倒伏面积及程度均为历史罕见。倒伏后，小麦平均减产 26.52%。倒伏的发生与气候、播量、播期、施肥、品种等因素有关，可采取科学选种、适时适量播种、配方施肥、提高麦田沟厢质量及合理化控技术等措施防止小麦倒伏。

参考文献

[1] BERRY P M，SPINK J. Predicting yield losses caused by lodging in wheat [J]. Field Crops Research，2012（137）：19-26.

[2] 朱新开，王祥菊，郭凯泉，等．小麦倒伏的茎秆特征及对产量与品质的影响 [J]. 麦类作物学报，2006，26（1）：87-92.

[3] 中华人民共和国农业部．中华人民共和国农业行业标准，农作物品种（小麦）区域试验技术规程（NY/T 1301—2007）[S]. 2007.

[4] 田保明，杨光圣，曹刚强，等．农作物倒伏及其影响因素分析 [J]. 中国农学通报，2006，

22 (4): 163-167.
[5] 冯盛烨, 王光禄, 王怀恩, 等. 种植密度与施肥量对小麦抗倒伏性能的影响 [J]. 山东农业科学, 2016, 48 (6): 50-53.
[6] 卢昆丽, 尹燕枰, 王振林, 等. 施氮期对小麦茎秆木质素合成的影响及其抗倒伏生理机制 [J]. 作物学报, 2014, 40 (9): 1686-1694.
[7] 陈晓光, 王振林, 彭佃亮, 等. 种植密度与喷施多效唑对冬小麦抗倒伏能力和产量的影响 [J]. 应用生态学报, 2011, 22 (6): 1465-1470.
[8] 陈晓光, 石玉华, 王成雨, 等. 氮肥和多效唑对小麦茎秆木质素合成的影响及其与抗倒伏性的关系 [J]. 中国农业科学, 2011, 44 (17): 3529-3536.
[9] 胡昊, 李莎莎, 华慧, 等. 不同小麦品种主茎茎秆形态结构特征及其与倒伏的关系 [J]. 麦类作物学报, 2017, 37 (10): 1-6.
[10] 姚金保, 马鸿翔, 姚国才, 等. 小麦抗倒性研究进展 [J]. 麦类作物学报, 2013, 14 (2): 208-213.
[11] PIÑERA-CHAVEZ F J, BERRY P M, FOULKES M J, et al. Avoiding lodging in irrigated spring wheat. I. Stem and root structural requirements [J]. Field Crops Research, 2016 (196): 325-336.
[12] PIÑERA-CHAVEZ F J, BERRY P M, FOULKES M J, et al. Avoiding lodging in irrigated spring wheat. II. Genetic variation of stem and root structural properties [J]. Field Crops Research, 2016 (196): 64-74.
[13] DAI X L, WANG Y C, DONG X C, et al. Delayed sowing can increase lodging resistance while maintaining grain yield and nitrogen use efficiency in winter wheat [J]. The Crop Journal, 2017, 5 (6): 541-552.

江汉平原小麦开花前降水分布特点及同期渍害的产量效应*

王小燕，高春保，卢碧林，苏荣瑞

摘　要：江汉平原小麦生长期易受渍害导致减产。在系统分析1983—2012年江汉平原腹地荆州市小麦生育期降水分布特点的基础上，于2011—2012年度及2012—2013年度，以郑麦9023为试验材料，通过田间试验与盆栽试验相结合的方法，分别在拔节期及孕穗期进行渍水处理，探讨其对株高、旗叶光合速率、叶片黄化进程的影响及其与干物质积累量和籽粒产量的关系。结果表明：江汉平原1983—2013年小麦拔节期至孕穗期1/3以上年份同期降水量在80.2 mm以上，极限降水量达194.4 mm，即较多年份有渍害风险；进一步研究表明拔节期渍水和孕穗期渍水均导致旗叶光合速率降低，叶片黄化进程加快，其中孕穗期渍水对以上指标的影响大于拔节期；拔节期渍水和孕穗期渍水均导致株高降低、干物质积累量降低，最终籽粒产量显著降低，其中拔节期渍水处理成熟期籽粒产量比对照降低16.3%，孕穗期渍水处理籽粒产量比对照降低21.8%。在本试验条件下，拔节期渍水处理和孕穗期渍水处理均导致小麦植株各种光合指标降低，最终干物质积累量和籽粒产量均显著降低，且孕穗期渍水处理对产量等的影响大于拔节期渍水处理。

关键词：江汉平原；小麦；降水分布；渍害；产量

江汉平原为湖北省小麦主产区之一，耕地面积约为25万 hm^2，占全省小麦播种面积的30%左右。该地区小麦全生育期降水丰富，增产潜力大。但气象资料表明，江汉平原小麦产量形成的关键时期小麦拔节期及灌浆期降水量偏丰，易形成渍害，限制了籽粒产量形成。因此，有必要系统分析小麦不同生育期降水分布特点，探讨各时期渍水对产量形成的影响机理，以期为应对江汉平原地区降水偏丰对小麦产量形成的影响提供理论依据。

渍水胁迫对小麦产量形成的影响机理一直是小麦研究的重要领域[1-4]。早期研究主要集中在渍水对光合特性及衰老特性的影响的机理方面[5-9]。有研究表明，苗期渍水可加速植株衰老，叶绿素含量下降，膜脂过氧化产物丙二醛含量增加，进一步研究指出在渍水等逆境条件下，植物产生逆境乙烯，从而引发一系列生理效应[8,9]。也有研究表明，开花期渍水亦导致小麦叶片叶绿素含量下降，光合速率降低，膜透性增大，并指出停止渍水后渍害仍在进行，各种生理功能衰退，植株早衰[10]。近年来关于小麦渍水方面的研究主要集中在开花前后渍水对小麦品质及碳运转和氮磷钾元素吸收转运的影响

* 本文原载《长江流域资源与环境》，2013，22（12）：1642-1647。

上[1-4,11-14]。有研究表明花后渍水可显著降低籽粒蛋白质品质及淀粉品质[11,12]；不同生育时期渍水可显著影响小麦植株对磷素的吸收，进一步研究表明，孕穗期至灌浆期渍水亦可显著降低根系对 N、K 的吸收及分配[13,14]。总之，前人关于渍水对产量和品质的影响及生理基础已做了较多研究，但前期研究多集中在苗期，近期研究又多集中在品质和矿质元素的吸收上，且主要分布在江苏麦区和安徽麦区。江汉平原地处长江中游，降水分布与其他麦区有所不同，主推小麦品种亦存在较大差异，关于该地区拔节期和孕穗期渍害对小麦产量形成的影响尚鲜见报道。本试验在前人研究基础上，在分析江汉平原近 30 年小麦拔节期至孕穗期降水分布特点及渍害形成风险基础上，以该地区主推小麦品种郑麦 9023 为试验材料，探讨拔节期及孕穗期渍水对小麦光合特性、干物质生产及产量形成的影响，以期为该地区小麦高产栽培技术体系创建提供理论依据。

1 材料与方法

1.1 试验区自然概况

试验于 2011—2012 年度及 2012—2013 年度小麦生长季在长江大学教学实习基地进行，试验点位于东经 111°150′，北纬 29°260′，属亚热带季风湿润气候区，年均降水量为 1 200 mm。

1.2 试验材料与设计

试验以高产小麦品种郑麦 9023 为试验材料。播种前 0~20 cm 土层土壤有机质含量为 9.25 g/kg，全氮 1.01 g/kg，速效氮 70.92 mg/kg，速效磷 63.28 mg/kg，速效钾 47.13 mg/kg。试验设置 2 个渍水处理，即拔节期渍水（记为 W1）和孕穗期渍水（记为 W2），以不渍水处理为对照，（记为 W0）。渍水时间为 7 d。不同渍水处理间用塑料挡板隔开，塑料挡板为聚氯乙烯材质，厚 1.5 mm，入土深度为 40 cm，高出地面 20 cm。渍水处理时，用水龙头灌水，保持土壤表面水层可见，水层小于 2 cm。重复间亦用塑料挡板隔开。

试验小区面积为 12 m^2（2 m×6 m），行距 0.25 m，每小区 9 行，重复 3 次，随机排列。播前各处理氮肥用量的 1/2（90 kg N/hm^2）、磷肥（105 kg P_2O_5/hm^2）、钾肥（135 kg K_2O/hm^2），作为底肥施入；剩余氮肥于拔节期开沟追施；氮肥为尿素（含 N 46%），磷肥为过磷酸钙（含 P_2O_5 12%），钾肥为硫酸钾（含 K_2O 47%）。分别于 2011 年 10 月 25 日和 2012 年 11 月 8 日播种，3 叶期定苗，基本苗为 210 株/m^2。其他管理同一般高产田。

1.3 测定项目与方法

1.3.1 1983—2013 年逐日降水量

由荆州气象局提供。

1.3.2 小麦植株株高

每个小区随机选取20个点测单株株高并求平均值。

1.3.3 干物质积累量

于开花期、灌浆中期、成熟期取样，每次每小区随机取5株，重复3次。去掉地下部，将地上部洗净，并于70℃下烘至恒重，称取烘干重，即为所求干物质积累量。

1.3.4 旗叶光合速率

采用美国产便携式光合仪LI-6400测旗叶光合速率，分别于开花期、灌浆中期测定，每个处理测定10片叶，每个叶片读取5个数，并求平均值，重复3次。测定时间选取该生育期前后1~2 d晴朗的上午进行测定。

1.3.5 产量

每个小区于未取样区域选取2 m^2，实打测产，脱粒后称重并测籽粒含水量，根据含水量换算实际产量。

1.3.6 数据处理

试验数据用Microsoft Excel和DPS2000数据处理系统分析处理。

2 结果与分析

2.1 1983—2012年小麦全生育期逐月平均降水量分布

由图1可以看出，1983—2012年江汉平原荆州气象站逐月平均降水量呈单峰分布，降水量最多月份为6月、7月，5月降水量为年内第3。进一步分析表明，江汉平原小麦苗期即当年10月至翌年2月累计降水量为27.1~79.3 mm，基本可满足小麦苗期对水分的需求；小麦拔节期及孕穗期即3月前后，降水量较前期有较大幅度增加，其中1983—2012年3月累计降水量极限最大值为194.4 mm，同期累计降水量在80.2 mm以上的年份占1/3以上，表明小麦拔节期至孕穗期降水较多，部分年份有渍害风险；由图1同时可以看出，小麦生殖生长期即4—6月均属降水量偏丰月份，逐月平均降水量为145.6 mm，极限降水量达427.5 mm（1998年5月），逐月降水量在280.0 mm以上的月份出现6次，逐月降水量在200.0 mm以上的月份出现19次，表明该期形成渍害概率较苗期进一步提高。

以上数据表明，江汉平原小麦全生育期降水丰富，在不灌水条件下可满足小麦生长对水分的需求，与其他麦区相比，具备小麦高产的水分条件，但开花前后降水量偏丰，易形成渍害。

2.2 2011—2012年度及2012—2013年度小麦开花前旬降水量分布

由图2可以看出，2011—2012年度及2012—2013年度自小麦拔节期至开花期均有降水分布，其中2011—2012年度该生育阶段累计降水量为118.3 mm，日降水量达3.0 mm；2012—2013年度该生育阶段累计降水量为68.9 mm，日降水量达1.7 mm。表

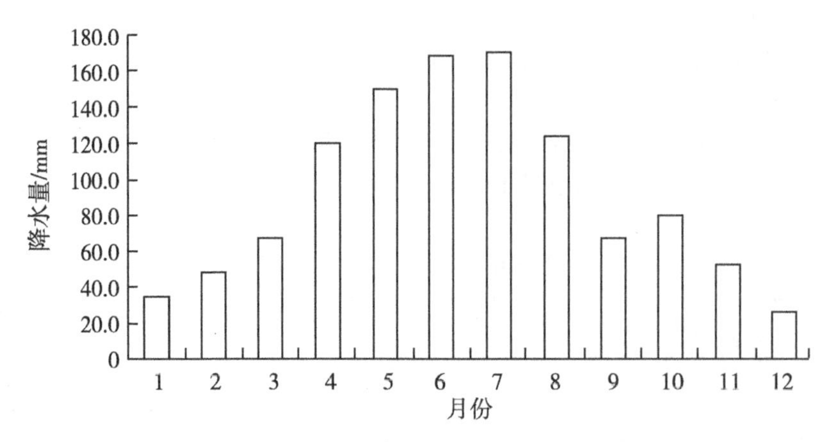

图 1　1983—2012 年荆州市逐月平均降水量

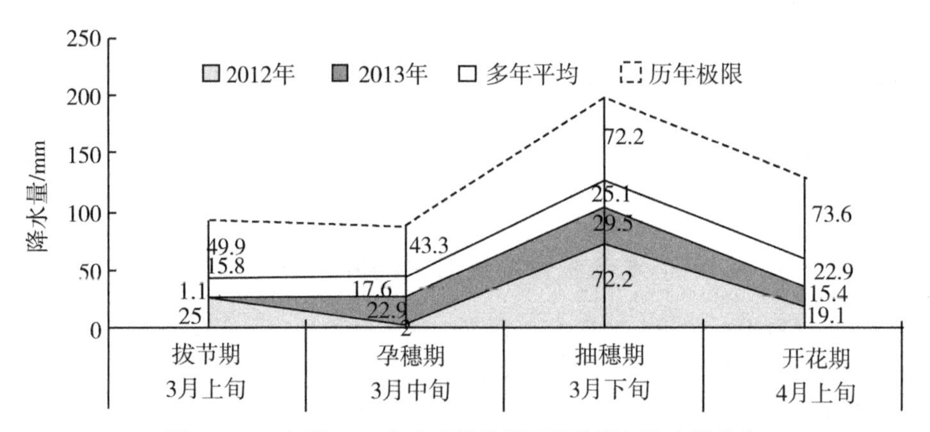

图 2　2012 年及 2013 年小麦拔节期至开花期旬降水量分布

明两年度小麦自拔节期至开花期降水分布均较集中，有渍害风险。

进一步分析表明，两年度 3 月上中旬即小麦拔节期至孕穗期累计降水量均在 24. 0~27. 0 mm 范围内，日均降水量达 1. 2 mm 以上；3 月中旬至 4 月上旬即小麦孕穗期至开花期累计降水量在 67. 8~93. 3 mm 范围内，日均降水量达 2. 3 mm 以上，均高于同期近 30 年平均水平。

以上结果表明，2011—2012 年度及 2012—2013 年度小麦拔节期至孕穗期及孕穗期至开花期降水量充沛，易形成渍害，不利于雌雄蕊原基分化（拔节期）和小孢子形成（孕穗期），这是江汉平原小麦穗粒数不足的主要原因之一。

2. 3　开花前渍水对株高的影响

如图 3 所示，分别于拔节期和孕穗期进行渍水处理（渍水 7 d），其小麦植株在抽穗期株高（左）和成熟期株高（右）均较对照（CK）显著降低。其中拔节期渍水处理，其抽穗期株高比对照降低 9. 1%，孕穗期渍水处理，其抽穗期株高比对照降低 6. 1%；停止渍水后一段时间，株高有所恢复，其中拔节期渍水处理，成熟期株高仅比对照降低 1.9%；孕穗期渍水处理，成熟期株高比对照降低 4.2%。

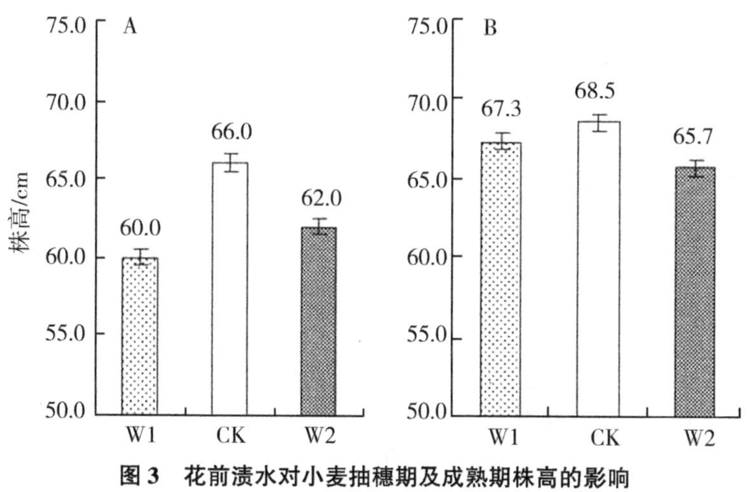

图 3　花前渍水对小麦抽穗期及成熟期株高的影响

（A. 抽穗期；B. 成熟期）

以上结果表明，拔节期及孕穗期渍水，均导致植株株高显著降低，不利于生物产量的形成，其中孕穗期渍水处理的降低幅度小于拔节期渍水，但撤除渍水处理后其株高的恢复程度小于拔节期渍水处理。

2.4　花前渍水对干物质积累量的影响

由图 4 可以看出，拔节期渍水处理和孕穗期渍水处理均显著降低植株干物质积累量。其中经拔节期渍水处理后，开花期干物质积累量（图 4A）、灌浆中期干物质积累量（开花后 14d；图 4B）、成熟期干物质积累量（图 4C）分别为对照的 89.0%、87.5%、94.1%；经孕穗期渍水处理后，至开花期、灌浆中期、成熟期植株干物质积累量仅为对照的 90.6%、81.0%、72.5%。以上结果表明，开花前不同时期渍水处理比较，孕穗期（含小孢子分化期）渍水对干物质积累的影响大于拔节期（含雌雄蕊原基分化期）渍水。

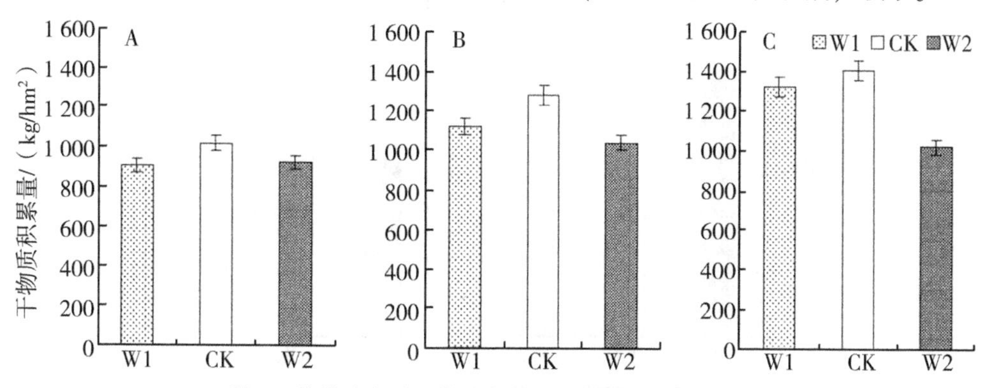

图 4　花前渍水对开花至成熟期干物质积累量的影响

（A. 开花期；B. 灌浆中期；C. 成熟期）

2.5 花前渍水对叶片黄化程度的影响

由表1可以看出，拔节期渍水及孕穗期渍水均导致叶片早衰，叶片从基部开始加速变黄，功能期缩短。

表1 开花期及灌浆中期不同处理叶片黄化面积比较

生育期	处理	基部第1片叶	基部第1片叶	基部第2片叶	基部第3片叶	旗叶
开花期	W1	微黄	微黄	绿	绿	绿
	W0	微黄	绿	绿	绿	绿
	W2	全黄	全黄	微黄	绿	绿
灌浆中期	W1	干枯	全黄	叶尖变黄	绿	绿
	W0	全黄	微黄	绿	绿	绿
	W2	干枯	干枯	干枯	叶尖变黄	叶尖变黄

进一步分析表明，拔节期渍水处理，至开花期其基部1~2片叶微黄，其余叶片持绿；孕穗期渍水处理，至开花期其基部1~2片叶全黄，第3片叶微黄，其余叶片持绿。灌浆中期，拔节期渍水处理基部第1片叶干枯，基部第2片叶全黄，基部第3片叶叶尖变黄，其余叶片持绿；孕穗期渍水处理基部1~3片叶干枯，旗叶叶尖干枯变黄，整株表现明显早衰趋势。以上结果表明，花前不同时期渍水处理比较，孕穗期渍水对叶片黄叶数的影响大于拔节期渍水处理。

2.6 花前渍水对叶片光合速率的影响

由图5可以看出，拔节期渍水和孕穗期渍水均导致旗叶光合速率显著降低，其中孕穗期渍水处理旗叶光合速率降低趋势大于拔节期渍水处理。

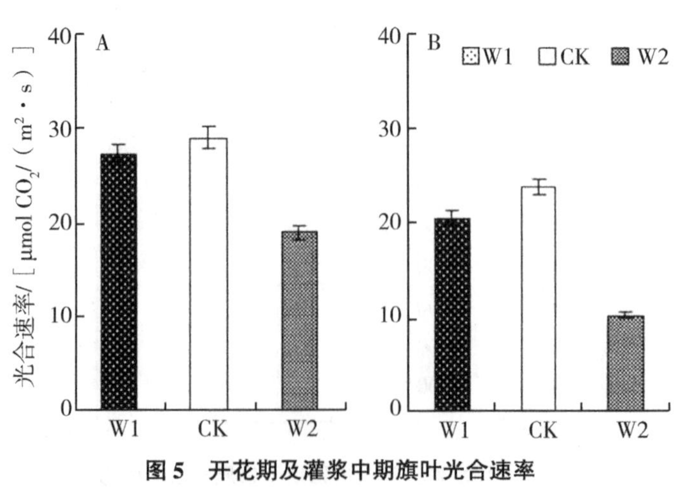

图5 开花期及灌浆中期旗叶光合速率

(A. 开花期；B. 灌浆中期)

进一步分析表明，拔节期渍水处理，其开花期旗叶光合速率降低为对照的 94.2%，灌浆中期降低为对照的 86.1%；孕穗期渍水处理，其开花期旗叶光合速率仅为对照的 65.3%，灌浆中期降低为对照的 42.9%。表明，花前不同时期渍水均可显著降低旗叶光合速率，缩短旗叶光合速率高值持续期，抑制碳水化合物的积累，这是花前渍水导致籽粒产量降低的又一生理基础。

2.7 花前渍水对籽粒产量的影响

如图 6 所示，2011—2012 年度及 2012—2013 年度拔节期渍水和孕穗期渍水均导致籽粒产量降低，且孕穗期渍水籽粒产量降低趋势大于拔节期渍水处理。进一步分析表明，拔节期渍水，2011—2012 年度，籽粒产量降低 9.1%，2012—2013 年度降低 23.5%；孕穗期渍水，2011—2012 年度，籽粒产量降低 12.8%，2012—2013 年度降低 30.8%。

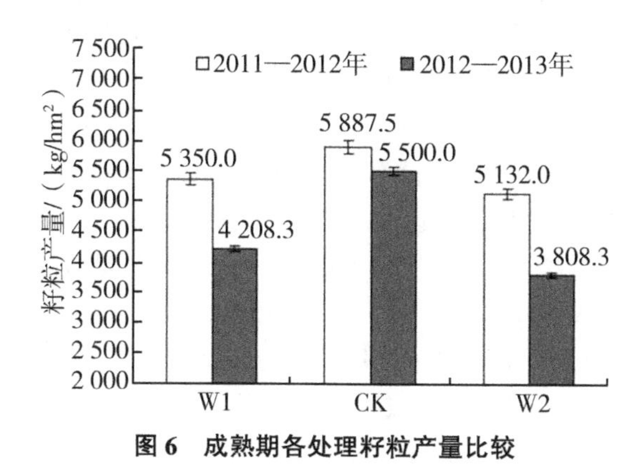

图 6 成熟期各处理籽粒产量比较

3 讨论

3.1 江汉平原小麦花前渍害风险分析

前人研究表明，小麦拔节期即雌雄蕊原基分化期是小麦需水临界期，水分过多和水分不足均不利于产量形成，其中水分过多易导致根系无氧呼吸，影响植株正常代谢，最终影响穗粒数和产量形成[15~18]。同时，也有研究表明，小麦孕穗期，含小孢子形成期，也是小麦需水敏感期，该生育期水分过多易导致雌雄蕊败育，最终穗粒数和籽粒产量均不高[15,17]。本研究据近 30 年江汉平原降水数据分析，各年份小麦全生育期均有较多降水，可满足小麦耗水曲线[19~21]，进一步分析表明，江汉平原荆州气象站 3~5 月降水量均偏丰，其中月累计降水量多年平均为 337.3 mm，占小麦全生育期降水量的 66.3%，极限降水量达 751.1 mm，极限占比达 88.6%，逐月降水量在 280.0 mm 以上的月份出现 6 次，逐月降水量在 200.0 mm 以上的月份出现 19 次；其中 2011—2012 年度小麦自拔节期至孕穗期累计降水量为 118.3 mm，2012—2013 年度该生育阶段累计降水量为 68.9 mm，降水均偏丰，有渍害风险。根据前人关于小麦渍害形成模型分析，江汉平原在小麦雌雄蕊原基分化期至小孢子形成期降水量偏丰，均易形成渍害，不利于小穗和小花的正常发育[22~25]。以上结果给我们启示，在江汉平原小麦当前生产条件下，应探讨适宜的耕作模式以降低渍害风险并探讨渍害形成后适宜的恢复技术，在保证该地区不灌水即可满足小麦全生育期需水的基础上，做好拔节期和孕穗期排水管理，以实现降水量距平年份高产，降水偏丰年份低产变高产，这是我们下一步要研究的内容。

3.2 渍害对产量和经济效益的影响

有研究表明孕穗期渍水易导致小麦籽粒产量降低[14,26]，花后渍水易导致旗叶光合速率降低，干物质积累量减少，最终籽粒产量降低[27~29]。本研究表明，拔节期渍水，旗叶及倒三叶 SPAD 值降低，光合速率降低，这与前人研究结果基本一致。拔节期及孕穗期渍水，株高降低，干物质积累量减少，叶片黄化速度加快，且孕穗期渍水对以上指标的影响大于拔节期渍水，最终孕穗期渍水处理籽粒产量显著低于拔节期渍水处理，且均显著低于对照。以上结果表明，在拔节期（含雌雄蕊原基分化期）和孕穗期（含小孢子期形成期）渍水，易导致株高降低，最终生物量和经济产量降低，且小孢子形成期渍水对产量形成的影响最大，其次是雌雄蕊原基分化期。

大田试验条件下，拔节期渍水处理 2 年度小麦籽粒产量仅为 4 479.2 kg/hm^2，孕穗期渍水处理籽粒产量仅为 4 470.2 kg/hm^2，分别比对照降低 16.3%和 21.8%。若小麦价格按 2.0 元/kg 计，江汉平原小麦面积按 25 万 hm^2 计，则拔节期降水较多年份该小麦产区可能造成小麦减产 22.9 万 t，减收 4.6 万元；孕穗期降水较多年份可能造成减产 30.6 万 t，减收 6.1 万元。这对湖北省粮食总产的提高及粮食效益的提高均有影响。因此，目前应加大对江汉平原等低产田的改造力度，更新田间排水设施，创建渍害恢复技术体系，努力实现低产变高产，为湖北省乃至全国粮食总产提高奠定基础。

4 结论

江汉平原小麦拔节期至孕穗期降水偏丰，易形成渍害，其中孕穗期（含小孢子形成期）渍水对旗叶光合速率、根系活力等的影响大于拔节期（雌雄蕊原基分化期），最终导致株高、干物质积累量、籽粒产量均显著降低。为降低孕穗期及拔节期渍水对小麦产量形成的影响，应在满足小麦全生育期耗水量的基础上，积极排水并创建渍害恢复技术体系，减缓该期渍害对产量的影响。

参考文献

[1] SETTER T L, WATERS I. Review of prospects for germplasm improvement for water logging tolerance in wheat, barley and oats [J]. Plant and Soil, 2003, 253 (1): 1-34.

[2] SETTERT T L, WATERS I, SHARAMA S K, et al. Review of wheat improvement for waterlogging tolerance in Australia and India: the importance of anaerobiosis and element toxicities associated with different soils [J]. Annals of Botany, 2009, 103 (2): 221-235.

[3] 戴忠民，王振林，张敏，等．旱作与节水灌溉对小麦籽粒淀粉积累及相关酶活性变化的影响［J］．中国农业科学，2008，41（3）：687-694.

[4] DICKIN E, WRIGHT D. The effects of winter water logging and summer drought on the growth and yield of winter wheat (*Triticum aestivum* L.) [J]. European Journal of Agronomy, 2008, 28 (3): 124-233.

[5] SAMAD A, MEISNER C A, SAIFUZZAMAN M, et al. Water logging tolerance [M] //Reynolds M P, Ortizmonasterio J I, Mcnad A. Application of physiology in wheat breeding. Mexico: CIMMIT, 2001: 136-144.

[6] ZHOU M X, LI H B, MENDHAM N J. Combining ability of waterlogging tolerance in barley [J]. Crop Science, 2007, 47: 278-284.

[7] 杨建昌，杜永，刘辉．长江下游稻麦周年超高产栽培途径与技术［J］．中国农业科学，2008，41（6）：1611-1621.

[8] 董建国，俞子文，余叔文．在渍水前后的不同时期增加体内乙烯产生对小麦抗渍性的影响［J］．植物生理学报，1983，9（4）：383-386.

[9] 董建国，余叔文．小麦受渍后 MACC 的形成和 ACC 含量及乙烯产生的关系［J］．植物生理学报，1983，9（1）：103-105.

[10] 蔡永萍，陶汉之，张玉琼．土壤渍水对小麦开花后叶片几种生理特性的影响［J］．植物生理学通讯，2000，36（2）：110-113.

[11] 范雪梅，姜东，戴廷波，等．花后干旱和渍水下氮素供应对小麦籽粒蛋白质和淀粉积聚关键调控酶活性的影响［J］．中国农业科学，2005，38（6）：1132-1141.

[12] 赵辉，荆奇，戴廷波，等．花后高温和水分逆境对小麦籽粒蛋白质形成及其关键酶活性的影响［J］．作物学报，2007，33（12）：2021-2027.

[13] 李金才，尹钧，魏凤珍，等．不同生育时期渍水对冬小麦 P 素吸收和分配的影响［J］．安徽农业科学，2004，32（2）：329，349.

[14] 魏凤珍，李金才，王成雨，等．孕穗至灌浆期土壤渍水对冬小麦 N、P、K 素含量和积累量的影响［J］．安徽农业大学学报，2007，34（2）：208-212.

[15] 赖纯佳，千怀遂，段海来，等．淮河流域小麦—水稻种植制度的气候适宜性［J］．中国农业科学，2011，44（14）：2868-2875.

[16] 曹翠玲，李生秀．水分胁迫和氮素有限亏缺对小麦拔节期某些生理特性的影响［J］．土壤通报，2003，34（6）：505-509.

[17] 敖立万．湖北小麦［M］．武汉：湖北科学技术出版社，2002.

[18] CAVAZZA L, PISA P R. Effect of watertable depth and waterlogging on crop yield [J]. Agricultural Water Management, 1988, 14: 29-34.

[19] 马新明，张娟娟，刘合兵，等．基于氮素胁迫的 WCSODS 模型订正与检验［J］．中国农业科学，2008，41（2）：391-396.

[20] CLEMMENS A J, ALLEN R G, BURT C M. Technical concepts related to conservation of irrigation and rainwater in agricultural systems [J]. Water Resources Research, 2008, 44: 1-16.

[21] 褚鹏飞，于振文，王东，等．耕作方式对小麦耗水特性和籽粒产量的影响［J］．中国农业

科学，2010，43（19）：3954-3964.

[22] 朱建强，李靖．江汉平原水灾害综合防治研究［J］．长江大学学报（自然科学版），2005，2（8）：8-11，15.

[23] 赵俊晔，张峭，赵思健．中国小麦自然灾害风险综合评价初步研究［J］．中国农业科学，2013，46（6）：705-714.

[24] 金之庆，石春林．江淮平原小麦渍害预警系统（WWWS）［J］．作物学报，2006，32（10）：1458-1465.

[25] 潘洁，戴廷波，姜东，等．基于气候因子效应的冬小麦籽粒蛋白质含量预测模型［J］．中国农业科学，2005，38（4）：684-691.

[26] 魏凤珍，李金才，尹钧，等．孕穗期渍水逆境对冬小麦氮素营养及产量的影响［J］．中国农学通报，2006，22（9）：127-129.

[27] 谭维娜，戴廷波，荆奇，等．花后渍水对小麦旗叶光合特性及产量的影响［J］．麦类作物学报，2007，27（2）：314-317.

[28] LI C Y，JIANG D，WOLLENWEBER B，et al. Water logging pretreatment during vegetative growth improves tolerance to water logging after anthesis in wheat［J］．Plant Science，2011，180（5）：672-678.

[29] 朱新开，郭文善，李春燕，等．小麦株高及其构成指数与产量及品质的相关性［J］．麦类作物学报，2009，29（6）：1034-1038.

湖北稻茬小麦新品种（系）孕穗期耐渍性的鉴定与评价*

佟汉文，高春保，邹　娟，刘易科，朱展望，
陈　泠，张宇庆，吴　波

摘　要：为了解湖北近期选育小麦新品系在稻茬麦田孕穗期耐渍性状的表现，本研究在2013—2015两年度采用灌水处理模拟田间渍害，通过耐渍系数和隶属函数相结合把多个性状转化成单一综合评价值D，对2013—2014年度湖北省和长江中下游小麦区试参试材料等为主的小麦品种（系）进行了孕穗期耐渍性的鉴定和评价。结果表明：渍水胁迫对所测性状抑制作用的大小顺序为：主茎绿叶片数>籽粒产量>叶绿素含量>不孕小穗数>千粒重>穗粒重>穗下茎长>株高>穗粒数>小穗数>穗长。筛选到鄂麦155、鄂麦170、富麦1号和扬麦20等4个小麦新品种（系）的耐渍性综合评价值D高于高耐渍对照品种农林46。参试小麦材料系统聚类划分为3个类群，即高耐渍类群（5个，占参试材料的13.51%，下同）、中等耐渍类群（28个，75.68%）和不耐渍类群（4个，10.81%）；4. 耐渍性综合评价值D与主茎绿叶片数呈极显著正相关，与穗长呈极显著负相关；与不孕小穗数、穗粒重、穗粒数、千粒重、主茎绿叶片数和SPAD值的耐渍系数均呈极显著正相关。本研究结果可为湖北稻茬小麦耐渍新品种的选育、小麦孕穗期耐渍性的鉴定及评价提供参考。

关键词：湖北稻茬小麦；孕穗期耐渍性；鉴定与评价

湖北小麦隶属我国西南麦区和长江中下游麦区交汇处，地处我国南北过渡地带，其丰富的光、热、水资源，蕴藏着巨大的小麦生产潜力[1]；但该麦区以水旱轮作为主、小麦生长期间雨水较多，特别是抽穗期常常超出小麦正常需水量，容易导致渍害发生，成为影响该麦区产量和品质稳定的重要逆境因素之一[2-5]。针对这一问题，这一区域的小麦专家曾在“六五”“七五”期间联合攻关，筛选鉴定了一大批国内外小麦种质资源，其中白玉花、水里占、农林46、Pato等48个国外小麦资源达到高度耐渍水平，万年2号、翻山小麦、宁8675、扬85-85、Alondra“S”等181份达到耐渍水平[6-7]。这些耐渍小麦种质资源在当时的生产或育种中发挥了巨大作用，对于解决当时的温饱问题，以及后来的耐渍研究奠定了材料和方法基础。肥料运筹方式[8-9]等耕作栽培措施也在抗渍保丰产中发挥了积极作用，但近年来，随着农村劳动力减少、减肥减药等农业节能增效综合技术的推广、利用栽培措施减轻渍害的空间越来越小，因此培育耐渍小麦品种无疑是减轻渍害最经济有效的方法，而准确地鉴定及评价耐渍种质资源是耐渍新品种

* 本文原载《麦类作物学报》，2016，36（12）：1635-1642。

培育的首要条件，也是分子标记、QTL定位等分子生物学研究耐渍性的基础[10-11]。

作物耐渍性的鉴定和评价一直是农学研究的热点和难点，至今没有一个统一的标准。我国《小麦种质资源数据质量标准》对“耐湿性”也只有定性的描述，如把“生长良好，叶片保持正常绿色，产量相对较高而稳定”的小麦种质划分为强耐湿性。对引进高耐渍对照品种农林46，主要采用主茎绿叶片数相对受害率的差值划分耐渍性的强弱[6,12]，我国此后的小麦耐渍性研究多采用此种方法[13]。对照品种农林46的引进有利于不同年度、不同地点间鉴定结果的比较，这在其他作物耐渍性鉴定中未曾见报道。主茎绿叶片数的耐渍系数虽然与耐渍性存在一定的关系，但笔者根据多年的田间经验，发现由于不同基因型生育进程的差异以及对干热风等气象条件的反应不同，主茎绿叶片数的耐渍系数与耐渍性的关系研究结论不尽一致。周广生等[14]通过盆栽试验借助湿害系数和隶属函数值，把农艺性状和生化指标相结合，对12个小麦品种（系）孕穗期的耐渍性进行了更加准确的评价，这在小麦耐渍性评价方法上又是一个突破。

稻茬麦是我国西南麦区及长江中下游麦区小麦渍害的主要发生模式，在稻茬麦田评价小麦孕穗期耐渍性更能接近生产实际[15]，此方面的研究也还未曾见报道。区域试验材料是本区域育种单位最高育种成果的体现，代表最新小麦品种特性，是未来生产推广品种的后续储备。本研究在前几年预备试验和生产调研基础之上，分别于2013—2014年度、2014—2015年度湖北省和长江中下游小麦区域试验为主要材料，在稻茬麦田于孕穗至抽穗期进行渍水胁迫处理，并对渍水和对照材料的籽粒产量、主茎绿叶片数、株高、SPAD值、穗下茎长、千粒重等11个性状进行观察比较和统计分析，筛选耐渍性较好的小麦新品系，揭示耐渍性综合评价值与不同性状间的关系，为稻茬麦田耐渍小麦新品种的推广、耐渍鉴定和评价以及耐渍机理的研究提供参考。

1　材料与方法

1.1　试验材料

以2013—2014年度湖北省及长江中下游小麦区域试验为主要材料，江苏省农业科学院粮食作物研究所蔡士宾研究员提供日本引进1级耐渍小麦品种农林46，本课题组早年选育品种鄂麦11、鄂麦12，具体见表2。

1.2　试验方法

在前期预试验结果基础之上，本试验分别于2013—2014年度、2014—2015年度在湖北省农业科学院粮食作物研究所水稻制种田（武汉洪山区南湖，稻茬麦田）进行。试验设灌水和不灌水两处理，分别种植于两小区，两小区相隔3个水泥路基，12 m以上。小区宽5.00 m，长30.00 m。

随机排列，3次重复，每重复单行种植，行长2.00 m，行距0.25 m，两处理种植顺序相同。小区横向中间腰沟宽0.30 m，横向两侧和纵向两侧围沟宽0.35 m，沟沟相通，以保障排灌方便。基本苗控制在 12 万～16 万株/亩。于拔节以后 50%材料挑旗（2013—2014 年度、2014—2015 年度分别于 3 月 18、3 月 20 日）进行灌水处理，水层保持在厢面 2 cm 以上，两年度（2013—2014、2014—2015）分别于 20 d、18 d 后看到农林 46 下层叶片发黄，两处理性状差异明显时排水晾干。排水后第 15 天每重复随机选取 10 株数其绿叶片数、量其株高，选主茎穗测定旗叶 SPAD 值、穗长，小穗数和不孕小穗数和穗下茎长，收获后测定穗粒数、穗粒重、产量和千粒重。

1.3 耐渍性评价

1.3.1 耐渍系数（*WTC*，waterlogging tolerance coefficient）[16]

$$WTC=X_t/X_{ck} \tag{1}$$

其中，X_t和 X_{ck}分别为性状处理值和对照值；由于渍害胁迫增加不孕小穗数，因此不孕小穗数的 $WTC=X_{ck}/X_t$。

1.3.2 综合评价值（D-value）[17]

$$U_{ij}=(WC_{ij}-WC_{jmin})/(WC_{jmax}-WC_{jmin})(j=1,2,3,\cdots,8;i=1,2,3,\cdots,37) \tag{2}$$

$$W_j=\sigma_j/\sum\sigma_j \tag{3}$$

$$D_i=\sum\left[U(x_{ij})\times W_j\right] \tag{4}$$

式中，WC_{ij}为第 j 个性状第 i 个材料的耐渍系数；WC_{jmax}为第 j 个性状中的最大耐渍系数；WC_{jmin}为第 j 个性状中的最小耐渍系数。W_j 值为第 j 个性状指标的权重，σ_j 为第 j 个性状指标的变异系数。

以上数据处理及分析采用 Microsoft Excel 2003、DPS7.05 软件完成。

2 结果与分析

2.1 孕穗期渍害胁迫对小麦不同性状的影响

为减少不同性状间固有的差异，将淹水胁迫与对照的性状测定值转换为耐渍系数（公式 1），结果列于表 1。以平均值来看，渍水胁迫对孕穗期小麦所测性状均起到抑制作用，但不同性状所起的抑制作用大小不同。其中对主茎绿叶片数的降低作用最大，这也是首先观察到的田间渍害胁迫表现和终止渍害胁迫的唯一标准，其次是籽粒产量、SPAD 值、不孕小穗数和千粒重，降低比例分别为 28.14%、25.11%、16.89%、10.56%和 10.40%，均在 10%以上；对穗长、小穗数和穗粒数的降低作用最小，均在 5%以下；而对穗粒重、穗下茎长和株高的降低作用集中在 7%～8%。

表 1 不同小麦品种各性状的耐渍系数

品种（系）	SPAD 值	籽粒产量	主茎绿叶片数	株高	小穗数	不孕小穗数	穗粒数	穗粒重	穗长	千粒重	穗下茎长
06-13506-135	0.935 9	0.661 1	0.738 1	0.899 9	1.006 1	1.020 6	0.956 7	0.880 7	0.996 0	0.848 9	0.867 4

（续表）

品种（系）	SPAD值	籽粒产量	主茎绿叶片数	株高	小穗数	不孕小穗数	穗粒数	穗粒重	穗长	千粒重	穗下茎长
襄麦28	0.775 5	0.759 6	0.651 1	0.963 1	0.999 3	1.151 9	1.024 3	1.057 5	0.894 2	0.950 9	0.946 0
川麦12145	0.825 1	0.804 8	0.791 0	0.944 9	0.969 6	1.213 4	0.911 7	0.774 7	1.037 5	0.888 0	0.939 0
荆麦41	0.675 8	1.015 5	0.874 1	0.955 8	0.980 8	0.856 1	0.978 0	0.868 5	0.986 3	0.878 4	0.879 9
庆麦914	0.849 3	0.653 9	0.591 2	0.875 0	1.030 2	1.030 8	1.067 6	1.166 3	0.961 9	0.875 0	0.918 3
鄂麦170	1.009 7	0.699 2	0.920 3	0.878 3	1.007 6	1.125 9	0.983 9	1.051 8	1.028 9	0.997 4	0.876 8
851	0.815 9	0.833 9	0.794 5	0.918 9	1.012 7	1.036 0	1.029 4	0.977 2	0.992 7	0.911 1	0.970 2
鄂麦155	0.990 3	0.769 5	0.924 5	0.942 6	0.992 2	1.312 5	0.883 2	0.988 8	1.025 2	1.053 3	0.901 8
郑麦122	0.886 8	0.793 7	0.888 7	0.889 3	0.985 6	1.211 8	0.952 3	0.857 8	0.997 2	0.899 9	0.995 3
华麦2859	0.918 2	0.658 4	0.617 9	0.891 6	0.993 4	1.045 8	0.894 7	0.736 1	0.958 9	0.884 4	0.943 4
扶麦189	0.841 7	0.735 2	0.615 4	0.892 4	1.060 5	1.241 7	1.038 1	1.085 6	0.986 8	0.895 9	0.850 5
垦麦038	0.845 2	0.698 2	0.643 7	0.920 8	1.002 7	1.280 1	0.985 4	0.943 1	0.990 9	0.789 4	0.880 3
亿麦28	0.631 1	0.713 1	0.592 7	0.942 9	1.015 9	1.116 9	1.054 8	1.026 2	0.944 6	0.877 5	0.883 1
富麦88	0.859 5	0.631 9	0.672 7	0.918 7	0.963 3	1.077 3	0.959 4	0.870 1	0.967 6	0.898 1	0.899 0
春晓2号	0.883 8	0.531 1	0.683 4	0.918 8	0.995 4	0.721 8	0.995 5	0.929 8	1.015 9	0.780 1	0.845 4
华麦1168	0.882 1	0.726 6	0.727 5	0.933 9	1.015 5	0.918 5	0.978 3	0.859 8	1.064 4	0.867 1	1.048 8
富麦1号	0.883 2	0.751 0	0.652 6	0.924 5	1.016 6	1.725 3	1.055 0	1.030 3	0.984 4	0.884 5	0.905 1
扬麦10G47	0.757 1	0.646 0	0.698 5	0.917 9	1.040 5	1.092 4	1.035 2	1.044 1	0.956 0	0.908 8	1.053 7
郑麦9023	0.911 8	0.709 3	0.704 4	0.923 9	1.018 4	0.919 4	0.905 5	0.828 3	1.009 3	0.957 5	0.900 3
襄麦35	0.868 7	0.749 7	0.779 0	0.943 3	1.023 1	1.191 7	0.986 2	0.901 7	0.982 7	0.858 5	0.842 3
鄂麦048	0.517 6	0.824 8	0.854 2	0.969 7	0.973 7	0.899 3	0.855 6	0.700 4	1.044 8	0.905 3	0.914 8
EM518	0.815 9	0.625 8	0.620 6	0.938 5	0.927 0	1.134 4	0.957 2	0.987 3	1.019 4	0.943 6	0.873 8
鄂麦11	0.821 9	0.792 2	0.560 8	0.939 2	1.017 0	1.165 5	1.033 3	0.948 9	0.968 8	0.775 1	0.962 4
鄂麦12	0.954 0	0.732 4	0.763 3	0.945 5	0.950 5	0.914 2	0.919 4	0.723 5	1.014 6	0.876 6	0.940 1
丰庆108	0.660 7	0.831 0	0.595 4	0.937 2	1.011 0	1.073 6	0.915 1	0.954 3	1.014 3	0.951 4	0.871 1
华麦0722	0.844 3	0.737 1	0.780 2	0.906 2	0.953 5	1.078 8	0.923 9	0.820 4	1.010 9	0.898 5	0.922 1
漯麦6010	0.959 1	0.816 3	0.687 3	0.926 8	0.984 1	1.025 0	0.921 0	0.833 9	1.009 9	0.916 2	0.888 3
宁麦0898	0.995 7	0.888 7	0.730 7	0.951 2	0.965 2	1.064 1	0.969 1	0.904 0	0.982 1	0.897 4	0.948 7
宁麦09121	0.773 1	0.853 4	0.854 7	0.918 8	0.960 4	0.988 6	0.870 5	0.716 9	1.067 6	0.866 3	0.908 8
宁麦09-72	0.756 6	0.854 7	0.969 7	0.934 6	0.940 7	1.080 0	0.949 1	0.864 7	1.051 1	0.956 9	0.957 7

（续表）

品种（系）	SPAD值	籽粒产量	主茎绿叶片数	株高	小穗数	不孕小穗数	穗粒数	穗粒重	穗长	千粒重	穗下茎长
农林46	0.720 8	0.849 0	0.602 1	0.920 5	1.014 7	1.442 5	1.072 3	1.144 3	0.977 8	0.966 9	0.938 7
新麦2号	0.859 2	0.666 8	0.652 7	0.895 6	1.024 0	1.039 1	1.055 4	0.997 8	0.952 7	0.798 8	0.955 3
扬麦09-111	0.783 1	0.733 9	0.766 4	0.933 9	0.968 3	1.120 7	0.961 2	1.007 2	0.983 2	1.008 5	0.884 6
扬麦10-66	0.753 5	0.756 8	0.674 2	0.924 1	0.998 1	1.232 7	1.031 4	0.991 3	1.020 6	0.888 5	1.000 0
扬麦20	0.994 5	0.680 5	0.777 0	0.941 1	0.996 0	1.305 0	1.067 7	1.022 8	1.022 0	0.833 9	0.951 3
亿麦9号	0.792 3	0.695 4	0.718 6	0.939 2	0.928 7	1.004 6	0.951 9	0.826 5	1.022 8	0.900 4	0.914 0
镇麦10375	0.702 2	0.827 8	0.418 2	0.938 0	0.970 7	1.050 3	0.910 7	0.760 4	1.019 3	0.864 9	0.989 4
平均值	0.831 1	0.748 9	0.718 6	0.925 9	0.992 2	1.105 6	0.974 0	0.921 2	0.999 0	0.896 0	0.923 5
最大值	1.009 7	1.015 5	0.969 7	0.969 7	1.060 5	1.725 3	1.072 3	1.166 3	1.067 6	1.053 3	1.053 7
最小值	0.517 6	0.531 1	0.418 2	0.875 0	0.927 0	0.721 8	0.855 6	0.700 4	0.894 2	0.775 1	0.842 3
标准差	0.109 4	0.090 7	0.117 3	0.022 7	0.030 8	0.175 2	0.061 1	0.120 0	0.035 4	0.060 2	0.051 6
变异系数 *CV*/%	13.16	12.11	16.32	2.45	3.11	15.85	6.27	13.03	3.54	6.72	5.59

从耐渍系数最大值和最小值（主要针对不孕小穗数）来看，除绿叶片数和株高两性状外，均有孕穗期渍水胁迫促进性状值升高的小麦材料。如穗长、小穗数、穗粒数、穗粒重和不孕小穗数，它们的耐渍系数大于1的材料分别有18个、16个、12个、10个和7个，各占参试材料的48.65%、43.24%、32.43%、27.03%和18.92%；穗下茎长、千粒重、叶绿素含量和籽粒产量中耐渍系数大于1的材料分别有3个、2个、1个和1个，各占参试材料的8.11%、5.41%、2.70%和2.70%。供试材料所测性状中，主茎绿叶片数的变异范围最大，变异系数为16.32%，其次是不孕小穗数（15.85%）、叶绿素含量（13.16%）、穗粒重（13.03%）和籽粒产量（12.11%），而株高（2.45%）、小穗数（3.11%）、穗粒数（6.27%）、穗长（3.54%）、千粒重（6.72%）和穗下茎长（5.59%）的变异系数均在10%以下。

2.2 小麦新品种（系）耐渍性的综合评价

小麦耐渍性是一个数量遗传的复杂性状，目前仍无统一指标进行鉴定和评价。隶属函数法是将独立测定的各指标转换成相互独立的综合指标，以D值作为抗逆性的综合评价标准，消除了单个指标带来的片面性[14,17]。根据公式（2）、公式（3）和公式（4），计算每份参试材料隶属函数值U（x）和综合评价D值。结果表明（表2），参试小麦新品系具有丰富的耐渍性变异，综合评价D值范围为0.277 2~0.570 3，变异系数为17.61%。同时，比强耐渍品种农林46排名靠前的有鄂麦155、鄂麦170、富麦1号和扬麦20等4个小麦新品种（系）。

表 2　供试材料的综合评价值 D 及耐渍等级

品种（系）	综合评价值 D	排名	耐渍等级	品种（系）	综合评价值 D	排名	耐渍等级
鄂麦 155	0.570 3	1	高耐渍 R	新麦 2 号	0.398 5	22	中耐渍 M
鄂麦 170	0.545 5	2	高耐渍 R	垦麦 038	0.390 9	23	中耐渍 M
富麦 1 号	0.540 6	3	高耐渍 R	华麦 0722	0.384 2	24	中耐渍 M
扬麦 20	0.533 0	4	高耐渍 R	06-135	0.376 7	25	中耐渍 M
农林 46	0.527 0	5	高耐渍 R	郑麦 9023	0.374 0	26	中耐渍 M
宁麦 09-72	0.486 1	6	中耐渍 M	EM518	0.370 8	27	中耐渍 M
851	0.485 7	7	中耐渍 M	宁麦 09121	0.365 7	28	中耐渍 M
郑麦 122	0.485 5	8	中耐渍 M	鄂麦 12	0.365 5	29	中耐渍 M
宁麦 0898	0.481 9	9	中耐渍 M	亿麦 28	0.365 2	30	中耐渍 M
扬麦 10-66	0.459 9	10	中耐渍 M	丰庆 108	0.362 7	31	中耐渍 M
扶麦 189	0.453 2	11	中耐渍 M	富麦 88	0.349 9	32	中耐渍 M
襄麦 28	0.450 2	12	中耐渍 M	亿麦 9 号	0.348 8	33	不耐渍 S
扬麦 10G47	0.449 8	13	中耐渍 M	华麦 2859	0.308 1	34	不耐渍 S
扬麦 09-111	0.444 7	14	中耐渍 M	鄂麦 048	0.300 0	35	不耐渍 S
襄麦 35	0.433 6	15	中耐渍 M	春晓 2 号	0.289 6	36	不耐渍 S
华麦 1168	0.428 9	16	中耐渍 M	镇麦 10375	0.277 2	37	不耐渍 S
庆麦 914	0.426 1	17	中耐渍 M	平均值	0.418 4		
荆麦 41	0.422 5	18	中耐渍 M	最大值	0.570 3		
川麦 12145	0.419 7	19	中耐渍 M	最小值	0.277 2		
漯麦 6010	0.405 8	20	中耐渍 M	标准差	0.073 7		
鄂麦 11	0.401 3	21	中耐渍 M	变异系数	17.61%		

利用 DPS7.05 软件，以绝对值距离，类平均法（UPGMA）对供试材料耐渍性综合评价值 D 进行聚类分析，结果表明（图 1）：37 份材料的耐渍性在绝对值距离 0.10 处明显聚类 3 大类：第 I 类包含鄂麦 155、鄂麦 170、富麦 1 号、扬麦 20 和农林 46 等 5 个小麦品种（系），占参试材料的 13.51%，其 D 值范围为 0.527 0~0.570 3，平均 D 值为 0.5433，排序在第 1~5 位，结合农林 46 等在以往研究和田间中的表现，该 I 类可视为高耐渍的类群；第 Ⅱ 类包含宁麦 09-72、851、郑麦 122、宁 0898 等 28 个小麦品种（系），占参试材料的 75.68%，其 D 值范围为 0.348 8~0.486 1，平均 D 值 0.413 9，排序在第 6~33 位，可视为耐渍性中等的类群；第 Ⅲ 类包含华麦 2859、鄂麦 048、春晓 2 号和镇麦 10375 等 4 份材料，占参试材料的 10.81%，其 D 值范围为 0.277 2~0.308 1，平均 D 值 0.293 7，排序在第 34 位至第 37 位，可视为不耐渍类群。

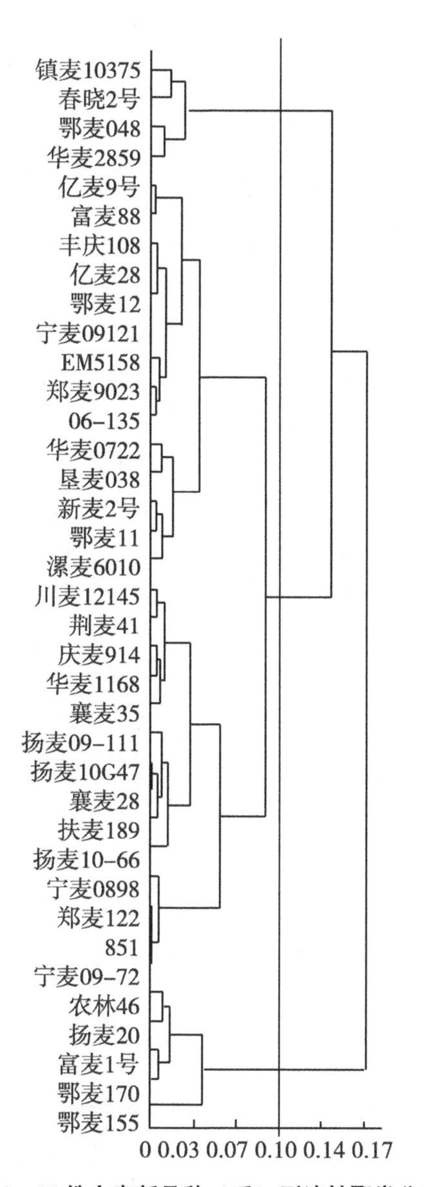

图1　37份小麦新品种（系）耐渍性聚类分析

2.3　综合评价值D与不同性状及其耐渍系数的相关分析

为探讨不同性状及其与耐渍性的关系，把平均性状值与综合评价值D以及不同性状的耐渍系数与综合评价值D做相关分析，结果分别列于表3右上角和表3左下角。由表3可知，耐渍性综合评价值D与主茎绿叶片数呈极显著正相关，与穗长呈极显著负相关，与其他性状相关不显著。即主茎绿叶片数越多、穗长越短的小麦品种，耐渍性越强。耐渍系数与综合评价值D的相关分析中，不孕小穗数、穗粒重、穗粒数、千粒重、主茎绿叶片数和叶绿素含量与综合评价值 D 均呈极显著正相关。即渍害胁迫对不孕小穗数的增加越少，对穗粒重、穗粒数、千粒重、主茎绿叶片数和叶绿素含量的抑制作用越低，小麦的耐渍性越强。

表 3　供试小麦性状值及其耐渍系数与综合评价值 D 的相关分析

相关系数	SPAD 值	籽粒产量	主茎绿叶片数	株高	小穗数	不孕小穗数	穗粒数	穗粒重	穗长	千粒重	穗下茎长	综合评价值 D
SPAD 值	1	-0.43**	0.73**	-0.10	0.46**	0.22	0.24	0.07	0.25	0.09	-0.13	0.19
籽粒产量	-0.35*	1	-0.54**	0.36*	-0.36*	-0.23	0.24	0.03	-0.11	-0.24	0.34*	0.14
主茎绿叶片数	0.19	0.28	1	-0.06	0.27	0.24	-0.11	0.04	-0.08	0.45**	-0.31	0.33*
株高	-0.38*	0.42**	0.07	1	0.14	-0.01	0.20	0.33*	0.04	-0.03	0.60**	0.25
小穗数	0.05	-0.16	-0.30	-0.37*	1	0.10	0.49**	0.32	0.52**	-0.16	0.04	0.03
不孕小穗数	0.13	0.07	-0.12	-0.07	0.24	1	-0.36*	-0.26	0.21	0.25	-0.04	-0.23
穗粒数	0.03	-0.22	-0.34*	-0.23	0.57**	0.40*	1	0.52**	0.34*	-0.50**	0.20	0.11
穗粒重	0.06	-0.23	-0.24	-0.28	0.57**	0.48**	0.82**	1	0.32*	0.24	0.21	-0.13
穗长	0.04	0.18	0.45**	0.11	-0.42**	-0.20	-0.54**	-0.49**	1	-0.04	0.12	-0.39*
千粒重	-0.01	0.23	0.36*	0.08	-0.18	0.18	-0.28	0.17	0.10	1	-0.15	-0.13
穗下茎长	-0.05	0.12	-0.03	0.02	0.03	0.03	0.14	-0.07	0.03	-0.07	1	-0.04
综合评价值 D	0.37*	0.24	0.41**	-0.11	0.27	0.64**	0.44**	0.59**	-0.05	0.43**	0.16	1

注：表格 3 右上角为性状值与综合评价值 D 的相关系数，表格 3 左下角为性状耐渍系数与综合评价值 D 的相关系数。

3　讨论

3.1　孕穗期渍水胁迫对小麦生长发育的影响

本研究发现，渍水胁迫对孕穗期小麦所测性状抑制作用的大小顺序为：主茎绿叶片数>籽粒产量>SPAD 值>不孕小穗数>千粒重>穗粒重>穗下茎长>株高>穗粒数>小穗数>穗长。即孕穗期渍水胁迫对主茎绿叶片数降低作用最大，且对所有参试材料均有降低作用，这与本地区以往研究结果[13]以及与 Boru（2001）[18]等用叶片萎黄率来研究小麦耐渍性的表达和遗传相一致。而对穗长和小穗数的影响最小，可能由于本研究渍水胁迫起始时间以 50%的材料挑旗，即叶龄余数小于 1.0，此时期小麦幼穗发育已完成了柱头伸长期[19]有关。

孕穗期渍水处理对所有供试材料的主茎绿叶片数和株高均是抑制作用，而在其他 9 个性状中均有不降反升、即促使其生长的小麦材料，这与于晶晶等[20]在江汉平原主推小麦品种抗渍能力研究中也发现渍水胁迫反而促使产量增产的现象相一致。同时，渍害处理促使性状正向生长的现象近几年在油菜[21]、大麦[22]、花生[23]等其他研究中也有报道，这可能与不同基因型作物生长对水分的适应性[24]、空气相对湿度[25]、地下水位[26]差异有关，也可能与我们现代高肥水条件下的超高产育种目标相关。

3.2 小麦孕穗期耐渍性的综合评价

耐渍性是一个受多基因控制的复杂性状[27-28]，单一性状指标难以可靠评价，是作物抗性评价的难点；而基于不同性状的耐渍系数和隶属函数的综合评价方法，已全面、客观、科学、准确地成功应用于耐盐性[29]、抗旱性[30]等作物抗逆性的综合评价。本研究借用此方法，筛选到4份比农林46耐渍性强的小麦新品系鄂麦155、鄂麦170、富麦1号和扬麦20，且与农林46聚为高耐渍类型，这些高耐渍品种（系）可为生产推广和育种中间材料所选用。同时本研究把鄂麦12、郑麦9023等聚为中等耐渍类型，而周广生等[14]的研究却把鄂麦12划分为高等耐渍品种，于晶晶等[20]把郑麦9023和扬麦20的耐渍性划分为中产不耐渍型。这些研究结果间的差异可能与不同的参试材料、不同测定性状以及不同种植鉴定方法和年度等有关[31]。这也进一步说明了耐渍性的复杂性，鉴定和评价标准有待进一步的深入研究，这也是深入进行机理以及遗传研究的前提。

3.3 不同性状及其耐渍系数与综合评价值D的相互关系

渍水胁迫影响小麦多个性状的表达，厘清不同性状表现与耐渍性综合评价值D的关系，有助于耐渍性鉴定标准的制定以及耐渍机理的研究。本研究得到耐渍性综合评价值D与主茎绿叶片数呈极显著正相关，这也与渍水胁迫对主茎绿叶片数的抑制作用最大相一致；但在本研究中同时也得到，主茎绿叶片数与作为小麦经济性状的籽粒产量呈极显著负相关，所以在以籽粒产量为主要目标的小麦育种中，不能单独选用主茎绿叶片数，因为可能选到生育期偏迟而低产的材料。渍水胁迫对穗长的抑制作用最小，穗长耐渍系数与综合评价值D的相关也不显著，但穗长与综合评价值D呈极显著负相关；即穗长越长，耐渍性越低，这可能由于穗长越长消耗的能量和营养越多，而分配到其他性状上的相对较少，与抽穗期渍害主要是通过影响籽粒灌浆[32]降低籽粒产量相一致。

籽粒产量是小麦重要的经济性状，本研究中与SPAD值和主茎绿叶片数均呈极显著负相关，可能与生育期晚熟品种，主茎绿叶片数较多，而后期干热风早衰导致籽粒产量降低较大有关。籽粒产量耐渍系数只与株高呈极显著正相关，可能与茎秆中的干物质在后期籽粒灌浆的转移有很大的关系；而与SPAD值呈显著负相关，可能是由于田间发现的不同小麦材料绿叶面积与叶片绿色程度的差异较大有关，下一步应进行总生物量的分析可能更加准确可靠。

耐渍系数是处理性状值与对照值的比值，是不同性状对渍水胁迫的具体体现。本研究中有6个性状（不孕小穗数、穗粒重、穗粒数、千粒重、主茎绿叶片数和叶绿素含量）的耐渍系数与综合评价值D呈极显著正相关；其中前4个均为穗部性状，这再一次证明了小麦抽穗期渍害主要影响了籽粒的后期灌浆[32]。

参考文献

[1] 敖立万．湖北小麦［M］．武汉：湖北科学技术出版社，2002.

[2] 张淑贞，朱建强，杨威，等．江汉平原小麦湿害分析及其防控措施［J］．湖北农业科学，2011，10：3916-3920.

[3] 赵俊晔，张峭，赵思健．中国小麦自然灾害风险综合评价初步研究［J］．中国农业科学，2013，46（4）：705-714.

[4] 俄有浩，霍治国．长江中下游地区暴雨特征及洪涝淹没风险分析［J］．生态学杂志，2016，35（4）：1053-1062.

[5] DE R P，ABELEDO L G，MIRALLES D J. Identifying the critical period for waterlogging on yield and its components in wheat and barley［J］. Plant and Soil，2014，378（1）：265-277.

[6] 曹旸，蔡士宾，熊恩惠，等．小麦品种资源耐湿性鉴定初报［J］．江苏农业科学，1990，3（7）：18，30.

[7] 曹旸，蔡士宾，朱伟，等．小麦品种农林 46 的耐湿性遗传评价［J］．作物品种资源，1992，4：31-32.

[8] 武文明，李金才，陈洪俭，等．氮肥运筹方式对孕穗期受渍冬小麦穗部结实特性与产量的影响［J］．作物学报，2011，37（10）：1888-1896.

[9] 武文明，陈洪俭，李金才，等．氮肥运筹对孕穗期受渍冬小麦旗叶叶绿素荧光与籽粒灌浆特性的影响［J］．作物学报，2012，38（6）：1088-1096.

[10] ZHOU M X. Improvement of plant waterlogging tolerance［M］//Mancuso S，Shabala S.Waterlogging signalling and tolerance in plants. Berlin：Springer，2010：267-285.

[11] 王军，周美学，许如根，等．大麦耐湿性鉴定指标和评价方法研究［J］．中国农业科学，2007，40（10）：2145-2152.

[12] 向厚文，褚瑶顺，李梅芳．小麦耐湿性鉴定研究初报［J］．湖北农业科学，1990，3（8）：10-12.

[13] 李梅芳，褚瑶顺，梁少川，等．小麦孕穗期湿害的主要性状及形态指标［J］．湖北农业科学，1995，1（5）：18-21.

[14] 周广生，周竹青，朱旭彤．用隶属函数法评价小麦的耐湿性［J］．麦类作物学报，2001，21（4）：34-37.

[15] BALLESTEROS D C，MASON R E，ADDISON C K，et al. Tolerance of wheat to vegetative stage soil waterlogging is conditioned by both constitutive and adaptive QTL［J］. Euphytica，2015，201（3）：329-343.

[16] 李真，蒲圆圆，高长斌，等．甘蓝型油菜 DH 群体苗期耐湿性的评价［J］．中国农业科学，2010，43（2）：286-292.

[17] 张智猛，戴良香，丁红，等．中国北方主栽花生品种抗旱性鉴定与评价［J］．作物学报，2012，38（3）：495-504.

[18] BORU G，VAN GINKEL M，KRONSTAD W E，et al. Expression and inheritance of tolerance to waterlogging stress in wheat［J］. Euphytica，2001，117：91-98.

[19] 崔金梅，郭天财．小麦的穗［M］．北京：中国农业出版社，2008.

[20] 于晶晶，王小燕，段营营，等．江汉平原主推小麦品种抗渍能力研究［J］．湖北农业科学，2014，53（4）：760-764.

[21] 涂玉琴，汤洁，涂伟凤，等．甘蓝型油菜与萝菜属间杂种后代的苗期耐湿性综合评价．植物遗传资源学报，2015，16（4）：895-902.

[22] 王军，周美学，许如根，等．大麦耐湿性鉴定指标和评价方法研究［J］．中国农业科学，2007，40（10）：2145-2152.

[23] 李林，邹冬生，刘登望，等．基于产量的花生基因型耐湿涝性综合评价［J］．中国油料作物学报，2004，26（4）：27-33.

[24] 蔡博伟，田文涛，王晓玲．芽苗期小麦耐渍品种的筛选［J］．河南农业科学，2015，44（4）：52-57.

[25] 王小燕，赵晓宇，陈恢富，等．江汉平原小麦孕穗期空气相对湿度升高的产量效应［J］．中国农业科学，2014，47（19）：3769-3779.

[26] 方正武，朱建强，杨威．灌浆期地下水位对小麦产量及构成因素的影响［J］．灌溉排水学报，2012，31（3）：72-74.

[27] 金岩，吕艳艳，付三雄，等．甘蓝型油菜苗期耐淹性状主基因+多基因遗传分析［J］．作物学报，2014，40（11）：1964-1972.

[28] BALLESTEROS D C，MASON R E，ADDISON C K，et al. Tolerance of wheat to vegetative stage soil waterlogging is conditioned by both constitutive and adaptive QTL［J］. Euphytica，2015，201（3）：329-343.

[29] 冯钟慧，刘晓龙，姜昌杰，等．吉林省粳稻种质萌发期耐碱性和耐盐性综合评价［J］．土壤与作物，2016，5（2）：120-127.

[30] 张龙龙，杨明明，董剑，等．三个小麦新品种不同生育阶段抗旱性的综合评价［J］．麦类作物学报，2016，36（4）：426-434.

[31] 佟汉文，刘易科，朱展望，等．作物耐渍鉴定与评价方法的研究进展［J］．作物杂志，2015（6）：10-15.

[32] ARAKI H，HAMADA A，HOSSAIN M A，et al. Waterlogging at jointing and/or after anthesis in wheat induces early leaf senescence and impairs grain filling［J］. Field Crops Research，2012，137：27-36.

喷施外源 6-BA 对小麦孕穗期渍害的调控效应*

柳道明，贾文婕，王小燕，高春保，苏荣瑞

摘　要：为深入研究外源 6-BA（6-苄氨基腺嘌呤）对江汉平原冬小麦孕穗期渍害的调控效应，以江汉平原主栽品种郑麦 9023 为试验材料，在孕穗期设置渍水、喷 6-BA+渍水 2 种处理，并以不渍水不喷 6-BA 处理为对照（CK），研究在小麦孕穗期遭遇渍害时外源 6-BA 对小麦生理生化指标的调控效应以及对籽粒产量的影响。结果表明，孕穗期渍水显著降低旗叶净光合速率、干物质积累量及穗粒数，对籽粒产量也造成显著影响；渍害还会加速植株衰老，增加旗叶和倒三叶中丙二醛（MDA）含量。渍水前喷施外源 6-BA 有助于孕穗期渍水后旗叶净光合速率和干物质积累量的恢复，且显著降低旗叶和倒三叶 MDA 含量，对穗粒数和产量也有很好的恢复效果。总之，孕穗期遭遇渍害会改变整个植株生理生化代谢，喷施 6-BA 有助于增强小麦的抗渍性及协调产量构成因素间的关系，从而达到产量恢复的效果。

关键词：外源 6-BA；小麦；孕穗期渍害

江汉平原小麦孕穗期涝渍灾害频繁发生，且孕穗期渍水胁迫持续时间呈不断拉长趋势[1]。该区常年麦季降水量 500~800 mm，多集中于小麦生长中后期，大大超过了小麦正常需水量 350~450 mm，从而加剧渍害[2]。因此，研究外源 6-BA 对江汉平原小麦孕穗期渍害的调控效应，对于延缓衰老进程，防止早衰发生，提高小麦产量具有重要意义。

李金才等[3]研究表明，孕穗期渍害使籽粒灌浆期缩短，籽粒鲜重、干重下降，灌浆速率降低，单穗结实粒数和千粒重及经济产量下降，主要原因是其不仅造成“库”的减少，也同时影响“源”的增长及籽粒正常灌浆结实，尤其籽粒灌浆历期缩短，灌浆速率降低，千粒重随之下降，其后的灌浆过程受到了“源”的限制（叶片光合性能变劣）和过多过早地动用根系和茎鞘贮藏物质，是导致小麦早衰的根本原因，渍害不仅有当时削弱各器官的作用，也有其深远的后期影响。孕穗期渍水逆境同时也降低了地下根系干重、根系活力和根系超氧化物歧化酶（SOD）活性，使根系质膜相对透性和膜脂过氧化水平（MDA 含量）提高，孕穗期渍水逆境严重影响根系吸收、运输和分配^{32}P的能力，从而加速根系衰老[4]。总之，渍水条件下小麦株高、分蘖数、主茎绿叶片数、绿叶面积等都受到影响[5-6]，叶片光合速率、气孔导度、细胞间隙 CO_2 浓度下降[7]，且降低了小麦植株总干重以及改变了干物质向各器官的分配比例[8]，显著影响作物生长

* 本文原载《作物杂志》，2015（2）：84-88。

发育[9]，降低小麦产量[10]。

外施生长调节物质会引起作物生理和形态上的效应，这种效应主要是因为外源物质影响了作物体内某些激素的含量及激素间的平衡[11]。谢祝捷等[12]研究表明，应用外源激素或其他生长调节物质可以在一定程度上增强小麦抗逆性并延缓衰老，喷施 6-BA 显著改善了花后渍水引起的花后光合功能的衰退，并提高了同化干物质和同化氮素输入籽粒的量及同化干物质和同化氮素输入籽粒的量对籽粒产量和籽粒总氮的贡献率。早已证实 6-BA 可增强小麦耐渍能力[12-15]，减轻因渍水而引起的衰老[16]，部分缓解渍水对小麦植株的伤害程度[12]。6-BA 显著提高生育后期旗叶细胞的自我保护能力和光合作用，延长叶片功能期，有利于籽粒灌浆[17]，且能较好地协调产量构成因素间的关系，提高作物产量[11,17]。本研究在孕穗期设置渍水、喷 6-BA 渍水和对照 3 种处理，分析旗叶光合速率、根系活力、干物质积累量、旗叶和倒三叶 MDA 含量及产量和产量构成因素等生理生化指标的动态变化，旨在研究外源 6-BA 对小麦孕穗期渍害所引起的生理生化谢差异的调控效应，深入认识外源 6-BA 在小麦抗渍上的作用机制，为小麦生长调控及防止早衰提供理论依据。

1 材料与方法

1.1 试验区自然概况

试验于 2011—2012 年度及 2012—2013 年度小麦生长季在长江大学教学实习基地进行，试验点属亚热带季风湿润气候区，年均降水量为 1 200 mm。

1.2 试验材料与设计

以江汉平原主栽品种郑麦 9023 为试验材料。6-BA 为上海国药集团化学试剂有限公司生产，喷施浓度为 0.01 mmol/L。试验设置 2 个渍水处理，即孕穗期渍水（BSW）、孕穗期喷施 6-BA+渍水（BSW+6-BA），以不渍水不喷 6-BA 处理（CK）为对照。渍水处理持续 10 d。播前大田 0~20 cm 土层及盆栽土肥力状况见表 1。

表 1 播前土壤基础肥力

试验类型	有机质 /(g/kg)	全氮 /(g/kg)	碱解氮 /(mg/kg)	速效磷 /(mg/kg)	速效钾 /(mg/kg)
大田试验 0~20 cm 土层	11.00	1.00	82.03	33.25	57.11
盆栽试验用土	10.59	1.00	80.36	29.62	45.23

大田不同渍水处理间用塑料挡板隔开，塑料挡板为聚氯乙烯材质，厚 1.5 mm，入土深度为 40 cm，高出地面 20 cm。重复间亦用塑料挡板隔开。盆栽试验不同渍水处理所用盆钵为聚氯乙烯材质，大小为 22 cm×30 cm。渍水处理时，用水龙头灌水，保持土

壤表面水层可见，水层小于 2 cm。

生长调节剂 6-BA 在渍水前 3~5 d 喷施，且选择无雨接近傍晚时喷施，每个小区每次喷 1 L 0.01 mmol/L 的 6-BA，连喷 2 d；或 1 d 喷完，在第 1 次喷完药液干后再喷 1 次。喷施量应保证叶片蘸满药水。

大田试验小区面积为 12 m^2（2 m×6 m），行距 0.25 m，每小区 9 行，重复 3 次，随机排列。播前各处理施氮肥（90 kg N/hm^2，即总施氮量的 50%）、磷肥（105 kg P_2O_5/hm^2）、钾肥（135 kg K_2O/hm^2）作为底肥；剩余氮肥于相应的追肥时期开沟追施；氮肥为尿素（含 N46%），磷肥为过磷酸钙（含 $P_2O_5$12%），钾肥为硫酸钾（含 K_2O 47%）。盆栽试验每盆装土 4 kg，孕穗期各处理设置 20 盆，播前各处理每盆施尿素 4.0 g。分别于 2011 年 10 月 25 日和 2012 年 11 月 8 日播种，4 叶期定苗，大田基本苗为 210 株/m^2，盆栽为每盆 3 株。其他管理同一般高产田。

1.3 测定项目与方法

1.3.1 江汉平原小麦拔节期至成熟期降水分布

采用湖北省荆州农业气象试验站数据。

1.3.2 旗叶净光合速率

采用美国产便携式光合仪 LI-6400 测旗叶净光合速率，每个处理测定 10 片叶，每个叶片读取 5 个数，求平均值。

1.3.3 干物质积累量

孕穗期取样，每次取 15 株，去掉地下部，将地上部洗净，并于 70℃下烘至恒重，称取烘干重，即为干物质积累量。

1.3.4 MDA 含量

采用硫代巴比妥酸法[18]测定 MDA 含量。

1.3.5 籽粒产量及产量构成因素

小区实打测产。脱粒后称鲜重并测籽粒含水量，根据含水量换算实际产量。

1.3.6 数据处理

试验数据用 Microsoft Excel 和 DPS2000 数据处理系统分析。

2 结果与分析

2.1 江汉平原 2001—2013 年小麦全生育期内旬平均降水量分布特点

江汉平原降水充沛，年降水量 1 100~1 200 mm，在小麦生育期降水量达 800 mm 以上，在产量形成的 4 月、5 月，降水尤其充沛，易形成涝渍灾害，限制小麦产量形成。以江汉平原荆州气象站点为例（图 1），2001—2013 年度小麦全生育期内旬平均降水量呈先降低后迅速升高的趋势，其中 3 月下旬至 5 月上旬即小麦孕穗期、开花期和灌浆中期各生育期内旬平均降水量非常充沛，孕穗期、开花期和灌浆中期总降水量多年平均

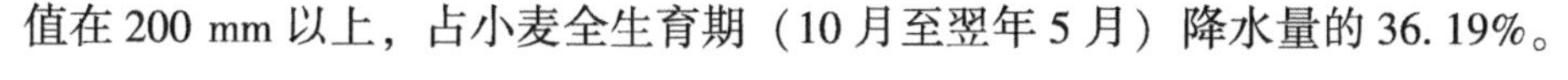

值在200 mm以上，占小麦全生育期（10月至翌年5月）降水量的36.19%。

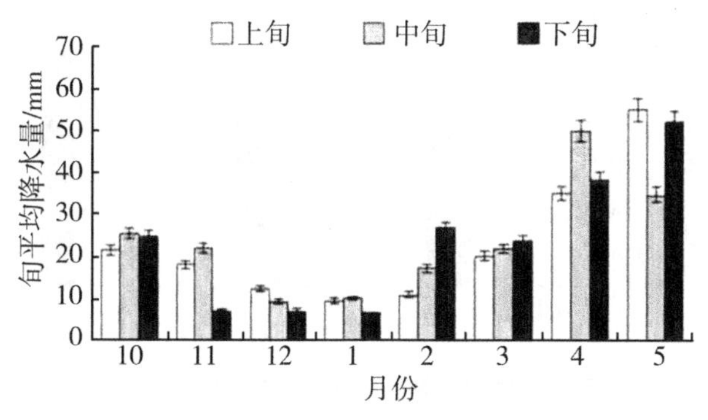

图1　2001—2013年度小麦全生育期旬平均降水量

2.2　不同处理对小麦旗叶净光合速率的影响

由图2可以看出，BSW处理旗叶净光合速率下降，且随渍水时间延长，净光合速率下降幅度增大。进一步分析表明，与渍水处理相比，BSW处理和6-BA处理旗叶净光合速率有一定程度的恢复，至渍水后第5天、渍水后第10天、灌浆中期、灌浆末期旗叶净光合速率分别较渍水处理升高2.6%、25.5%、31.9%、45.5%。

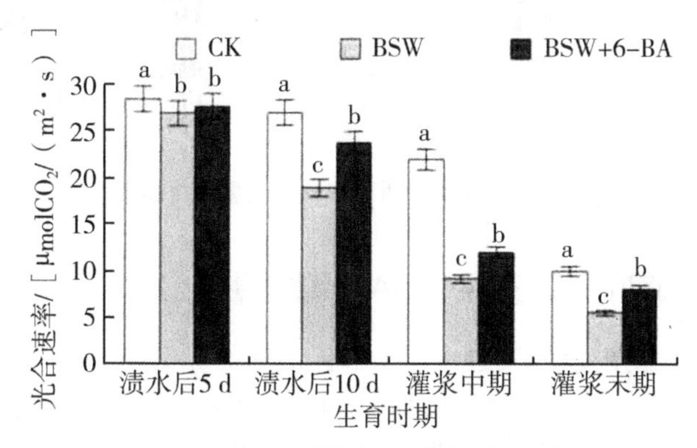

图2　不同处理对旗叶净光合速率的影响

（小写字母不同表示差异达0.05显著水平，下同）

2.3　不同处理对干物质积累量的影响

由图3（大田试验）、图4（盆栽试验）可以看出，孕穗期渍水显著降低干物质积累量，至成熟期各处理间差异幅度最大。其中大田试验条件下，孕穗期渍水处理与对照相比干物质积累量降低9.44%；盆栽试验条件下降低13.35%。

进一步分析表明，孕穗期渍水前喷6-BA处理与BSW处理相比，大田试验及盆栽试验干物质积累量分别增加8.19%、10.45%。表明孕穗期渍水前喷6-BA对小麦渍水后干物质积累的恢复效果较好。

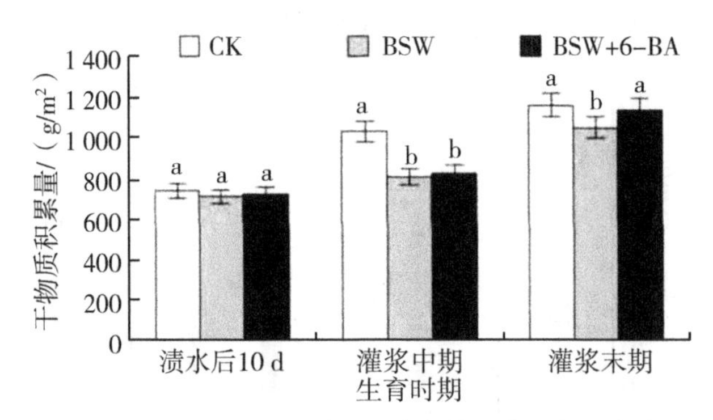

图3　不同处理对干物质积累动态的影响（大田试验）

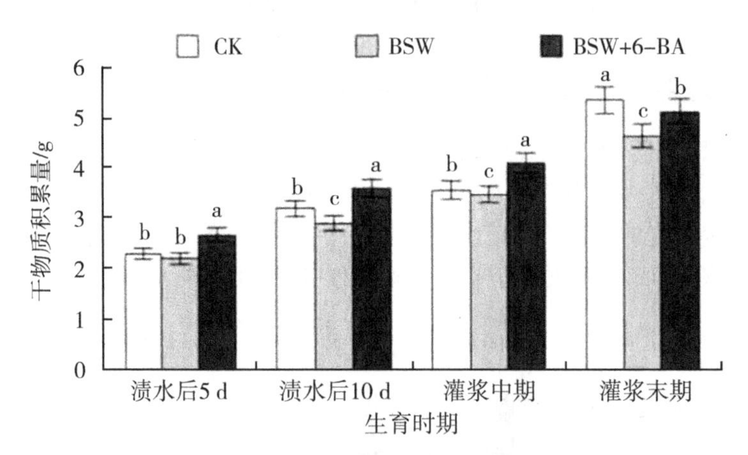

图4　不同处理对干物质积累动态的影响（盆栽试验）

2.4　不同处理对旗叶和倒三叶 MDA 含量的影响

由图 5 可知，孕穗期受渍后旗叶和倒三叶 MDA 含量显著增加。对图 5 数据进行分析，孕穗期渍水处理旗叶 MDA 含量增加 10.42%，倒三叶 MDA 含量增加 15.07%。表明小麦孕穗期受渍后旗叶、倒三叶膜脂过氧化程度加快，叶片衰老进程加速，且倒三叶渍害程度大于旗叶。

进一步分析 6-BA 喷施效果表明，BSW+6-BA 处理与 BSW 处理相比，旗叶 MDA 含量降低 7.32%，倒三叶 MDA 含量降低 5.17%。表明小麦孕穗期渍害前喷 6-BA 恢复效果显著，可明显延缓叶片膜脂过氧化程度，延缓衰老。

2.5　不同处理对籽粒产量及产量构成因素的影响

2.5.1　不同处理对籽粒产量的影响

如图 6、图 7 所示，2011—2012 年度及 2012—2013 年度孕穗期渍水均导致小麦籽粒产量降低，BSW 处理和 6-BA 处理与渍水处理 BSW 相比产量均得到不同程度的恢复。

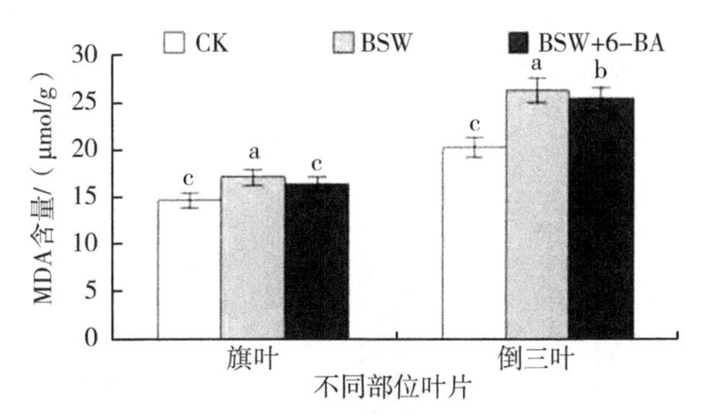

图 5　不同处理对旗叶及倒三叶 MDA 含量的影响

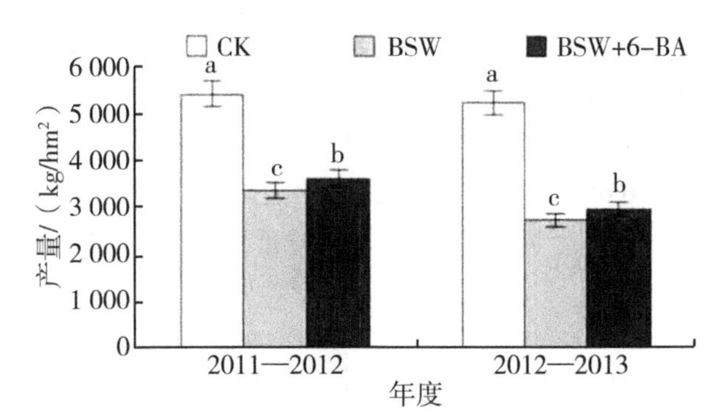

图 6　不同处理籽粒产量（大田试验）

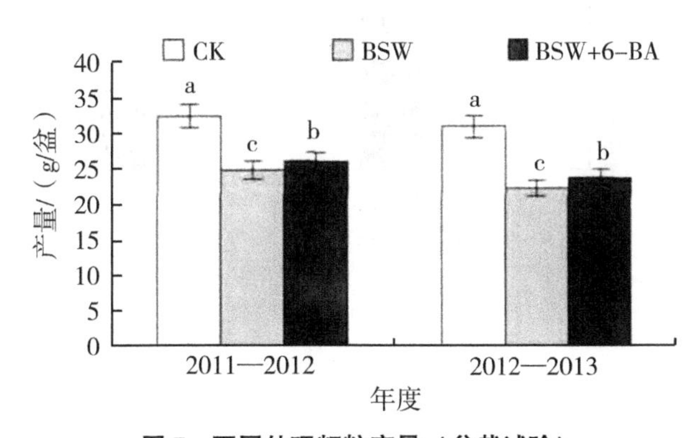

图 7　不同处理籽粒产量（盆栽试验）

2011—2012 年度 BSW 处理和 6-BA 处理与 BSW 处理相比，盆栽产量恢复 7.34%，大田产量恢复 10.59%。2012—2013 年度 BSW 处理和 6-BA 处理与 BSW 处理相比，盆栽产量恢复 9.12%，大田产量恢复 13.79%。综合分析表明，小麦孕穗期渍水后对籽粒产量影响较大；喷施 6-BA 对小麦渍水后籽粒产量的恢复效应明显。

2.5.2　不同处理对穗粒数的影响

由图 8 分析得出，孕穗期渍水后，盆栽试验穗粒数降低为对照的 85.88%，大田试验穗粒数降低为对照的86.20%；在喷6-BA的渍水恢复试验中，BSW处理和6-BA处理与渍水处理相比，盆栽试验穗粒数升高3.77%，大田试验穗粒数升高9.48%。

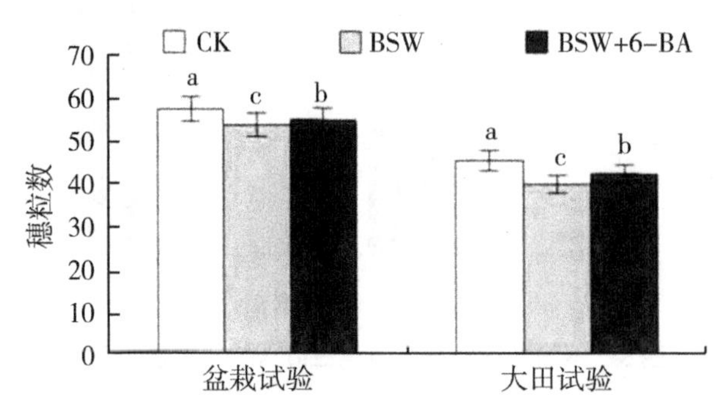

图8　2012—2013年度孕穗期处理穗粒数

2.5.3　不同处理对千粒重的影响

由图9可以看出，孕穗期渍水导致小麦千粒重显著降低，喷施6-BA对小麦孕穗期遭遇渍害时造成的千粒重降低具有一定的缓解作用。进一步分析表明，与渍水处理相比，BSW处理和6-BA处理在孕穗期渍水后千粒重盆栽试验增加3.86%，大田试验增加4.43%。

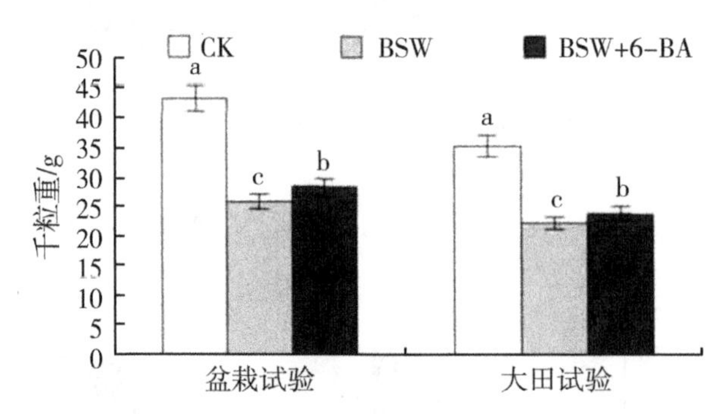

图9　2012—2013年度孕穗期处理千粒重

3　结论与讨论

有研究表明，渍害使籽粒鲜重、干重下降、单穗结实粒数和千粒重及经济产量下降[1-4]。花后渍水条件下，小麦早衰现象较重，灌浆期内植物光合功能不可逆转地迅速下降，物质运转分配等生理过程发生紊乱，正常生长发育及生理代谢功能失调，最终影响其产量和品质[9-10]。Cannell等[14]研究表明，灌浆期渍害主要是上部3片功能叶早衰早枯，光合作用减弱，光合产物减少，籽粒因得不到有机物充实而变得瘦瘪，产量下降。本研究表明，孕穗期渍水，旗叶光合速率显著下降，干物质积累量下降，这与前人研究结果基本一致。本研究同时表明，孕穗期渍水，旗叶及倒三叶MDA含量增加，植株衰老加速，最终导致早衰，灌浆期缩短。

谢祝捷等[12]通过花后渍水试验研究表明，应用外源激素或其他生长调节物质可以在一定程度上增强小麦抗逆性并延缓衰老，喷施 6-BA 显著改善了花后渍水引起的花后光合功能衰退，并提高了同化干物质和同化氮素输入籽粒量及同化干物质和同化氮素输入籽粒量对籽粒产量和籽粒总氮的贡献率。孕穗期为小麦生殖生长敏感期，此期间遇持续阴雨天及渍水会显著影响雌雄蕊分化，最终影响产量形成。因此，如何通过合理的栽培措施减缓孕穗期渍害对产量的影响是提高江汉平原小麦籽粒产量的关键技术之一，但关于孕穗期渍水前喷施适当浓度 6-BA 缓减渍害效应的研究尚鲜见报道。本试验在前人研究基础上，深入研究外源 6-BA 在小麦孕穗期遭遇渍害时对小麦生理生化指标的调控效应以及对籽粒产量的影响。结果表明，外源 6-BA 可显著提高孕穗期渍水后旗叶光合速率、干物质积累量，且显著降低旗叶和倒三叶 MDA 含量，对穗粒数及产量的恢复效果也较明显；对根系活力、千粒重等也产生了积极的作用。总之，孕穗期遭遇渍害会改变整个小麦植株的生理生化代谢，喷施 6-BA 有助于增强小麦的抗渍能力及协调产量构成因素间的关系，从而达到产量恢复的效果。

参考文献

[1] 刘玲，沙奕卓，白月明．中国主要农业气象灾害区域分布与减灾对策［J］．自然灾害学报，2003，12（2）：92-97.

[2] 赵广才，常旭虹，王德梅，等．农业隐性灾害对小麦生产的影响与对策［J］．作物杂志，2011（5）：1-7.

[3] 李金才，魏凤珍，余松烈，等．孕穗期湿害对小麦灌浆特性及产量的影响［J］．安徽农业大学学报，1999，26（1）：89-94.

[4] 李金才，魏凤珍，余松烈，等．孕穗期渍水对冬小麦根系衰老的影响［J］．应用生态学报，2000，11（5）：723-726.

[5] 吕军．渍水对冬小麦生长的危害及其生理效应［J］．植物生理学报，1994，20（3）：221-226.

[6] 朱旭彤，胡业正，马平福，等．小麦抗湿性研究 I．小麦湿害的临界期［J］．湖北农业科学，1993，（9）：3-7.

[7] 胡继超，曹卫星，姜东，等．小麦水分胁迫影响因子的定量研究干旱和渍水胁迫对光合、蒸腾及干物质积累分配的影响［J］．作物学报，2004，30（4）：315-320.

[8] 蔡士宾，曹旸，方先文，等．小麦灌浆期水渍和高温对植株早衰和籽粒增重的影响［J］．作物学报，1994，20（4）：457-464.

[9] 范雪梅，姜东，戴廷波，等．花后干旱和渍水下氮素供应对小麦籽粒蛋白质和淀粉积聚关键调控酶活性的影响［J］．中国农业科学，2005，38（6）：1132-1141.

[10] 范雪梅，姜东，戴廷波，等．花后干旱或渍水逆境下氮素对小麦籽粒产量和品质的影响［J］．植物生态学报，2006，30（1）：71-77.

[11] 李春喜，尚玉磊，姜丽娜，等．不同植物生长调节剂对小麦衰老及产量构成的调节效应［J］．西北植物学报，2001，21（5）：931-936.

[12] 谢祝捷，姜东，曹卫星，等．花后干旱和渍水条件下生长调节物质对冬小麦光合特性和物质运转的影响［J］. 作物学报，2004，30（10）：1047-1052.

[13] 曹日易，蔡士宾，朱伟，等．国内外麦类作物耐湿性研究进展［J］. 国外农学——麦类作物，1996（6）：48-49.

[14] CANNELL R Q，BELFORD R K，GALES K，et al. Effects of water-logging at different stages of redevelopment on the growth and yield of winter wheat［J］. Journal of the Science of Food and Agriculture，1980，31：117-122.

[15] 王三根．细胞分裂素在植物抗逆和延衰中的作用［J］. 植物学通报，2000，17（2）：121-126.

[16] 董建国，余叔文．细胞分裂素对渍水小麦衰老的影响［J］. 植物生理学报，1984，10（1）：55-61.

[17] 尚玉磊，李春喜，姜丽娜，等．生长调节剂对小麦旗叶衰老和产量性状的影响［J］. 麦类作物学报，2001，21（2）：72-75.

[18] 李合生．植物生理生化实验原理和技术［M］. 北京：高等教育出版社，2000.

小麦受冻害后的抗灾补救措施*

高春保

由于湖北省今年小麦播期适宜，冬前拔节的比例很小，故今年 1 月 11 日以后的降雪低温天气造成小麦大面积冻死的可能性不大，仅可能对小麦的根系和叶片生长、分蘖发生、穗分化进程和生育期等有不同程度的影响：第一，部分早播小麦由于提早拔节，冻害严重，主茎和部分大分蘖有可能冻死。第二，适期播种和正常发育的小麦叶片受冻较重。第三，低温冻害影响小麦根系和分蘖，不利春季的生长和后期产量的形成。第四，由于长达 20 d 的低温，小麦穗分化基本停止，错过了小麦穗分化的有利时机；迟了拔节期，缩短了拔节至抽穗的天数，将会使小麦穗粒数减少。

此次冻害外观上，主要表现是提早拔节的小麦主茎和部分大分蘖受冻死亡、小麦叶片受冻枯黄，但是千万不能忽视冻害对小麦根系和分蘖的生长以及对穗分化进程的影响。既要注意短期内的应急补救措施，更要注重中后期的田间管理。

一是及早追肥，增加分蘖对部分由于播期偏早、冬前提早拔节，主茎和部分大分蘖受冻死亡的小麦，天气转晴后及时追施速效氮肥，667 m^2 追施尿素 7.5~10 kg，促进小分蘖尽快长大成穗。对叶片受冻枯黄严重的小麦可适当追施，667 m^2 用尿素 5 kg 左右，促进叶片返青生长。667 m^2 施稀人粪尿 400~500 kg，可起到同样效果。

二是及早排渍，养根护叶对沟厢质量不好的麦田，特别是稻茬麦田，要及早清沟排渍，为小麦根系的生长创造良好的环境，到达养根护叶增蘖的目的。

三是施好拔节肥，保穗增粒对受冻的小麦要特别注意施好拔节肥，促进更多的春季新生分蘖和冬前小分蘖转化为有效分蘖，确保有效穗数，提高小花结实率，增加每穗粒数。今年湖北省小麦的拔节期会有所推迟，因此要掌握好在基部第一节间定长后施用拔节肥，每 667 m^2 施尿素 5 kg 左右。

四是氮肥后移，防衰保粒重小麦冬季长时期受冻后根系发育不良，加之后期易受高温、渍害等不利影响，今年小麦生长后期要特别注意防止小麦早衰，确保粒重不降。在小麦旗叶露尖时，每 667 m^2 可追施 2~3 kg 尿素。籽粒灌浆期也可叶面喷肥，延迟衰老，增加粒重。

五是注意防治纹枯病小麦受冻后，叶鞘和茎秆因冻伤利于纹枯病发生和蔓延，因此要特别注意防治。

---

* 本文原载《农家顾问》，2008（2）：1-2。

湖北省大田小麦品质性状分析*

刘易科，佟汉文，朱展望，陈　泠，张宇庆，高春保

摘　要：为比较全面地了解湖北省近两年来大田小麦主要品质性状，对2008年和2009年全省主要小麦生产县132份小麦样品的主要品质性状进行检测和分析。结果表明：检测样品66.7%属于硬质白小麦，29.3%属于混合小麦；24.2%的样品的等级标准达到一等，29.5%的样品在四等及以下；有3个样品达到优质强筋小麦国家标准，没有样品完全达到优质弱筋小麦国家标准；所测样品平均粗蛋白含量为14.1%，湿面筋含量为27.1%，面团稳定时间为4.0 min，降落值为176s。近两年湖北省大田小麦品质提高明显；郑麦9023大部分属于硬质白小麦类型，降落数值比较低，品质不稳定，各项指标变幅较大；鄂麦18容重较高，硬度指数低，大部分属于混合麦，大部分品质指标平均值达到中强筋小麦标准；鄂麦23降落数值较低，大部分品质指标平均值达到中强筋小麦标准；鄂恩6号容重较低，硬度指数低，大部分属于混合麦，降落数值较低，粗蛋白质含量和湿面筋含量高，其他品质指标适中或偏低。

关键词：湖北；大田小麦；品质

湖北省位于我国小麦优势生产区域之内，是全国小麦主产省份之一，据农业部2007年统计资料，湖北省小麦种植面积和总产量均居全国第8位。近年来，在优质、高产、高效农业理念的影响下，随着国家推广良种补贴及其他农技推广项目的实施，湖北省一批优质、高产、抗性较好的品种相继育成或引进并投入生产，使湖北省大田小麦品种结构发生了很大变化。小麦品质受品种遗传特性影响外，还易受生产条件、地理环境、气候条件的影响[1-2]，湖北省地处长江中下游，为南北麦区的过渡地带，小麦生产的生态类型多样，气候条件多变[3]，这些因素给大田小麦品质带来诸多不确定性。本文通过对2008年和2009年全省主要小麦生产县132份小麦样品主要品质性状的检测结果进行分析，旨在了解湖北省目前大田生产小麦品质状况，为湖北省小麦品质育种，新品种审定，优质小麦生产、加工提供参考。

1　材料与方法

2008年和2009年一共收集样品132份，其中2008年16份，2009年116份，涉及湖北13个小麦主产县（市），68个乡（镇），22个小麦品种，主要品种有郑麦9023、

* 本文原载《华中农业大学学报》，2014，33（1）：137-140。

鄂麦 23、鄂麦 18、鄂恩 6 号、81-5、鄂恩 1 号、鄂恩 4 号、豫麦 49、衡观 35、华麦 13、04-823、新麦 19、鄂麦 14 等，每份样品 3 kg。

样品由河南省粮食科学研究所按照国家标准规定的检测方法进行检测。检测项目包括：容重、粒色、硬度指数、沉降值、粗蛋白质、湿面筋（14%水分基）、面筋指数（%）、沉降值（mL）、降落值（s）、面团粉质特性（形成时间、稳定时间、弱化度、吸水率、评分）、面团拉伸品质（最大拉伸阻力、50 mm 拉伸阻力、延伸度、拉伸面积）。品质及质量指标的评价根据《优质小麦　强筋小麦》（GB/T 17892—1999）、《优质小麦　弱筋小麦》（GB/T 17893—1999）、《专用小麦品种品质》（GB/T 17320—1998）、《小麦质量标准》（GB 1351—2008）进行。

2　结果与分析

2.1　湖北省大田小麦品质性状总体分析

2.1.1　分类和等级指标

根据《小麦》（GB 1351—2008），所测样品达到硬质白小麦（硬度指数≥60）的样品有 88 份，占总数的 66.7%，达到软质白小麦（硬度指数≤45）的样品有 5 份，占总数的 3.8%，达到硬质红小麦（硬度指数≥60）的样品有 3 份，占总数的 2.4%，其余为混合麦，占总数的 29.3%。所测样品平均容重为 761 g/L，达到一等（≥790 g/L）的样品有 32 份，占样品总数的 24.2%，达到二等（770~790 g/L）的样品有 31 份，占样品总数的 23.5%，达到三等（750~770 g/L）的样品有 30 份，占样品总数的 22.7%，四等及以下（<750 g/L）的样品有 39 份，占样品总数的 29.5%。

2.1.2　样品达标情况

所测样品中，完全达到优质强筋小麦国家标准的有 3 个，占样品总数的 2.3%，其中 2 个为郑麦 9023，1 个为鄂麦 23；没有样品完全达到优质弱筋小麦国家标准。

2.1.3　单项品质指标分析

2.1.3.1　粗蛋白质含量

由表 1 可见，粗蛋白含量平均含量为 14.1%，达到优质强筋小麦二等标准。达到强筋小麦一等的样品有 62 份，占样品总数的 30.3%；达到强筋小麦二等有 36 份，占样品总数的 27.0%；达到优质弱筋小麦的样品有 9 份，占样品总数的 6.8%。

2.1.3.2　湿面筋含量

样品平均湿面筋含量为 27.1%，达到强筋一等的样品有 8 份，占样品总数的 6.1%，达到强筋二等的有 9 份，占样品总数的 6.8%，达到弱筋小麦的样品有 14 份，占样品总数的 10.6%。

2.1.3.3　面团稳定时间

样品面团平均稳定时间为 4.0 min，达到强筋一等的样品有 9 份，占样品总数的 6.8%，达到强筋二等的样品有 13 份，占样品总数的 9.8%，达到优质弱筋小麦标准的样品有 60 份，占总数的 45.5%。面团稳定时间的变异系数为 87.6%，在所测指标中变异系数最高。

2.1.3.4 降落数值

样品平均降落值为 176 s，远低于国家优质小麦国家标准（即降落数值≥300 s），达到优质小麦国家标准的样品有 29 份，占样品总数的 22.0%。降落值的变异系数比较高，达到 60.8%。

2.2 4 个主推小麦品种品质性状分析

2.2.1 郑麦 9023 品质性状分析

共检测了 77 份样品，该品种硬度指数较高，平均值为 65，97.4%属于硬质白小麦类型。降落数值比较低，平均只有 178.5 s，且变异系数较大。品质不稳定，各项指标变幅较大，如稳定时间的变幅为 0.7～12.2 min，粗蛋白质含量变幅为 10.5%～17.0%（表 1）。

2.2.2 鄂麦 18 品质性状分析

共检测了 6 份样品，该品种容重较高，平均值为 803 g/L，硬度指数低，大部分属于混合麦。最大拉伸阻力和拉伸面积的平均值都达到优质强筋小麦标准，形成时间较短，其他品质指标适中。

2.2.3 鄂麦 23 品质性状分析

共检测了 10 份样品，降落数值较低，平均值为 237 s，粗蛋白质含量、最大拉伸阻力和拉伸面积的平均值都达到优质强筋小麦标准，形成时间较短，其他品质指标适中。

2.2.4 鄂恩 6 号品质性状分析

共检测了 4 份样品，该品种容重较低，平均值为 702.5 g/L，降落数值较低，平均值为 220 s，硬度指数低，大部分属于混合麦。粗蛋白质含量和湿面筋含量比较大，平均值都达到优质强筋小麦一等标准，而其他品质指标适中或偏低。

表 1 湖北大田小麦主要品质指标

品质指标	全部样品 $n=132$		郑麦 9023 $n=77$		鄂麦 18 $n=6$		鄂麦 23 $n=10$		鄂恩 6 号 $n=4$	
	平均值	变异系数 /%	平均值	变异系数 /%	平均值	变异系数 /%	平均值	变异系数 /%	平均值	变异系数 /%
容重/(g/L)	761.0	5.1	762.1	3.4	803.2	2.6	787.5	4.1	702.5	6.2
硬度指数	61.0	12.9	65.0	7.4	57.6	6.6	59.2	10.4	54.3	11.6
粗蛋白含量/%	14.1	12.2	13.9	9.9	13.6	7.9	14.9	14.1	17.4	11.6
湿面筋含量/%	27.1	15.9	26.8	13.6	27.4	4.8	30.6	15.3	35.3	11.3

（续表）

品质指标	全部样品 n=132		郑麦 9023 n=77		鄂麦 18 n=6		鄂麦 23 n=10		鄂恩 6 号 n=4	
	平均值	变异系数/%	平均值	变异系数/%	平均值	变异系数/%	平均值	变异系数/%	平均值	变异系数/%
面筋指数/%	66.3	42.2	78.5	20.4	95.3	3.4	87.1	21.5	22.6	167.0
沉降值/mL	48.6	17.1	51.8	12.4	53.0	5.8	55.0	13.3	42.5	27.5
降落值/s	176.4	60.8	178.5	64.9	299.0	22.7	237.1	35.0	220.0	34.7
形成时间/min	2.2	53.6	2.4	61.2	1.8	7.3	2.0	19.3	2.4	6.5
稳定时间/min	3.6	87.6	4.3	71.2	5.7	45.3	5.8	77.1	3.0	41.6
弱化度（F.U.）	120.7	44.8	108.0	49.6	57.0	34.4	65.5	49.7	117.5	28.4
吸水率/(mL/100g)	59.1	5.7	60.1	5.4	58.0	4.3	58.3	5.2	59.8	30.3
评分	44.0	69.5	45.6	67.3	40.6	34.0	51.5	80.8	39.3	19.9
最大拉伸阻力(E.U.)	330.7	58.2	376.7	41.4	605.2	16.7	558.9	36.8	157.3	57.4
50 mm 拉伸阻力(E.U.)	246.3	54.3	277.3	38.8	472.2	20.2	400.4	38.5	128.5	38.5
延伸度/mm	162.4	19.5	162.2	21.3	132.4	12.1	142.8	15.4	168.0	5.9
拉伸面积/cm^2	70.9	50.7	81.1	38.4	103.2	9.5	102.4	36.5	38.0	58.5

3 讨论

湖北省主推小麦品种以白粒小麦为主，同时小麦籽粒的硬度指数比较高，因此湖北大田小麦多以硬质白粒小麦为主，这在一定程度上迎合了市场需要，然而这些品种抗穗发芽能力不强，湖北在小麦收获期又多阴雨天，这给湖北的小麦生产带来一定的隐患，本次参试样品中生芽率达到 25.7%就是最好的例证。因此，从大田小麦生产安全的角落考虑，今后选育审定和主推的小麦新品种应有部分红粒小麦品种。总体上看，湖北省小麦平均容重比较低，平均只有 761 g/L，同全国平均 793 g/L[4] 有明显差距，特别是鄂恩系列品种小麦，容重更低，只有 671 g/L，可能原因是，湖北省特别是鄂西南在小麦灌浆期雨水偏大，阳光照射少，致使小麦颗粒不饱满，导致容重降低[5]。小麦降落数值的测定可以正确地评价小麦因各种原因造成的着水发芽的程度，正常成熟的小麦 α-淀粉酶活性较低，降落数值在 350~400 s，此次检测样品的平均降落数值比较低，只有 176.4 s，这可能与 2009 年湖北省小麦收获期遇到阴雨天使小麦发芽或萌动（小麦胚芽尚未突出种皮）有关。参试小麦样品平均粗蛋白含量比较高，平均值达到了国家优质强筋二等小麦标准，但降落值低，面团稳定时间短，造成了参试样品中达到强筋小麦标准的很少。参试样品中面团稳定时间达到优质弱筋小麦标准的占 45.5%，但这些样品又因降落数值低，粗蛋白含量高，湿面筋含量高等原因而达不到优质弱筋小麦标准。总之，粗蛋白质含量、面团稳定时间、湿面筋含量以及降落数值等指标不协调是限制湖北省发展优质强筋和弱筋小麦存在的主要问题。

目前，湖北省大面积生产中推广的郑麦 9023、鄂麦 18、鄂麦 23、鄂恩 6 号等品种，均为湖北省农业厅推荐的优质中筋小麦品种，覆盖率达到 80%以上，这些品种的大田品质指标在很大程度上可以反映出湖北省小麦品质状况。根据专用小麦品质标准（GB/T 17320—1998）中规定的容重、蛋白质含量、湿面筋含量、沉降值、吸水率、稳定时间、最大抗延阻力，拉伸面积等八项指标，4 个小麦品种的平均值绝大部分达到中筋或强筋专用小麦标准，其中鄂麦 23 八项指标的平均值都达到中筋或强筋专用小麦标准。与“十五”期间湖北省主推小麦品种的大田品质表现相比，湖北省大田小麦品质有了明显提高[6]，加工企业使用本省小麦作为加工原料的比例不断提高，在一定程度上增强了湖北省小麦产业的竞争力。

参考文献

[1] 阎俊，何中虎．基因型环境及其互作对黄淮麦区小麦淀粉品质性状的影响［J］．麦类作物学报，2001，21（2）：14-19.

[2] 马冬云，朱云集，郭天才，等．基因型和环境及其互作对河南省小麦品质的影响及品质稳定性分析［J］．麦类作物学报，2002，22（4）：13-18.

[3] 李梅芳，敖立万，庄宗炎，等．湖北省小麦品质概况及其对策［J］．粮食与饲料工业，2001（2）：4-6.

[4] 昝香存，周桂英，吴丽娜，等．我国小麦品质现状分析［J］．麦类作物学报，2006，26（6）：46-49.

[5] 张宝军，蒋纪云．小麦籽粒品质及其影响因素分析［J］．国外农学——麦类作物，1995（4）：29-32.

[6] 敖立万．湖北小麦［M］．武汉：湖北科学技术出版社，2002.

湖北省小麦营养品质和卫生安全状况分析*

刘易科，佟汉文，朱展望，陈 泠，张宇庆，高春保

摘 要：为了解湖北省小麦营养品质和卫生安全状况，对2009年和2010年湖北省主要小麦生产县24份小麦样品的相关指标进行检测和分析。结果表明：8种必需氨基酸赖氨酸、苏氨酸、缬氨酸、异亮氨酸、苯丙氨酸、蛋氨酸、色氨酸和亮氨酸的平均含量分别为3.55 mg/g、3.70 mg/g、5.55 mg/g、4.06 mg/g、6.03 mg/g、2.17 mg/g、1.43 mg/g和8.79 mg/g；赖氨酸的平均评分值为49，为第一限制性氨基酸，苏氨酸平均评分值为70，为第二限制性氨基酸；10种非必需氨基酸天门冬氨酸、丝氨酸、谷氨酸、脯氨酸、甘氨酸、丙氨酸、酪氨酸、组氨酸、精氨酸和半胱氨酸含量的平均值分别为6.37 mg/g、6.09 mg/g、37.93 mg/g、12.64 mg/g、5.14 mg/g、4.44 mg/g、3.70 mg/g、3.56 mg/g、5.85 mg/g和3.50 mg/g；小麦蛋白质含量的平均值为13.18%。全氮、全磷和全钾含量的平均值分别为22.6 g/kg、3.3 g/kg和3.9 g/kg，小麦籽粒全磷含量比较充足，全钾含量相对不足。微量元素铁、锰、铜、锌、硒含量的平均值分别为68.6 mg/kg、43.5 mg/kg、5.6 mg/kg、34.8 mg/kg和0.057 mg/kg，铁、锰和锌含量较高，铜含量比较适宜，硒含量较低。重金属元素镉、汞、铅、砷、铬和镍含量的平均值分别为0.053 mg/kg、0.003 mg/kg、0.061 mg/kg、0.020 mg/kg、0.198 mg/kg和0.191 mg/kg，铅、砷、铬和汞的含量相对较低，处于清洁水平，一些样品镉和镍的含量超过限量标准。

关键词：湖北；小麦；营养品质；卫生安全

湖北省位于我国小麦优势生产区域之内，是全国小麦主产省份之一，据农业部2007年统计资料，湖北省小麦种植面积和总产量均居全国第8位。近年来，我国包括湖北省在内，在小麦育种和栽培研究方面，比较注重蛋白质含量、湿面筋含量以及稳定时间等加工品质，而较少关注小麦营养品质和卫生安全状况[1]。小麦是湖北特别是鄂北地区民众重要的食物来源和矿质来源，其小麦营养品质和卫生安全状况直接关系到湖北居民的营养状况和健康质量。本文通过对2009年和2010年湖北省主要小麦生产区24份小麦样品的氨基酸含量、常量营养元素含量、微量营养元素含量、重金属元素含量的检测结果进行分析，旨在了解湖北省目前大田小麦营养品质和卫生安全状况，为湖北省小麦安全生产、改善居民营养状况和营养品质育种提供参考。

1 材料与方法

2009年和2010年夏收后，在湖北省小麦主产区共收集具有代表性小麦样品24份，

* 本文原载《麦类作物学报》，2012，32（5）：967-972。

其中2009年12份，2010年12份，涉及湖北13个小麦主产县（市、区），20个乡（镇），品种有郑麦9023、鄂麦23、鄂麦18、鄂恩6号、鄂麦596、鄂麦14、襄麦25、扬麦18和寸麦等9个小麦品种，每个样品1 kg。

样品由西北农林科技大学资源环境学院按照国家标准规定的检测方法进行检测。检测项目及方法见表1。

表1　小麦样品主要测定指标及方法

测定项目	测定方法
全氮、全磷	浓硫酸加双氧水消毒，连续流动分析仪测定
全钾	浓硫酸加双氧水消毒，火焰光度计法
氨基酸	根据《饲料中氨基酸的测定》（GB/T 18246—2000）测定氨基酸含量
微量元素、重金属元素	浓硝酸微波消解，ICP-MS测定

氨基酸评分也称蛋白质化学评分，指食物蛋白中的必需氨基酸和理想模式或参考蛋白中相应的必需氨基酸的比值，即氨基酸评分=被测蛋白质每克氮（或蛋白质）中氨基酸含量（mg）/理想模式或参考蛋白质中每克氮（或蛋白质）中氨基酸含量（mg）×100%。理想模式采用联合国粮食及农业组织（FAO）提出的模式[2]，见表2。

表2　FAO必需氨基酸需要模式

	异亮氨酸	亮氨酸	赖氨酸	蛋氨酸+胱氨酸	苯丙氨酸+络氨酸	苏氨酸	缬氨酸	色氨酸
FA0提出的理想模式/(mg/g)	40	70	55	35	60	40	50	10

蛋白质含量的计算方法为：蛋白质含量=植物全氮含量×全小麦蛋白质的换算系数5.83[3]。

根据相关标准，按照平均每人每天食用0.5 kg成品粮，小麦出粉率72%，计算得到小麦常量营养元素、微量营养元素、重金属元素的适宜含量、可耐受最高含量或限量。

2　结果与分析

2.1　氨基酸和蛋白质含量分析

2.1.1　必需氨基酸含量及评价

赖氨酸、苏氨酸、缬氨酸、异亮氨酸、苯丙氨酸、蛋氨酸、色氨酸和亮氨酸8种必需氨基酸的平均含量分别为 3.55 mg/g、3.70 mg/g、5.55 mg/g、4.06 mg/g、6.03 mg/g、2.17 mg/g、1.43 mg/g 和 8.79 mg/g，其中缬氨酸的变异系数最大，为 29.6%，蛋氨酸的变异系数最小，为 5.6%。年份之间，缬氨酸含量的平均值差异较大，2009 年平均值为 5.98 mg/g，2010 年平均值为 5.11 mg/g，其他氨基酸年份之间差异不大。主导品种郑麦 9023 缬氨酸含量的平均值相对较小，为 4.94 mg/g，变异系数较大，为 20.3%，其他种氨基酸含量与全部样品的平均值相近（表 3）。

赖氨酸、苏氨酸、缬氨酸、异亮氨酸、苯丙氨酸+络氨酸、蛋氨酸+胱氨酸、色氨酸和亮氨酸的平均评分值分别为 49、70、84、77、123、123、108 和 95。小麦赖氨酸的评分值范围为 39~90，含量最低，为第一限制性氨基酸。其次是苏氨酸，评分值范围为 60~80，为第二限制性氨基酸。

2.1.2 非必需氨基酸含量

见表 3，10 种非必需氨基酸天门冬氨酸、丝氨酸、谷氨酸、脯氨酸、甘氨酸、丙氨酸、酪氨酸、组氨酸、精氨酸和半胱氨酸含量的平均值分别为 6.37 mg/g、6.09 mg/g、37.93 mg/g、12.64 mg/g、5.14 mg/g、4.44 mg/g、3.70 mg/g 和 3.56 mg/g、5.85 mg/g和 3.50 mg/g。其中组氨酸的变异系数最大，为 22.3%，半胱氨酸的变异系数最小，为 5.1%。年度间，组氨酸含量变化较大，2009 年平均值为 4.2 mg/g，2010 年为 2.91 mg/g。

2.1.3 蛋白质含量

小麦蛋白质含量的平均值为 13.18%，最低值为 10.93%，最高值为 16.93%，变异系数为 10.7%。蛋白质含量年份间差异较大，2009 年检测样品蛋白质含量平均值为 13.91%，2010 年为 12.45%。郑麦 9023 的蛋白质含量平均值为 12.87%，最低值为 10.93%，最高值为 14.05%，变异系数为 8.4%（表 3）。

2.2 常量营养元素含量分析

小麦全氮、全磷和全钾含量的平均值分别为 22.6 g/kg、3.3 g/kg 和 3.9 g/kg，其中全磷含量的变异系数最大，为 16.3%，全钾含量的变异系数最小，为 6.9%。年份之间，全氮含量的平均值差异较大，2009 年平均值为 23.9 g/kg，2010 年平均值为 21.3 g/kg，全磷和全钾含量年份之间差异不大。根据 2000 年发布的中国居民膳食营养素参考摄入量计算出适宜成人食用的小麦籽粒全磷和全钾含量分别为 1.94 g/kg 和 5.56 g/kg。所有样品全磷含量高于 1.94 g/kg，1 个样品全钾含量大于 5.56 g/kg（表 4）。

2.3 微量营养元素含量分析

铁、锰、铜、锌和硒含量的平均值分别为 68.6 mg/kg、43.5 mg/kg、5.6 mg/kg、34.8 mg/kg 和 0.057 mg/kg，其中硒含量的变异系数最大，为 183.6%，铁含量的变异系数最小，为 21.3%。年度之间，硒含量的平均值差异最大，2009 年平均值为 0.083 mg/kg，2010 年平均值为 0.031 mg/kg。郑麦 9023 硒含量平均值较小，为 0.024 mg/kg。根据中国营养学会和中国农业行业标准 NY 861—2001 推荐或规定的标准，计算出适宜成人食用的小麦籽粒铁、锰、铜、锌和硒含量的平均值分别为48.7 mg/kg、7.2 mg/kg、5.6 mg/kg、36.2 mg/kg和0.139 mg/kg，可耐受最高小麦籽粒铁、锰、铜、锌和硒含量的平均值分别为138.9 mg/kg、27.8 mg/kg、22.2 mg/kg、113.9 mg/kg和1.111 mg/kg。24个样品铁含量平均值高于适宜小麦籽粒铁含量，但均低于可耐受最高含量；1个样品锰含量低于可耐受最高锰含量；铜含量的平均值为适宜小麦籽粒铜含量，所有样品的铜含量均低于可耐受最高含量；锌含量的平均值接近适宜小麦籽粒锌含量，所有样品的锌含量均低于可耐受最高含量；有2个样品小麦籽粒硒含量大于0.139 mg/kg的适宜含量，但都小于可耐受最高含量（表5）。

2.4 重金属元素含量水平分析

检测的24个样品镉、汞、铅、砷、铬和镍含量的平均值分别为0.053 mg/kg、0.003 mg/kg、0.061 mg/kg、0.020 mg/kg、0.198 mg/kg和0.191 mg/kg。6种重金属元素含量的变异系数都较大，2010年度样品的变异系数更大。《食品中污染物限量》(GB 2762—2005）规定小麦籽粒镉、汞和铅的限量值分别为0.1 mg/kg、0.020 mg/kg和0.2 mg/kg，有4个样品镉含量高于0.1 mg/kg的限量，全部样品汞和铅的含量均低于限量值。我国农业行业标准NY 261—2004规定谷物及制品中砷含量最高为0.7 mg/kg，检测的所有样品砷含量小于该限量值。根据中国营养学会规定的标准，计算出可耐受最高小麦籽粒铬含量为1.38mg/kg，全部样品铬含量在可耐受范围内。浙江卫生学研究所推荐的成品粮镍含量最高标准0.4 mg/kg[4]，6个样品镍含量高于该最高标准（表6）。

表3 氨基酸和蛋白质含量分析

项目		全部样品（n=24）		2009年（n=12）		2010年（n=12）		郑麦9023	
		平均值	变异系数/%	平均值	变异系数/%	平均值	变异系数/%	平均值	变异系数/%
必需氨基酸	赖氨酸/(mg/g)	3.55	19.4	3.53	27.7	3.56	5.0	3.42	7.7
	苏氨酸/(mg/g)	3.70	7.6	3.63	9.0	3.76	5.9	3.69	6.6
	缬氨酸/(mg/g)	5.55	29.6	5.98	34.7	5.11	18.8	4.94	20.3
	异亮氨酸/(mg/g)	4.06	8.8	4.03	9.8	4.10	8.1	4.01	7.4
	苯丙氨酸/(mg/g)	6.03	10.3	5.95	11.5	6.10	9.2	5.96	8.1
	蛋氨酸/(mg/g)	2.17	5.6	2.18	5.9	2.17	5.5	2.20	4.4
	色氨酸/(mg/g)	1.43	14.3	1.38	12.8	1.48	15.2	1.46	14.8
	亮氨酸/(mg/g)	8.79	9.2	8.60	10.7	8.99	7.5	8.78	7.8

（续表）

项目		全部样品（n=24）		2009年（n=12）		2010年（n=12）		郑麦9023	
		平均值	变异系数/%	平均值	变异系数/%	平均值	变异系数/%	平均值	变异系数/%
非必需氨基酸	天门冬氨酸/(mg/g)	6.37	13.4	6.24	16.9	6.50	9.3	6.37	8.1
	丝氨酸/(mg/g)	6.09	8.1	6.13	8.3	6.04	8.1	5.99	7.5
	谷氨酸/(mg/g)	37.93	11.2	39.22	10.5	36.64	11.2	36.96	9.9
	脯氨酸/(mg/g)	12.64	11.2	12.34	12.0	12.95	10.5	12.77	9.6
	甘氨酸/(mg/g)	5.14	7.7	5.00	8.0	5.27	6.8	5.15	7.1
	丙氨酸/(mg/g)	4.44	7.5	4.32	8.8	4.56	5.0	4.46	6.2
	酪氨酸/(mg/g)	3.70	15.8	3.99	14.4	3.42	13.4	3.59	12.9
	组氨酸/(mg/g)	3.56	22.3	4.20	14.2	2.91	7.5	3.39	24.3
	精氨酸/(mg/g)	5.85	12.5	6.02	15.9	5.68	6.3	5.60	13.4
	半胱氨酸/(mg/g)	3.50	5.1	3.52	5.8	3.48	4.5	3.51	3.1
蛋白质含量/%		13.18	10.7	13.91	9.4	12.45	9.1	12.87	8.4

表4 常量营养元素分析

项目	全部样品（n=24）		2009年（n=12）		2010年（n=12）		郑麦9023（n=10）	
	平均值	变异系数/%	平均值	变异系数/%	平均值	变异系数/%	平均值	变异系数/%
全氮/(g/kg)	22.6	10.7	23.9	9.3	21.3	9.0	22.1	8.5
全磷/(g/kg)	3.3	16.3	3.3	11.3	3.4	15.8	3.2	19.3
全钾/(g/kg)	3.9	6.9	3.8	21.1	3.9	6.9	3.8	11.3

表5 微量元素含量分析

项目	全部样品（n=24）		2009年（n=12）		2010年（n=12）		郑麦9023（n=10）	
	平均值	变异系数/%	平均值	变异系数/%	平均值	变异系数/%	平均值	变异系数/%
铁/(mg/kg)	68.6	21.3	71.1	18.5	66.0	24.4	67.0	25.9
锰/(mg/kg)	43.5	21.4	45.5	24.7	41.6	16.3	39.0	9.1
铜/(mg/kg)	5.6	22.8	5.3	23.9	5.8	21.8	5.7	23.4
锌/(mg/kg)	34.8	24.0	37.8	21.0	31.7	24.8	31.0	27.4
硒/(mg/kg)	0.057	183.6	0.083	150.0	0.031	249.2	0.024	163.3

表 6 重金属含量分析

项目	全部样品（$n=24$）		2009 年（$n=12$）		2010 年（$n=12$）		郑麦 9023	
	平均值	变异系数/%	平均值	变异系数/%	平均值	变异系数/%	平均值	变异系数/%
镉/(mg/kg)	0.053	85.0	0.072	46.8	0.034	141.5	0.037	102.7
汞/(mg/kg)	0.003	189.1	0	0	0.006	115.1	0.004	166.6
铅/(mg/kg)	0.061	103.2	0.106	44.2	0.016	255.3	0.045	138.9
砷/(mg/kg)	0.020	103.5	0.034	27.7	0.006	324.4	0.016	143.2
铬/(mg/kg)	0.198	131.5	0.126	64.5	0.270	130.2	0.262	134.9
镍/(mg/kg)	0.191	140.4	0.296	104.9	0.087	202.2	0.139	164.0

3 讨论

小麦是我国最主要的粮食作物之一，也是植物蛋白质最主要的来源之一。然而，由于小麦及禾谷类作物种子蛋白质中几乎都存在着必需氨基酸匮乏的问题，即营养组成不平衡，因而影响了种子蛋白的完全利用。禾谷类作物包括小麦在内的种子储藏蛋白中最缺乏的是赖氨酸和苏氨酸[5]，检测的 24 份样品赖氨酸和苏氨酸的平均含量分别为 3.55 mg/g 和 3.70 mg/g，与王晓燕等对我国 48 个小麦材料的赖氨酸和苏氨酸含量平均值为 3.6 mg/g，3.8 mg/g 的测定结果[6]相近。按照联合国粮食及农业组织（FAO）公布的氨基酸理想模式[2]，得到赖氨酸、苏氨酸平均评分值分别为 49 和 70，因此同全国一样，湖北省小麦籽粒赖氨酸含量相对较低，为第一限制性氨基酸，苏氨酸次之，为第二限制性氨基酸。大量实验表明，小麦不同品种之间和不同栽培环境对小麦籽粒蛋白质和不同组分必需氨基酸含量都有较大影响[7-8]，因此要提高小麦营养品质，一方面要加强小麦营养品质育种，选育出高蛋白质含量和高赖氨酸含量的小麦品种；另一方面，加强相关栽培技术研究，确保良种与良法配套。

全氮含量是评价小麦品质的重要指标，小麦籽粒全氮含量与蛋白质含量呈正相关关系，籽粒中的全氮含量乘以由氮换算成蛋白质的换算系数，就可以得到籽粒的蛋白质含量。根据 2009 年 12 个检测样品的全氮含量，计算出 2009 年样品蛋白质含量平均值为 13.91%，与我们之前湖北小麦蛋白质含量 14.1%的研究结果[9]相近。磷是人体极为重要的元素之一，对生物体的遗传代谢、生长发育、能量供应等方面都是不可缺少的。所检测样品小麦籽粒的全磷含量都大于适宜成人食用的小麦籽粒全磷含量 1.94 g/kg，但都低于可耐受最高含量 9.72 g/kg，该结果与张勇等对 6 省 240 个小麦品种测定全磷含量介于 2.80~4.89 g/kg 的结果[1]相近。钾在人体内有维持酸碱平衡，参与能量代谢以及维持神经肌肉的正常功能，是生命活动所必需的元素。检测的样品中只有 1 个样品钾含量高于适宜成人食用的小麦籽粒钾含量 5.56 g/kg，与张勇等测定的全钾含量介于 3.44~6.96 g/kg 的结果[1]相近。总体上来说，湖北省小麦籽粒全磷含量比较充足，而全钾含量相对不足。

微量元素指占生物体总质量0.01%以下，且为生物体所必需的一些元素。小麦籽粒中有益微量元素特别是铁和锌含量低，生物有效性差是中国乃至全世界普遍存在的问题[10-16]。本次检测结果小麦籽粒铁含量的平均值为68.6 mg/kg，锌含量的平均值为34.8 mg/kg，均高于中国营养学会的推荐的适宜含量，也高于Liu等对中国不同地区186份小麦种质铁和锌含量平均值为40.3 mg/kg和23.3 mg/kg的测定结果[17]和张勇等测定的结果[1]。所测样品小麦籽粒锰的含量比较高，23个样品高于可耐受最高含量，铜含量比较适宜，都低于可耐受最高含量，硒含量较低，只有两个样品高于适宜硒含量。

由于重金属自身具有不能在土壤自净过程中被自然降解的特点，它们便会在生物体内累积富集，进而通过食物链进入人体，危害人类健康，其中对人体毒害最大的有5种：铅、汞、铬、砷、镉[18]，其中铅是唯一的人体不需要的重金属元素。在检测的6种重金属元素中，铅、砷、铬和汞的含量相对较高低，所有样品均低于相关限量标准，仍处于比较清洁水平。镉和镍的含量比较高，有4个样品的镉含量和6个样品的镍含量超过相关限量标准，说明一些种植小麦的田块，已经受到镉和镍的污染，应该引起相关部门的高度重视。

致谢：国家小麦产业技术体系王朝辉老师及其团队为样品检测做了大量工作，本数据来源于国家小麦产业技术体系“武汉综合试验站”参与的“全国主要麦区小麦营养品质和卫生安全状况调研报告”。

参考文献

[1] 张勇，王德森，张艳，等．北方冬麦区小麦品种籽粒主要矿物质元素含量分布及其相关性分析［J］．中国农业科学，2007，40（9）：1871-1876.

[2] FAO NUTRITIONAL STUDIES. Amino acid content of foods［M］. Rome FAO-United Nations，1970，45：90-90.

[3] WHO Technical Report Series，1973.

[4] 傅逸根，胡欣，俞苏霞．食品中镍限量卫生标准的研究［J］．浙江省医学科学学报，1999，37（3）：9-12.

[5] BRIGHT S W J，SHEWRY P R. Improvement of protein quality in cereals［J］. CRC Critical Reviews in Plant Sciences，1983，1：49-93.

[6] 王晓燕，宋广哲．对48个小麦品种营养品质的研究［J］．河北农业大学学报，1996，19（2）：14-18.

[7] 张林生．小麦种子氨基酸的评价［J］．国外农学——麦类作物，1996，11（3）：28-30.

[8] 郭凌汉，靳华芬．不同生态环境小麦籽粒氨基酸含量的变化［J］．耕作与栽培，1991（4）：63-65.

[9] 刘易科，佟汉文，朱展望，等．湖北省大田小麦品质性状分析［J］．华中农业大学学报，2014，33（1）：137-140.

[10] GHANDILYAN A, VREUGDENHIL D, AARTSA M G M. Progress in the genetic understanding of plant iron and zinc nutrition [J]. Physiologia Plantarum, 2006, 126: 407-417.

[11] MASON J B, GARCIA M. Micronutrient deficiency of the global situation [J]. SCN News, 1993, 9: 11-16.

[12] WELCH R M, GRAHAM R D. Breeding for micronutrients in staple food crops from human nutrition perspective [J]. Journal of Experimental Botany, 2004, 55 (396): 353-364.

[13] ANONYMOUS. The challenge of dietary deficiencies of vitamins and minerals [C] //Enriching lives: overcoming vitamin and mineral malnutrition in developing countries. Washington D C: World Bank, 1994: 6-13.

[14] WELCH R M. Breeding strategies for biofortified staple plant foods to reduce micronutrient malnutrition globally [J]. The Journal of Nutrition, 2002, 132 (3): 495-499.

[15] WELCH R M. The impact of mineral nutrients in food crops on global human health [J]. Plant and Soil, 2002, 247: 83-90.

[16] SINGH B, NATESAN S K A, SINGH B K, et al. Improving zinc efficiency of cereals under zinc deficiency [J]. Current Science, 2005, 88: 36-44.

[17] LIU Z H, WANG H Y, WANG X E, et al. Genotypic and spike positional difference in grain phytase activity, phytate, inorganic phosphorus, iron, and zinc contents in wheat [J]. Journal of Cereal Science, 2006, 44: 212-219.

[18] 戴树桂. 环境化学 [M]. 北京: 高等教育出版社, 2002.

鄂北岗地小麦 7 500 kg/hm^2 主要技术措施Ⅰ. 鄂北岗地小麦高产成因分析*

阮吉洲，王文建，任生志，史耀东，匡会琴，刘华伟，孙付山，
许燕子，郭光理，朱展望，高春保

摘　要：针对目前小麦生产中存在的播种质量差、肥料运筹不合理等问题，结合农业部小麦高产创建活动，在鄂北岗地试验示范了规范化播种、测土配方施肥、氮肥后移和病虫害统防统治集成高产栽培技术。结果表明，试验示范田每公顷有效穗数平均为 698. 3 万穗，穗粒数平均为 25. 1 粒，千粒重平均为 44. 4 g，平均单产 7 763. 1 kg/hm^2，创造出了 7 957. 95 kg/hm^2 的湖北省小麦高产新纪录。其高产成因为提高了播种质量，改善了氮肥运用方式，产量三要素协调。

关键词：鄂北岗地；小麦；高产栽培技术；成因分析

小麦是湖北省第二大粮食作物，常年种植面积 100 万 hm^2 左右，总产 350 万 t 左右，发展小麦生产对于保障湖北省粮食安全、促进湖北省社会经济稳定持续发展具有重要意义。“十一五” 期间，湖北省小麦年收获面积为 79. 49 万 ~ 109. 63 万 hm^2，年均面积 97. 70 万 hm^2；小麦年总产 243. 20 万 ~ 353. 20 万 t，年均总产 320. 08 万 t[1]。

鄂北岗地是湖北省小麦主产区，气候和土壤条件比较适合发展小麦生产。该地区位于湖北省小麦种植区划中的鄂中丘陵和鄂北岗地麦区，是湖北省小麦单产最高的区域，也是湖北省优质专用小麦的生产基地[2]，该区域还位于我国北纬 33°小麦高产开发区，蕴藏巨大产量潜力。然而，由于生态条件和生产条件的限制，该区域乃至湖北省小麦单产长期以来难以实现 7 500 kg/hm^2。该区域在生产技术环节存在的限制小麦生产发展的因素主要有播种质量不高，播种方式以撒播为主，播量偏大，播期偏早的问题突出，稻茬麦田还存在整地质量差，沟厢不配套等问题；肥料运筹方式不合理。具体表现为氮肥使用量偏大，底肥和前期用肥量过大，后期施肥量不足，肥料利用率偏低[3]。

为了进一步挖掘生产潜力，提高小麦生产水平，针对该地区小麦生产中存在的上述两个问题，结合农业部小麦高产创建活动，试验示范了规范化播种、小麦测土配方施肥、氮肥后移和病虫害统防统治集成高产栽培技术[4]，创造出了 7 957. 95 kg/hm^2 的湖北省小麦高产新纪录，揭示了湖北省小麦大面积生产的产量潜力和高产成因，为湖北省小麦高产栽培研究奠定了基础。

* 本文原载《湖北农业科学》，2013，52（23）：5689-5692。

1 材料与方法

试验于 2011 年 10 月至 2012 年 5 月在位于湖北省襄阳市襄州区古驿镇的襄阳市原种场实施。

1.1 土壤养分条件

土壤类型属岗地黄黏土。经检测，有机质含量为 14.3~18.2 g/kg，碱解氮含量为 72.1~97.3 mg/kg，速效磷含量为 13.5~32.8 mg/kg，速效钾含量为 97.3~150 mg/kg，土壤 pH 值 6.4~7.3。

1.2 品种选择

试验品种为郑麦 9023。该品种 2001 年经湖北省农作物品种审定委员会审定，弱春性，分蘖力强，成穗率较高。株型紧凑直立，矮秆，茎秆粗壮，耐肥抗倒，后期熟相好。郑麦 9023 还是湖北省当前主栽的高产优质中筋小麦品种。近年来，种植面积占湖北省小麦种植面积 50%左右[5]。

1.3 规范化机械播种

1.3.1 整地

前茬作物夏播玉米早穗收获后，将秸杆粉碎还田，整地前施用复合肥（N：P_2O_5：K_2O=16：16：16）450kg/hm^2 和尿素（N≥46.4%）150kg/hm^2。整地标准为田平垡碎、上虚下实。

1.3.2 种子处理

晒种 1~2 d 后，用硅噻菌胺 200 mL、15%三唑酮可湿性粉剂 200 g 和含量为 50%的多菌灵可湿性粉剂 200 g，加水 3 kg 均匀拌种 100 kg，搅拌均匀后用塑料袋将种子封好后闷种一昼夜。

1.3.3 精细播种

于 2011 年 10 月 19—22 日用河南省邓州市钻澳农业机械制造厂生产的 3B-10、12、14 型多功能旋耕播种机进行播种，按基本苗 240 万株/hm^2 计算用种量进行机械条播，播幅 2.4 m，播种 12 行，行距 20 cm，播种深度 6 cm，播后自带镇压器进行镇压。

1.4 田间管理

1.4.1 化学除草

出苗后，在 12 月 4—5 日田间杂草达到 2 片叶时，10% 苯磺隆可湿性粉剂 255 g/hm^2 兑水 450 kg 喷雾进行化学除草。

1.4.2 追施肥料

在 2012 年 3 月 3 日和 3 月 15 日结合两次雨水分别追施拔节、孕穗肥，每次使用尿素（N≥46.4%）67.5 kg/hm²。

1.4.3 防治病虫

2012 年 4 月 1—4 日，用 2.5% 高效氯氟氰菊脂乳油（Lambda - cyhalothrin）2 250 g/hm²，有效成分为 15%三唑酮可湿性粉剂 1 500 g/hm²，含量为 50%的多菌灵可湿性粉剂 1 200 g/hm² 和 5%井冈霉素 3 000 g/hm² 兑水 450 kg 的混合均匀后用机动喷雾器喷雾防治蚜虫、麦圆蜘蛛以及预防锈病、白粉病、纹枯病和赤霉病。4 月 18—22 日用 50%的多菌灵可湿性粉剂 1 200 g/hm²、吡虫啉（Imidacloprid）300 g/hm²、"麦健"（4.2% 1-naphthylacetic acid AS）水剂 750 mL/hm² 和磷酸二氢钾 750 g/hm² 兑水 450 kg 的混合液防治赤霉病、穗蚜和叶面喷肥。5 月 1—3 日再用吡虫啉 300 g/hm²、磷酸二氢钾 750 g/hm² 兑水 450 kg 进行喷雾防治穗蚜和叶面喷肥。

1.4.4 及时收获

在 2012 年 5 月 26—28 日对进入完熟期的小麦组织收割机进行及时抢晴收获晾晒，防止了雨水造成的穗发芽。

1.5 数据调查

在收获前按 15 hm² 左右一个点进行测产验收，共测 48 个点，覆盖面积 720 hm²。2012 年 5 月 26 日经农业部组织专家组随机选择 3 块田进行机械收获验收。数据调查参照田纪春等[6]的方法。使用 Microsoft Excel 对数据进行了初步整理，Pearson 相关分析使用 SAS 9.2。

2 结果与分析

2.1 出苗质量

采用机械播种，深浅一致，出苗整齐、均匀。根据调查，基本苗为 252.0 万～277.5 万株/hm²，平均为 261.5 万株/hm²，变幅 9.8%。

2.2 产量构成因素分析

对 48 个测产点调查（表 1）表明，每公顷有效穗数最高达到 753.0 万穗，最低为 673.5 万穗，平均为 698.3 万穗；穗粒数最高 27.2 粒，最低 23.1 粒，平均 25.1 粒；千粒重最高 46.3 g，最低 42.2 g，平均 44.4 g。单位面积有效穗数、穗粒数和千粒重的变异系数分别为 2.8%、3.0%和 2.4%，均处于较低水平，说明该项技术具有较好的稳定性。千粒重的变异系数明显小于单位面积有效穗数和穗粒数的变异系数，表明在高产栽培条件下，郑麦 9023 的千粒重较其他两个产量因素受环境影响的程度更小。

表 1　高产栽培试验小麦每公顷有效穗数、穗粒数和千粒重

	单位面积有效穗数/(10^4/hm^2)	穗粒数	千粒重/g
平均值	698.3±19.5	25.1±0.7	44.4±1.0
范围	643.5～753.0	23.1～27.2	42.2～46.3
变异系数/%	2.8	3.0	2.4

相关性分析（表 2）表明，在大面积高产栽培条件下，郑麦 9023 的单位面积有效穗数、穗粒数和千粒重两两之间呈显著或极显著负相关，其中单位面积有效穗数与穗粒数呈极显著负相关。单位面积有效穗数与穗粒数的负相关程度>单位面积有效穗数与千粒重的负相关程度>穗粒数与千粒重的负相关程度。千粒重与单位面积有效穗数及穗粒数的负相关程度都明显低于单位面积有效穗数和穗粒数的负相关程度，表明千粒重的变化受其他产量因素的影响较小。

表 2　大面积高产条件下郑麦 9023 产量三因素的 Pearson 相关系数

产量构成因素	单位面积穗数	穗粒数	千粒重
单位面积穗数			
穗粒数	-0.53^{**}		
千粒重（g）	-0.35^{*}	-0.33^{*}	

注：* 表示相关显著；** 表示相关极显著。

2.3　产量结果

覆盖 720 hm^2 的 48 个测产点平均单产为 7 763.1 kg/hm^2（图 1）。2012 年 5 月 26 日经农业部组织专家组随机选择 3 块田进行机械收获验收，平均单产为 7 957.95 kg/hm^2，创湖北省小麦高产纪录，该产量比襄州区 2012 年小麦平均单产高 29.1%，比湖北省 2012 年小麦平均单产高 112.3%，显示出极大的增产潜力。

3　讨论

随着农村劳动力结构的变化和农民收入结构的变化，目前从事小麦生产的农村劳动力文化水平、科技素质和生产积极性均有所下降[7]，小麦生产的方式已由过去的常规的精耕细作方式逐步向轻简化、机械化转变。从小麦生产的技术角度看，长期以来制约湖北省小麦单产水平提高的主要问题是小麦的播种质量不高，导致小麦出苗不整齐，晚弱苗的现象十分普遍，相当部分面积小麦不能够壮苗越冬，限制了小麦单产的提高。该试验改人工撒播为机械播种，提高了播种质量，出苗整齐、均匀，为提高小麦单产创造了良好的群体基础。

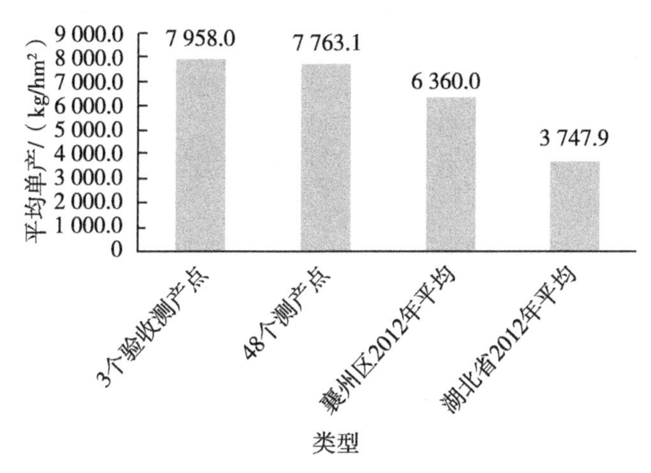

图 1　试验区郑麦 9023 产量与该区域及湖北省同期平均小麦产量比较

湖北省小麦单产量水平不高，但从生产实际中调查的数据来看，小麦施肥量特别是氮肥的使用量却很高，大大超过了目前产量水平下小麦生长发育的需要，既增加了小麦的生产成本，又浪费了资源，加大了农田氮素污染。本试验通过研究和推广应用测土配方施肥技术和氮肥后移技术，改善了氮肥的运筹方式，提高氮肥的使用效率，起到增收节支的双重效果。

在示范区内，实现了鄂北岗地小麦 7 500 kg/hm² 的单产目标，创造出了单产为 7 957.95 kg/hm² 的湖北省小麦高产纪录，进一步揭示了湖北省小麦高产潜力，为湖北省小麦高产栽培研究奠定了基础。

大面积高产条件下，郑麦 9023 千粒重的稳定性高于单位面积有效穗数和穗粒数，并且在产量三因素的相关分析中，千粒重与单位面积有效穗数和穗粒数的负相关程度明显低于单位面积有效穗数和穗粒数的负相关程度。说明在高产条件下，通过技术途径提高穗粒数从而进一步提高产量是可行的。

生产过程中还可以改进的技术措施有：播种时间在鄂北岗地还可后移 3～5 d，从而保证年前不旺长；本试验两次追肥时间相隔太近，施肥量不足，未能发挥出攻大穗的效果，可在 2 月初的返青期结合降雪或降雨实施早施返青拔节肥，提高穗粒数。

参考文献

[1]　高春保，刘易科，佟汉文，等．湖北省“十一五”小麦生产概况分析及“十二五”发展思路［J］．湖北农业科学，2010，49（11）：2703-2705.

[2]　敖立万．湖北小麦［M］．武汉：湖北科学技术出版社，2002.

[3]　高春保，朱展望，刘易科，等．湖北省小麦增产潜力分析和 2009 年小麦秋播的主要技术措施［J］．湖北农业科学，2009，48（10）：2374-2376.

[4]　高春保．小麦高产高效栽培新技术［M］．武汉：湖北人民出版社，2010.

[5] 刘易科，佟汉文，朱展望，等．郑麦 9023 在湖北省大面积生产中的品质性状分析［J］．湖北农业科学，2010，49（12）：3170-3172.

[6] 田纪春，邓志英，胡瑞波，等．不同类型超级小麦产量构成因素及籽粒产量的通径分析［J］．作物学报，2006，32（11）：1699-1705.

[7] 秦风清．农村劳动力转移对农村经济可持续发展的影响与对策［J］．中国市场，2012（14）：171-172.

应用高稳系数分析法评价长江中下游麦区品种的高产性及稳产性*

张宇庆，朱展望，刘易科，陈　泠，邹　娟，
佟汉文，何伟杰，朱　光，李想成，王文学，高春保

摘　要：本文利用高稳系数法（HSC）对参加 2016—2017 年度长江中下游区域试验的 27 个品种（品系）进行了高产性及稳产性分析。结果表明，用高稳系数法与常规统计分析方法评价品种高产稳产性的结果基本一致，但高稳系数法能通过 HSC 值更简单直观地反映品种的高产性和稳产性是否一致。参试品种徽红 225 产量、HSC 值和变异系数分别排在第一、第一和第二位，为典型的高产稳产类型品种，具有较大的推广前景。

关键词：小麦；高产性；稳产性；高稳系数

根据国家现有农作物种子法规要求，作物育种单位选育出来的五大主要农作物（水稻、小麦、玉米、棉花和大豆）优良品种要在生产中进行推广应用，必须先参加国家级或省级等组织开展的品种区域试验，经过 2 年多点品种比较试验和一年的多点品种生产试验后，根据区域试验结果评价该品种是淘汰还是可以推广。传统的品种评价方法是利用方差分析或 SSR 测验来估测品种间（尤其是与对照间的）差异显著性大小，用标准差（S）、回归系数（b）或变异系数（CV）评价单个品种多个地点的高产性和稳定性，无法准确综合的评价品种的高产与稳产的一致性。1994 年温振民和张永科提出高稳系数法（HSC）[1]，只用单一指标就可以比较准确地综合反映出杂交玉米新品种的稳产性与高产性是否协调。目前，该方法已成功用于花生[2]、水稻[3]、谷子[4]、大豆[5]、棉花[6]、油菜[7]、苦荞[8]和芝麻[9]等作物的品种评价。本文联合方差分析法和高稳系数分析法对 2016—2017 年长江中下游冬小麦区域试验的参试品种进行稳产性和丰产性比较分析，探索长江中下游地区冬小麦区域试验品种新的评价方法，为优异参试品种在较大区域内推广应用提供科学的依据。

1　材料与方法

1.1　材料

试验材料来源于 2016—2017 年度参加长江中下游冬小麦区试的 A 组和 B 组区域试

* 本文原载《湖北农业科学》，2020，59（24）：32-34，40。

验，共27个品种（A、B组各含一份对照品种扬麦20）。A组品种分别是：扬麦20、徽红225、扬辐2149、扬12-144、宁12046、扬辐麦2049、光明麦1415、乐麦G1302、扬11-125、扬12G16、襄麦35、华麦1168、鄂麦195、扬富麦101；B组品种为：扬麦20、国红6号、苏研麦017、扬12-145、苏隆212、扬13-122、东麦1301、镇12096、苏麦0558、信麦116、兴麦576、襄麦D31、扬13G24。

1.2 试验设计

试验统一按国家冬小麦区域试验实施方案进行，采用随机区组设计，3次重复。试验小区面积为13.3 m^2，播种方式采取条播，行间距0.25 m，播种量为基本苗225万株/hm^2。试验区组小区间留走道，试验田四周设保护行。

1.3 研究方法

品种的标准差（S）、产量平均数（X）、变异系数（CV）等常规指标采用通用的公式进行计算，品种的高稳系数（HSC）用以下公式：$HSC_i=[1-(X_i-S_i)/1.10X_{ck}]\times 100\%$[10]。式中，$HSC_i$ 是第 i 个品种的高稳系数；S_i 是第 i 个品种的标准差，X_{ck}是对照品种的平均产量。HSC_i 值越小，表明该品种的高产稳产性越好；HSC_i 值越大，该品种高产稳产性越差。

2 结果与分析

2.1 两种分析方法的结果比较

各参试小麦品种（品系）的高产性及稳产性根据参试品种（品系）多点汇总结果得出的平均产量进行方差分析并计算其变异系数和高稳系数（表1）。

表1 参试小麦品种（品系）的高产性和稳产性分析

	品种	产量/(kg/hm^2)	较对照增产/%	产量位次	变异系数（CV）/%	CV位次	高稳系数（HSC）/%	HSC位次
A组	徽红225	6 563.10	9.71	1	18.51	2	18.72	1
	扬辐2149	6 454.05	7.89	4	19.91	8	21.44	4
	扬12-144	6 376.95	6.60	6	20.85	15	23.30	8
	扬辐2049	6 354.75	6.23	8	18.22	1	21.02	3
	宁12046	6 290.40	5.16	12	21.99	19	25.42	11
	光明麦1415	6 259.20	4.63	13	20.35	10	24.23	10
	乐麦G1302	6 133.50	2.53	15	22.61	20	27.86	17
	扬11-125	6 100.05	1.97	16	21.45	18	27.19	15
	扬12G16	6 079.95	1.64	17	20.96	16	26.97	13

（续表）

	品种	产量 /(kg/hm²)	较对照增产/%	产量位次	变异系数（*CV*）/%	*CV* 位次	高稳系数（*HSC*）/%	*HSC* 位次
A 组	扬麦 20	5 982.00	0	18	19.78	6	27.08	14
	襄麦 35	5 976.30	-0.10	19	20.71	13	27.98	18
	华麦 1168	5 943.15	-0.65	21	20.54	11	28.24	19
	鄂麦 195	5 842.20	-2.34	24	21.31	17	30.13	23
	扬富麦 101	5 570.85	-6.87	26	28.33	26	39.32	26
B 组	苏隆 212	6 491.10	8.54	2	19.78	5	20.85	2
	东麦 1301	6 482.55	8.39	3	20.80	14	21.96	7
	国红 6 号	6 403.05	7.07	5	19.34	4	21.49	5
	扬 13-122	6 368.40	6.49	7	19.15	3	21.73	6
	苏研麦 017	6 334.80	5.92	9	22.86	21	25.72	12
	镇 12096	6 321.15	5.70	10	20.19	9	23.32	9
	扬 12-145	6 293.85	5.24	11	25.02	24	28.27	20
	苏麦 0558	6 154.20	2.90	14	25.04	25	29.88	22
	扬麦 20	5 980.50	0	18	19.79	6	27.08	14
	信麦 116	5 960.85	-0.33	20	19.89	7	27.41	16
	扬 13G24	5 907.15	-1.23	22	24.95	23	32.61	25
	襄麦 D31	5 871.60	-1.82	23	22.90	22	31.19	24
	兴麦 576	5 840.25	-2.35	25	20.65	12	29.55	21

从表 1 可以看出，参试 27 个品种的公顷产量变幅在 5 840.25~6 563.10 kg，较对照增产幅度为-2.35%~9.71%，变异系数为 18.22%~28.33%，HSC 值为 18.72%~39.32%；产量位次排名前 5 名的品种分别为微红 225、苏隆 212、东麦 1301、扬辐 2149、国红 6 号，而对照扬麦 20 排名 18。变异系数从小到大排名前 5 名的品种分别为扬辐 2049、徽红 225、扬 13-122、国红 6 号、苏隆 212，对照品种扬麦 20 排名第 6；HSC 值小到大排名前 5 名的品种为徽红 225、苏隆 212、扬辐 2049、扬辐 2149、国红 6 号，对照品种扬麦 20 排名第 14。比较各参试品种的分析结果，大部分品种利用常规的标准差和变异系数（*CV*）评价方法计算出的产量位次与利用高稳系数（*HSC*）法计算出的 HSC 位次基本一致。说明利用高稳系数（*HSC*）法评价参试品种的产量性状及其稳定性是可靠的。

2.2 各参试品种的评价结果分析

27 个参试品种中，与对照扬麦 20 相比，有 17 个品种比对照扬麦 20 增产，8 个减产。从产量水平上来说，品系徽红 225、苏隆 212、扬辐 2149、国红 6 号的产量分别排第 1、2、4、5 位，产量较高；变异系数（*CV*）评价显示，品系徽红 225、苏隆 212、扬辐2149、国红6号分别排第2、5、8、4位，说明这些品种（品系）为产量较稳定类型；HSC分析结果分别排第1、2、4、5位，表明这些为高产稳产类型品种；综合评价说明品系徽红225、苏隆212、扬辐2149、国红6号等品种在长江中下游较大区域内，具有较好的高产稳产一致性。

扬13-122、扬辐2049产量排名第7、8位，居中等水平，变异系数（*CV*）评价值分别排第1、3位，表明产量水平较稳定；*HSC*值分别排第3、6位，表明产量水平及稳产性较高，综合评价说明品系扬辐2049、扬13-122在长江中下游较大区域内也是比较好的中高产稳产小麦新品系。

东麦1301、扬12-144产量排名分别排第3、6位，较高，变异系数（*CV*）评价值分别排第14、15位，表明产量水平变异较大；*HSC*值分别排第7、8位，表明产量水平及稳产性中等偏上水平，综合评价说明品系东麦1301、扬12-144在环境条件适宜的情况下，也可获得高产，也是一个比较好的中高产小麦新品系。

扬13G24、襄麦D31、扬富麦101产量分别排第22、23、26位，排位较低，变异系数（*CV*）评价值分别排第23、22、26位，表明产量水平变异较大；*HSC*分析值分别排第25、24、26位，表明产量水平相对偏低，综合评价说明这些品种（品系）不仅产量和对照扬麦20相比减产，而且产量稳定性也较低。

2.3 少数异常品种的结果分析

参试品种中，扬12-145、苏麦0558等少数几个品种的产量位次（分别排第11、14位）、变异系数值分别排第24、25位，与HSC位次（分别排第20、22位）相差较大，主要原因可能是品种对环境的适应性较差。虽然产量潜力相对较高，但不同试点的产量水平变幅较大，表现为变异系数大，HSC值也较大。如：扬12-145品种在各试验点虽然小区产量大于平均产量的小区数占总数的54.2%，且小区产量超出平均产量2 kg的小区数占增产小区数的34.6%，但小区产量低于平均产量2 kg的小区数占总小区数的25%。苏麦0558各试验点小区产量大于平均产量的小区数占总小区数的54.2%；且小区产量超出平均产量2 kg的小区数占增产小区数的30.77%，但小区产量低于平均产量2 kg的小区数占总小区数的18.8%。表明扬12-145、苏麦0558在适宜环境条件下可以获得中高产，但在较大区域内，产量变异系数大，稳定性不高。

3 小结与讨论

参试品种产量的*X*、*CV*、*S*与*HSC*值相关分析结果表明，标准差、变异系数都是只单纯反映品种产量稳定性的参数，品种的高产性还要参考品种相比对照品种的增产幅度，但是高稳系数法（*HSC*）仅通过一个参数值便可以反映品种的高产性和稳产性是否一致，可为优良品系的推广评价提供科学的参考依据。

本文只是根据一年多点的产量数据分析参试品种的产量潜力及稳定性，更全面准确的评价还需要根据多年多点的产量数据，结合病虫害抗性和抗逆性评价结果，以评价育成品种的推广应用前景。

致谢：原始产量结果的数据来自冬小麦国家区试品种报告，在此感谢冬小麦长江中下游区试汇总的负责人及各个试点的负责人和工作人员。

参考文献

[1] 温振民，张永科．用高稳系数法估算玉米杂交种高产稳产性的探讨 [J]. 作物学报，1994，20 (4)：508-512.

[2] 刘永惠，沈一，沈悦，等．江苏花生新品种鉴定和产量稳定性分析 [J]. 中国农学通报，2018，34 (18)：11-15.

[3] 倪正斌，孙红芹，万林生，等．14 个耐盐水稻品种在江苏沿海滩涂地区丰产稳产性比较 [J]. 大麦与谷类科学，2019，36 (6)：22-25，33.

[4] 宋中强，刘金荣，杨慧风，等．用高稳系数法分析华北夏谷区常规组区试中品种的高产稳产性 [J]. 农业科技通讯，2017 (3)：69-70.

[5] 李万星，刘永忠，曹晋军，等．长豆 28 号大豆新品种丰产、稳产、适应性分析 [J]. 山西农业科学，2017，45 (11)：1747-1750.

[6] 任爱民，马卫军，张玉娟，等．棉花新品种邯 6203 的高产稳产性分析 [J]. 河北农业科学，2017，21 (4)：57-59.

[7] 唐容，黄泽素，代文东，等．杂交油菜新品种黔油 22 号的丰产稳产性分析 [J]. 农技服务，2013，30 (9)：920-921.

[8] 贾瑞玲，赵小琴，刘彦明，等．苦荞区试中品种丰产稳定性分析方法探讨 [J]. 农业科技通讯，2019 (1)：78-82.

[9] 徐桂真，王生辰，朱东旭，等．芝麻新品种冀航芝 2 号高产性稳产性及适应性分析 [J]. 河北农业科学，2013，17 (4)：59-61，64.

[10] 许东旭，于沐，黄长志，等．高稳系数分析法评价 2016 年河南省超高产小麦区试品种的高产稳产性 [J]. 农业科技通讯，2018 (2)：79-80.

湖北省小麦全程机械化生产技术*

邹 娟，高春保，刘易科，朱展望，
佟汉文，陈 泠，张宇庆，汤颢军

摘 要：小麦（*Triticum aestivum* L.）生产全程机械化是实现湖北小麦优质高产高效目标的重要技术手段。本研究从小麦生产的种子要求、耕作整地、播种、田间管理及收获等方面介绍了湖北省小麦全程机械化生产技术的主要内容，以期为湖北及相似地区小麦生产提供理论依据。

关键词：小麦（*Triticum aestivum* L.）；全程机械化；湖北省

湖北省是中国小麦（*Triticum aestivum* L.）主产省份之一，近年来，湖北省小麦生产出现了较快的恢复性增长，增长速度高于水稻、玉米等主要粮食作物[1]。全省小麦常年播种面积约107万hm^2，总产420万t。湖北省年均单产约3 900 kg/hm^2，低于全国平均水平，与山东、河南、安徽、河北、江苏等小麦高产省份差异明显[2]。通过湖北省农业科学院粮食作物研究所近年来生产调研的结果分析，湖北省小麦生产的制约因素主要有以下几个方面：耕层过浅，整地不好；播种质量差；播量过多，密度过大；机械化应用面积不够[3]。随着土地流转经营机制政策的加大落实和农村劳动力的大量转移，以及人工成本的上升，小麦生产逐渐向机械化方向发展势不可当[4-6]。本研究从小麦生产的种子要求、耕作整地、播种、田间管理及收获等方面介绍湖北省小麦全程机械化生产技术，以期为实现湖北小麦优质高产高效的目标提供理论依据。

1 种子要求

1.1 品种选择

选用已通过湖北省审定或通过全国审定且适宜种植范围包括湖北省、适宜当地种植的小麦品种。根据湖北省小麦的生态条件和生产条件，鄂北地区宜选择抗（耐）条锈病和赤霉病的半冬性或弱春性品种；鄂中南地区宜选择抗（耐）赤霉病、条锈病、白粉病和穗发芽的弱春性品种[7-8]。

* 本文原载《湖北农业科学》，2017，56（24）：4705-4707。

1.2 种子质量

种子质量应符合 GB 4404.1—2008 中的相关要求，即种子纯度不低于99%，发芽率不低于 85%，净度不低于 98%，水分不高于 13%。

1.3 种子处理

在病害多发的地区，可用3%苯醚甲环唑悬浮种衣剂（1 kg 药剂拌种 300 kg）进行拌种；对全蚀病发病地区，可用 12.5%全蚀净悬浮种衣剂（每 20~30 mL 药剂拌种 15 kg）进行拌种。

在地下害虫为害严重的地区，每 50 kg 麦种用 50%辛硫磷乳油 50 mL 或 40%甲基异柳磷乳油 50 mL 加 20%三唑酮乳油 50 mL 或 2%戊唑醇湿拌剂 75 g 放入喷雾器内，加水 3 kg 搅匀边喷边拌。拌后堆闷 3~4 h，待麦种晾干即可播种。

在地下害虫危害不严重地区，可以单独使用三唑酮拌种，每千克麦种用药量为 2 g 15%三唑酮，但必须干拌，随拌随用。

种子处理过程中农药使用符合国家标准 GB/T 8321.10—2018。

2 耕作整地

2.1 整地准备

前茬作物收获后，对田间剩余秸秆进行粉碎还田，要求粉碎后 85%以上的秸秆长度≤10 cm，且抛撒均匀。如采用灭茬、旋耕、施肥、播种、覆土（镇压）联合复式机具作业，秸秆留茬高度应≤30 cm。预测播种时墒情不足，应提前灌水造墒。整地前，按农艺要求施足底肥。

2.2 整地方法

旋耕整地。适宜机械化作业的土壤含水率应控制在 15%~25%，旋耕深浅一致，旋耕深度应达到 8 cm 以上，耕深稳定性≥85%，耕后地表平整度≤5%，碎土率≥50%。为提高播种质量，提倡播后应及时镇压。每隔 3~4 年应深松 1 次，打破犁底层，深松整地深度一般为 35~40 cm，稳定性≥80%，土壤膨松度≥40%。深松后应及时合墒。

保护性耕作。实行保护性耕作的地块，如田间秸秆覆盖状况或地表平整度影响免耕播种作业质量，应进行秸秆匀撒处理或地表平整，以确保证机械播种质量。

耕翻整地。对上茬作物根茬较硬，没有实行保护性耕作的地区，小麦播种前需进行耕翻整地。耕翻整地属于重负荷作业，需用大中型拖拉机牵引，其动力大小应根据不同作业耕深、土壤比阻选配。整地质量要求：耕深≥20 cm，深浅一致，无重耕或漏耕，耕深及耕宽变异系数≤10%。犁沟平直，沟底平整，垡块翻转良好、扣实，以掩埋杂草、肥料和残茬。耕翻后应及时进行整地作业，要求土壤散碎良好，地表平整，满足播种要求。

3 播种

3.1 播种要求

采用机械化播种技术一次性完成施肥、播种、镇压等复式作业，播种深度为3~5 cm,要求播量精确、下种均匀，无漏（重）播，覆土均匀严密，播后镇压效果良好(如土壤湿度较大或黏重土壤，亦可不需镇压)。实行保护性耕作的地块，播种时应保证种子与土壤接触良好。调整播量时，应考虑药剂拌种导致种子重量增加的因素。

3.2 机具选型

提倡选用带有镇压装置的播种机具，一次性完成灭茬、旋耕、施肥、播种、覆土（镇压）等复式作业。其中，少（免）耕播种机应具有较强的秸秆防堵能力，施肥机的排肥能力应达到50~60 kg/667 m^2。

3.3 播种期

根据气候、品种类型、土壤墒情确定适宜播期。鄂北地区小麦适宜播期为10月20—30日。鄂南的适宜播期为10月25日至11月5日。具体确定小麦播种适期时，还要考虑麦田的土壤类型、土壤墒情和安全越冬情况等，旱地小麦可在适宜播种期前后抢墒播种[9]。

3.4 播种量

稻茬小麦每667 m^2基本苗应保证在18万~20万株，正常情况下每667 m^2播种量12.5~15.0 kg，鄂北地区旱茬小麦适宜的每667 m^2基本苗应保证在15万~20万株，正常情况下每667 m^2播种量10.0~12.5 kg，但应根据播种时土壤墒情、整地质量、土壤质地和种子发芽率等情况适当增减。在干旱年份和晚播条件下，应适当增加播种量，但也要避免盲目加大播种量，导致基本苗过多。

4 田间管理

4.1 冬前管理

4.1.1 目标

培育带蘖壮苗越冬，12月20日主茎叶龄3.5~4.0叶，每667 m^2总茎蘖数28万~32万穗，单株带蘖1.0个，次生根3~5条。

4.1.2 化学除草

当田间杂草密度达 50 株/m² 以上时，在温度和土壤墒情适宜时，进行化学除草。以禾本科杂草为主的田块可 667 m² 用 6.9%骠马 50 mL，以阔叶类杂草为主的田块可 667 m² 用 75%苯黄隆 1 g，两类杂草混生的田块，则可兼用上述两种除草剂。也可根据当地情况选用其他高效低毒药剂。按照机械化高效植保技术操作规程进行防治作业。有条件的地区，可采用喷杆式喷雾机进行均匀喷洒，要做到不漏喷、不重喷、无滴漏，以防出现药害。

4.1.3 冬前促弱控旺

在小麦 3 叶期前后，对基肥不足、麦苗瘦弱、群体不足田块，根据苗情，适量追施平衡肥，每 667 m² 追施尿素 3~5 kg。

播种出苗过早，或因冬前气温过高常导致小麦年前旺长，如小麦 11 月下旬主茎已发生 5~6 片叶，越冬期有可能拔节，越冬或春季有可能受冻。对这类旺苗麦田，可采取冬前中耕镇压 2~3 次。

4.2 春季管理

4.2.1 目标

春季稳发，长势平衡，培育壮秆，巩固穗数。2 月 15 日主茎叶龄 6.0~6.5 叶，每 667 m² 总茎蘖数 55 万~60 万穗；2 月下旬出现高峰苗，每 667 m² 总茎蘖数 75 万~80 万穗；成穗率 45%~50%。

4.2.2 化学除草

对冬前除草效果不好或未及时化除的麦田，待气温回升后要及时进行化学除草。以禾本科杂草为主的田块可每 667 m² 用 6.9%骠马 50 mL，以阔叶类杂草为主的田块可每 667 m² 用 75%苯黄隆（巨星）1 g，两类杂草混生的田块，则可兼用上述两种除草剂。

4.2.3 追施拔节肥

追肥时间一般掌握在群体叶色退淡，小分蘖开始死亡，分蘖高峰已过，基部第一节间定长时施用。群体偏大、苗情偏旺的延迟到拔节后期至旗叶露尖时施用。拔节肥施氮量为总施氮量的 30%左右，每 667 m² 可看苗追施尿素 7.5~10.0 kg。

4.2.4 清沟排渍

春季雨水较多，应注意清好“三沟”，防止渍害。做到沟直底平，沟沟相通，雨住田干，雨天排明水，晴天排暗水。雨后及时清沟排渍。

4.2.5 控旺防倒

在拔节前，对群体较大，长势较旺的麦田及抗倒伏能力差的品种，可用壮丰安进行化控，防止倒伏。每 667 m² 壮丰安用量为 30~40 mL、兑水 25~30 kg 进行叶面喷施。

4.2.6 一喷三防

最佳时期为小麦齐穗至籽粒灌浆中期，在防治小麦赤霉病、白粉病和蚜虫时，将尿素、磷酸二氢钾或植物生长调节剂加入防病治虫的药剂中，喷施 2~3 次，每次间隔 5~7 d，防病虫、防倒伏、防治后期早衰，增加千粒重。鄂北地区可选用 15%粉锈宁 70~

100 g+菊酯类农药 40～50 mL+磷酸二氢钾 100 g 配方或用多菌灵与菊酯类农药及尿素、磷酸二氢钾等组成的配方。

4.3 植保机具

在植保机具选择上，可采用机动喷雾机、背负式喷雾喷粉机、电动喷雾机、农业航空植保等机具；机械化植保作业应符合喷雾机（器）作业质量、喷雾器安全施药技术规范等方面的要求。

5 收获

为提高下茬作物的播种出苗质量，要求小麦联合收割机带有秸秆粉碎及抛撒装置，确保秸秆均匀分布地表。收获时间应掌握在蜡熟末期，同时做到割茬高度≤15 cm，收割损失率≤2%。作业后，收割机应及时清仓，以防止病虫害跨地区传播。

参考文献

[1] 《湖北农村统计年鉴》编辑委员会．湖北农村统计年鉴 [M]．北京：中国统计出版社，2016.

[2] 郭子平，羿国香，汤颢军，等．大力提升湖北省小麦生产能力的建议 [J]．湖北农业科学，2014，53 (24)：5928-5930.

[3] 高春保，佟汉文，邹娟，等．湖北小麦“十二五”生产进展及“十三五”展望 [J]．湖北农业科学，2016，55 (24)：6372-6376.

[4] 刘自贤，朱展望．机播，让稻茬麦增产增效 [N]．湖北日报，2013-05-30.

[5] 郭光理，郑威，许燕子，等．鄂北地区稻茬小麦免耕机条播增产增效分析 [J]．湖北农业科学，2014，53 (23)：5669-5672.

[6] 杨帆，王林松．湖北小麦生产全程机械化存在的问题及对策建议 [J]．湖北农机化，2015 (2)：22-23.

[7] 龚双军，杨立军，向礼波，等．2013 年湖北省小麦赤霉病菌对多菌灵和戊唑醇的敏感性 [J]．农药学学报，2014，16 (5)：610-613.

[8] 杨立军，唐道廷，向礼波，等．近 10 年来湖北省审（认）定小麦品种对条锈病的抗性表现 [J]．麦类作物学报，2012，32 (5)：982-985.

[9] 韦宁波，刘易科，佟汉文，等．湖北省小麦适宜播期的叶龄积温法确定 [J]．湖北农业科学，2014，53 (19)：4529-4532.